# 数学分析教本

（上册）

太原理工大学数学学院　编

科学出版社

北　京

# 内 容 简 介

本书作为数学分析课程的教材，共分上、中、下三册出版. 上册主要介绍数列的极限、函数的极限与连续、导数与微分、微分中值定理与泰勒公式、一元函数微分学应用及实数基本理论等内容.

本书注重概念引入的自然性与理论推证的严密性. 注意内容的完整、安排的恰当；表述清楚、简明；习题配备合理.

本书适合理工科大学本科数学类各专业及其他相关专业的教学使用，也可供相关人员参考.

**图书在版编目(CIP)数据**

数学分析教本. 上册/太原理工大学数学学院编. —北京：科学出版社，2015.7

ISBN 978-7-03-045245-0

Ⅰ.①数… Ⅱ.①太… Ⅲ.①数学分析-高等学校-教材 Ⅳ.①O17

中国版本图书馆 CIP 数据核字(2015)第 170345 号

责任编辑：王 静 / 责任校对：张凤琴
责任印制：徐晓晨 / 封面设计：陈 敬

科 学 出 版 社 出版
北京东黄城根北街 16 号
邮政编码：100717
http://www.sciencep.com

北京中石油彩色印刷有限责任公司 印刷

科学出版社发行 各地新华书店经销

*

2015 年 7 月第 一 版 开本：720×1000 B5
2016 年 3 月第二次印刷 印张：11
字数：221 000

**定价：29.00 元**

（如有印装质量问题，我社负责调换）

# 前　　言

数学分析是数学类各专业最重要的一门数学基础课程. 其主要内容是实数域上数列及函数的极限理论、无穷级数与一元及多元函数的微积分学. 我们本着便于教、利于学的教学原则，根据多年的教学实践与体会，顺应当今数学教材的改革主流与趋势编写了此书.

在内容安排上，鉴于目前国内绝大部分学校数学分析课程都安排三个学期讲授，因此，本书分上、中、下三册编写，分别对应三个学期使用. 同时，考虑到学生所学其他课程对本课程知识的需要，我们先介绍数列的极限理论与一元及多元函数的微积分学主体内容(上、中册)，而将曲线与曲面积分、无穷级数、广义积分与含参变量积分等内容安排在下册. 在习题配备方面，我们从学生学习的实际情况出发，按照本课程的基本要求，从数量与质量两个角度把握，合理地配备了本书的习题. 并且力求题型多样，培养学生从不同角度思考问题，同时特别注重对学生举反例的训练.

本册书主要特色在于实数理论与数列基本定理的处理方式. 我们先将实数集确界原理作为公理引用. 进而介绍数列的单调有界原理，又通过学生易于接受的夹逼准则引出区间套定理，而在介绍闭区间上连续函数的有界性时，为了从局部过渡到整体，又巧妙地引入有限覆盖定理. 根据我们的教学实践，这样做的结果可使学生在“不知不觉”中就学完了实数的基本定理，使学生对这部分内容感到自然而不是那么地生硬. 最后，考虑到各个学校对不同层次的学生要求不尽相同，我们通过附录的形式，利用戴德金的“切割”理论严格引入无理数，并将八大实数定理做一基本梳理，给出总结性结论. 实数基本理论的教学历来是数学分析中最棘手的问题，我们期待着同行对这一尝试的赐教.

本书能够顺利完成，得益于太原理工大学数学学院领导的远见卓识，以及对教学的积极鼓励、支持.

本书在编写过程中参考了国内外许多教材及教学参考书，诚挚感谢前辈的教学理念、思想、观点、手法及提供的大量素材.

本书由太原理工大学数学学院数学分析教学团队成员刘进生、张玲玲、卢准炜、秦效英、滕凯民、郭祖记、温志涛等教师集体讨论，并由刘进生、张玲玲、卢准炜三位教授执笔完成.

鉴于编者水平有限，书中不妥之处恳请读者批评、指正.

编者

2015 年 3 月

# 目　　录

# 第0章　导　　论

## 0.1　课程介绍

数学分析是数学学科三大经典基础课程之一，也是该学科最重要的一门基础课. 其研究对象是自变量为实数且取值也为实数的所谓实变实值函数. 其根本任务是研究和探讨实值变量之间的数量关系. 这里所说的数学分析是狭义的，它专指微积分学. 数学史上有时也把微积分称为无穷小量分析. 广义的数学分析除微积分学外，还包括复变函数、实变函数、微分方程、积分方程、泛函分析等以函数为研究对象的其他数学分支.

微积分的思想早在古代的希腊和中国就已经有了雏形. 到了 17 世纪，生产和科学的发展向数学提出许多新的研究课题. 例如，求物体运动的瞬时速度、曲线的切线、函数的极值以及曲边梯形的面积等问题. 它们都涉及某些变化着的量，以常量为研究对象的初等数学对此无能为力. 因而迫切需要建立一种以变量为研究对象的新数学. 17 世纪下半叶，英国物理学家、数学家牛顿(I. Newton，1643—1727)和德国哲学家、数学家莱布尼茨(G. W. Leibniz，1646—1716)各自独立地建立了微积分的计算法. 这不仅使以前需要用各种特殊技巧分别处理的难题有了统一的求解办法，而且大大简化了积分运算. 虽然微积分一经产生就在实践中彰显出巨大威力，但在逻辑推理上却存在着纰漏和矛盾. 1821 年，法国数学家柯西(A. L. Cauchy，1789—1857)对极限概念作了明确定义，并在此基础上澄清了连续、导数、积分等基本概念，使得微积分成为比较严密的理论. 19 世纪 70 年代，德国数学家魏尔斯特拉斯(W. Weierstrass，1815—1897)等进一步将极限概念建立在实数理论的基础上，实现了数学分析的算术化和公理化，使得微积分具有了今天的严密形式.

数学分析是许多后续课程如常微分方程、数学物理方程、复变函数、实变函数、泛函分析、计算方法、概率论与数理统计以及微分几何等课程必备的基础，是数学学科以及其他相关学科各专业本科生的必修课. 通常，它在教学培养计划中被列为主干课程.

数学分析主要讲授实数基本理论、变量与函数、数列的极限、函数的极限与连续、导数与微分、不定积分、定积分与广义积分、数项级数、函数项级数、幂级数、傅里叶级数、多元函数的极限与连续、偏导数与全微分、极值理论、隐函数存在定理、重积分、曲线积分、曲面积分及含参变量积分等相关的基本内容.

对学生而言，学习数学分析，除了需要掌握具体计算微分、积分的方法和技巧，进而能够分析函数的各种特性外，更重要的是能够深刻理解实数以及 $n$ 维欧氏空间的拓扑性质，为后续的复分析、实分析、泛函分析和拓扑学等课程提供具体的例子，并得到研究方法、逻辑思维和科学创新方面的启蒙. 一般来说，数学知识的获取和数学能力的培养，仅靠听老师讲授是不够的，只有勤学多练，深思熟虑，才能在潜移默化的自我感悟和熟能生巧的过程中逐步积累和提高.

数学是打开科学大门的钥匙. 数学不仅是计算的工具，也是得以创造新理论、开拓新学科的主要源泉，数学的重要性众所周知. 数学分析是打开数学宝库的钥匙. 只有微积分学才能使科学有可能用数学来不仅表明状态，而且也表明过程与运动，数学分析的地位不言而喻. 数学启发人们的想象与推理，学习数学像做游戏一样，不仅能体会到“数学好玩”的趣味与快乐，还能感受到“数学之美”的风采与魅力. 只要认真努力地学习过数学，学习过数学分析，不论以后是否还记得住具体的数学知识，也不论以后从事什么工作，那些深深铭刻在头脑中的数学精神、数学思维方法、研究方法、推理方法和看问题的着眼点等将随时随地发挥作用，使他们终身受益. 因为数学毕竟在他们的头脑中留下了痕迹，这就能使他们比未经过数学训练的人做出更多的贡献.

## 0.2　记号与术语

本书分别用记号 $\mathbb{N}$，$\mathbb{Z}$，$\mathbb{Q}$，$\mathbb{R}$ 代表自然数(不包括零)、整数、有理数及实数的全体所组成的集合，并使用常规的集合运算符号. 用记号 $\exists$ 表示术语“存在或至少有一个”. 用记号 $\forall$ 表示术语“任意给定的”. 设 $A$，$B$ 是两个命题，用记号 $A\Rightarrow B$ 表示 $A$ 蕴涵 $B$，即 $A$ 是 $B$ 成立的充分条件；用记号 $A\Leftarrow B$ 表示 $B$ 是 $A$ 成立的必要条件；用记号 $A\Leftrightarrow B$ 表示 $A$ 成立当且仅当 $B$ 成立，即 $A$ 与 $B$ 等价，也即 $A$ 是 $B$ 成立的充分必要条件. 用记号 $A:=B$ 表示将 $A$ 记为 $B$. 用记号□表示对一个定理、例题等证明或计算的终结.

## 0.3　绝　对　值

实数 $x$ 的绝对值定义为

$$|x|=\begin{cases}x, & x\geqslant 0,\\ -x, & x<0.\end{cases}$$

其基本性质如下：

(1) **正定性**　$|x|\geqslant 0$ 且 $|x|=0$ 当且仅当 $x=0$；

(2) **齐次性**　$|kx|=|k||x|$;

(3) **三角不等式**　$|x+y|\leqslant|x|+|y|$.

利用三角不等式,立即得

$$|x|\leqslant|x-y|+|y|.$$

它是数学分析中最常用的不等式,请读者特别关注.

在实数集$\mathbb{R}$上,利用绝对值可以定义任意两点 $x,y$ 之间的距离 $d(x,y)$,即规定

$$d(x,y)=|x-y|.$$

它具有如下性质:

(1) **正定性**　$d(x,y)\geqslant 0$ 且 $d(x,y)=0$ 当且仅当 $x=y$;

(2) **对称性**　$d(x,y)=d(y,x)$;

(3) **三角不等式**　$d(x,y)\leqslant d(x,z)+d(y,z)$.

因而 $d(x,y)$描述了 $x,y$ 两点的靠近程度. 利用实数的绝对值,能得到下列结论.

**命题 0.3.1**　已知 $a$ 为给定的实数,如果对任意的 $\varepsilon>0$,都有 $|a|\leqslant\varepsilon$,则$a=0$.

**证明**　假设 $a\neq 0$. 因为对任意的 $\varepsilon>0$,都有 $|a|\leqslant\varepsilon$,所以对于 $\varepsilon=\dfrac{|a|}{2}>0$,也成立 $|a|\leqslant\dfrac{|a|}{2}$,因此 $1\leqslant\dfrac{1}{2}$,矛盾. 所以结论正确. □

## 0.4　二项式公式与常用不等式

设 $a,b\in\mathbb{R}$ ,$n\in\mathbb{N}$ ,二项式公式为

$$(a+b)^n=\sum_{k=0}^{n}\mathrm{C}_n^k a^k b^{n-k},$$

其中组合系数 $\mathrm{C}_n^k=\dfrac{n!}{k!\ (n-k)!}=\dfrac{n(n-1)\cdots(n-k+1)}{k!}$.

除了前面提到的一些绝对值不等式外,本书还经常用到以下不等式.

(1) 伯努利(Bernoulli)不等式: 对任意实数 $x\geqslant -1$,有不等式

$$(1+x)^n\geqslant 1+nx,\quad n\in\mathbb{N}.$$

**证明**　当 $n=1$ 时结论显然成立. 假设 $n=k$ 时结论成立,即$(1+x)^k\geqslant 1+kx$. 则当 $n=k+1$ 时,注意到 $1+x\geqslant 0$,于是

$$(1+x)^{k+1}=(1+x)^k(1+x)\geqslant(1+kx)(1+x)=1+(k+1)x+kx^2\geqslant 1+(k+1)x.$$

从而由数学归纳法知结论成立. □

(2) 均值不等式:对任意的正实数 $a_1,a_2,\cdots,a_n$,分别记

$$M(a_i)=\frac{a_1+a_2+\cdots+a_n}{n}=\frac{1}{n}\sum_{i=1}^{n}a_i;\qquad (算术平均值)$$

$$G(a_i)=\sqrt[n]{a_1a_2\cdots a_n}=\left(\prod_{i=1}^{n}a_i\right)^{\frac{1}{n}};\qquad (几何平均值)$$

$$H(a_i)=\frac{n}{\frac{1}{a_1}+\frac{1}{a_2}+\cdots+\frac{1}{a_n}}=\frac{1}{\frac{1}{n}\sum_{i=1}^{n}\frac{1}{a_i}},\qquad (调和平均值)$$

则有均值不等式

$$H(a_i)\leqslant G(a_i)\leqslant M(a_i).$$

**证明**　如果 $G(a_i)\leqslant M(a_i)$ 成立，那么

$$\frac{1}{\sqrt[n]{a_1a_2\cdots a_n}}=\sqrt[n]{\frac{1}{a_1}\frac{1}{a_2}\cdots\frac{1}{a_n}}\leqslant\frac{1}{n}\sum_{i=1}^{n}\frac{1}{a_i},$$

所以 $H(a_i)\leqslant G(a_i)$. 因此只需证明 $G(a_i)\leqslant M(a_i)$. 显然，当 $n=1$ 时结论成立. 假设 $n=k$ 时结论成立，即 $\sqrt[k]{a_1a_2\cdots a_k}\leqslant\frac{1}{k}\sum_{i=1}^{k}a_i$，则当 $n=k+1$ 时，记 $b_k=\frac{1}{k}\sum_{i=1}^{k}a_i$，那么

$$kb_k=\sum_{i=1}^{k}a_i,\quad a_{k+1}+kb_k=\sum_{i=1}^{k+1}a_i,\quad \frac{a_{k+1}+kb_k}{k+1}=\frac{1}{k+1}\sum_{i=1}^{k+1}a_i.$$

不妨假设 $a_{k+1}=\max\{a_1,a_2,\cdots,a_k,a_{k+1}\}$，从而 $a_{k+1}\geqslant b_k$，再由伯努利不等式，结合归纳假设，得

$$\begin{aligned}\left(\frac{1}{k+1}\sum_{i=1}^{k+1}a_i\right)^{k+1}&=\left(b_k+\frac{a_{k+1}-b_k}{k+1}\right)^{k+1}\geqslant b_k^{k+1}+(k+1)b_k^k\frac{a_{k+1}-b_k}{k+1}\\&=b_k^ka_{k+1}\geqslant a_1a_2\cdots a_ka_{k+1}.\end{aligned}$$

于是，由数学归纳法知结论成立.　□

(3) $[x]\leqslant x<[x]+1$，其中 $[x]$ 表示实数 $x$ 的整数部分.

**注 0.4.1**　对任意实数 $x$，有 $x=[x]+(x)$，其中 $(x)$ 表示 $x$ 的小数部分，并且 $(x)\geqslant 0$.

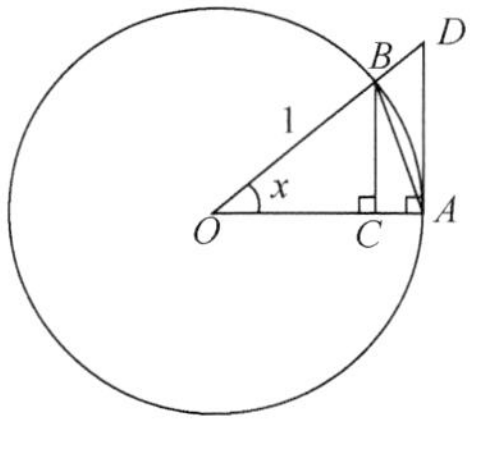

图 0-1

(4) 当 $0<|x|<\frac{\pi}{2}$ 时，$|\sin x|<|x|<|\tan x|$.

**证明**　当 $0<x<\frac{\pi}{2}$ 时，考察图 0-1 中的单位圆.

作圆心角 $\angle AOB=x$，点 $A$ 处的切线与 $OB$ 的延长线相交于 $D$，又 $BC\perp OA$，则

$$\sin x=BC,\quad x=\overset{\frown}{AB},\quad \tan x=AD.$$

因为

$$\triangle AOB \text{ 的面积} < \text{扇形 } AOB \text{ 的面积} < \triangle AOD \text{ 的面积},$$

所以 $\frac{1}{2}\sin x < \frac{1}{2}x < \frac{1}{2}\tan x$，即

$$|\sin x| < |x| < |\tan x|.$$

当 $-\frac{\pi}{2} < x < 0$ 时，注意到 $\sin x, x, \tan x$ 都是奇函数，所以结论仍然成立. □

(5) 对任意实数 $x$，$|\sin x| \leqslant |x|$，并且等号当且仅当 $x=0$ 时成立.

**证明** 由(4)知当 $0<|x|<\frac{\pi}{2}$ 时，$|\sin x|<|x|$. 而当 $|x|\geqslant\frac{\pi}{2}$ 时，$|\sin x|\leqslant 1<\frac{\pi}{2}$. 所以当 $x\neq 0$ 时，$|\sin x|<|x|$，又当 $x=0$ 时，$|\sin x|=|x|$，因此结论正确. □

## 0.5 确界原理

**定义 0.5.1** 设 $S$ 为 $\mathbb{R}$ 的一个子集. 若存在实数 $M(m)$，使得一切 $x\in S$ 都有 $x\leqslant M(x\geqslant m)$，则称 $M(m)$ 为 $S$ 的一个上界(下界)，并称 $S$ 为一个有上(下)界的数集. 若数集 $S$ 既有上界又有下界，则称 $S$ 为有界集.

按定义 0.5.1，如果 $M$ 是 $S$ 的一个上界，那么对任意的 $M_1>M$，$M_1$ 也是 $S$ 的一个上界，我们称 $S$ 的上界中的最小者为 $S$ 的上确界，记为 $\sup S$. 同理，$S$ 的下界中的最大者称为 $S$ 的下确界，记为 $\inf S$. 于是下列结论成立：

(1) $\xi=\inf S$ 当且仅当对一切 $x\in S$，$x\geqslant\xi$，并且对任意的 $\varepsilon>0$，存在 $x_\varepsilon\in S$ 使得 $x_\varepsilon<\xi+\varepsilon$；

(2) $\eta=\sup S$ 当且仅当对一切 $x\in S$，$x\leqslant\eta$，并且对任意的 $\varepsilon>0$，存在 $x_\varepsilon\in S$ 使得 $\eta-\varepsilon<x_\varepsilon$.

例如，对于集合 $I_1=\{x\,|\,x<b\}$，$I_2=\{x\,|\,x\leqslant b\}$，有 $\sup I_1=\sup I_2=b$. 事实上，对于任意的 $x\in I_1$ 或者 $x\in I_2$，有 $x\leqslant b$，而对于任意的 $\varepsilon>0$，取 $x_\varepsilon=b-\frac{\varepsilon}{2}$，则 $x_\varepsilon\in I_1$，$x_\varepsilon\in I_2$，并且 $b-\varepsilon<x_\varepsilon$. 同理，对于 $I_3=\{x\,|\,x>a\}$，$I_4=\{x\,|\,x\geqslant a\}$ 有 $\inf I_3=\inf I_4=a$.

**定理 0.5.1**（确界原理） 有上(下)界的非空实数集一定有上(下)确界.

**注 0.5.1** 定理 0.5.1 的证明见附录，暂且不作要求，读者可作为公理予以承认.

## 0.6 映　射

映射的概念在中学已经学过，它是我们定义函数的依据，叙述如下：

设 $X,Y$ 是两个集合，如果存在一个法则 $f$，使得对 $X$ 中的每一个元素 $x$，按照此法则 $f$ 在 $Y$ 中存在唯一的元素 $y$ 与 $x$ 对应，则称 $f$ 是一个从集合 $X$ 到集合 $Y$ 的映射，记为 $f:X\to Y$.

# 第 1 章　变量与函数

通过中学的学习,读者对函数已经相当熟悉.本章主要回顾函数的概念、某些基本特性及其初等运算等内容,并介绍一些特殊的分段函数,它们是读者更深刻的认识、感悟、理解与掌握函数的极好素材.

## 1.1　函　　数

### 1.1.1　区间

区间是数学分析中主要考虑的数集.设 $I\subset\mathbb{R}$,对任意的 $x_1,x_2\in I,x_1\neq x_2$,如果介于 $x_1$ 与 $x_2$ 之间的一切实数都属于 $I$,则称 $I$ 为一个区间.

设 $a,b\in\mathbb{R}$,并且 $a<b$.以下是九类区间的定义、名称与记号:

(1) 开区间 $(a,b)=\{x|a<x<b\}$;

(2) 闭区间 $[a,b]=\{x|a\leqslant x\leqslant b\}$;

(3) 左开右闭区间 $(a,b]=\{x|a<x\leqslant b\}$;

(4) 左闭右开区间 $[a,b)=\{x|a\leqslant x<b\}$;

(5) 无限区间 $(a,+\infty)=\{x|x>a\}$;

(6) 无限区间 $[a,+\infty)=\{x|x\geqslant a\}$;

(7) 无限区间 $(-\infty,b)=\{x|x<b\}$;

(8) 无限区间 $(-\infty,b]=\{x|x\leqslant b\}$;

(9) 无限区间 $(-\infty,+\infty)=\{x|-\infty<x<+\infty\}=\mathbb{R}$.

今后将区间(1)—(4)类统称为有限区间,因为它们存在有限的区间长度 $b-a$;而将区间(5)—(9)类统称为无限区间.称 $a$ 和 $b$ 分别为区间的左端点和右端点.记号"$+\infty$"读作正无穷大,"$-\infty$"读作负无穷大.

### 1.1.2　邻域

在微分学中,由于经常需要考虑函数在一点 $x_0$ 处的局部(即在 $x_0$ 附近)性态,为了叙述方便,引入邻域的概念.

给定实数 $a$ 及 $\delta>0$,称开区间

$$U(a;\delta)=\{x||x-a|<\delta\}=(a-\delta,a+\delta)$$

为 $a$ 的 $\delta$ 邻域;称集合

$$\mathring{U}(a;\delta)=U(a;\delta)\setminus\{a\}=\{x|0<|x-a|<\delta\}=(a-\delta,a)\cup(a,a+\delta)$$

为 $a$ 的去心 $\delta$ 邻域. 也分别称

$$U_+(a;\delta)=[a,a+\delta),\quad \mathring{U}_+(a;\delta)=(a,a+\delta),$$
$$U_-(a;\delta)=(a-\delta,a],\quad \mathring{U}_-(a;\delta)=(a-\delta,a)$$

为 $a$ 的右 $\delta$ 邻域、右去心 $\delta$ 邻域、左 $\delta$ 邻域、左去心 $\delta$ 邻域. 并分别称 $a$ 与 $\delta$ 为各邻域的中心与半径. 当不需要考虑各类邻域半径 $\delta$ 的大小时,上述各邻域可分别简记为 $U(a)$,$\mathring{U}(a)$,$U_+(a)$,$\mathring{U}_+(a)$,$U_-(a)$及$\mathring{U}_-(a)$.

### 1.1.3　函数

**定义 1.1.1**　设 $D\subset\mathbb{R}$,称映射 $f:D\to\mathbb{R}$ 为一个函数,记为

$$y=f(x),\quad x\in D,$$

其中,$x$ 称为自变量;$y$ 称为因变量;$D$ 称为定义域;因变量 $y$ 的取值集合称为值域,记为 $R$; 集合 $G=\{(x,y)\mid y=f(x),x\in D\}$ 称为函数的图形(图像). 对变量 $x$ 的每个固定的值 $x_0\in D$,通过 $f$ 所唯一确定的数值 $y_0=f(x_0)$称为函数在 $x_0$ 点的函数值.

下面给出几个常用函数的例子.

绝对值函数 $y=|x|$. 定义域 $D=(-\infty,+\infty)$,值域 $R=[0,+\infty)$,图形如图 1-1所示.

克罗内克(Kronecker)符号函数

$$y=\operatorname{sgn}x=\begin{cases}1, & x>0,\\ 0, & x=0,\\ -1, & x<0.\end{cases}$$

定义域 $D=(-\infty,+\infty)$,值域 $R=\{-1,0,1\}$,图形如图 1-2 所示.

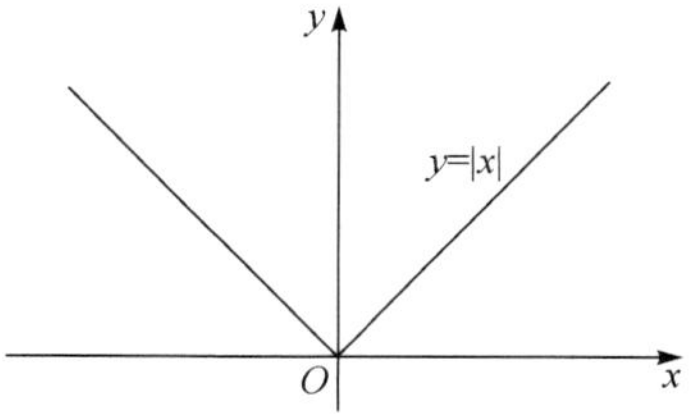


图 1-1

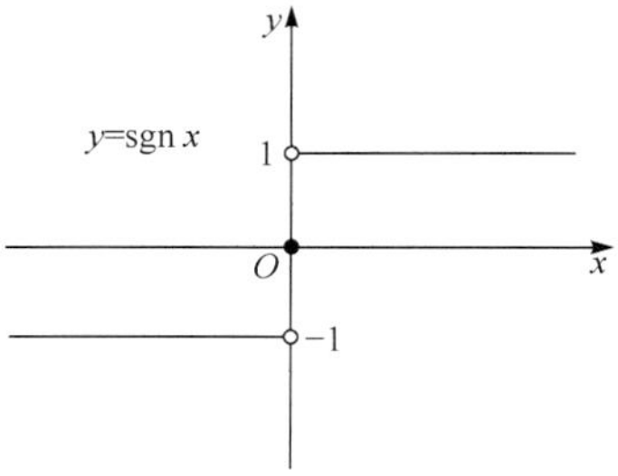


图 1-2

容易验证 $x=|x|\operatorname{sgn}x$.

高斯(Gauss)取整函数 $G(x)=[x]$. 定义域 $D=(-\infty,+\infty)$,值域 $R=\mathbb{Z}$,它在 $x$ 为整数值处,图形发生跳跃,跃度为 1. 容易知道 $G(-1.5)=-2$,$G\left(\frac{1}{2}\right)=0$,

$G(3)=3$ 等,图形如图 1-3 所示.

狄利克雷(Dirichlet)函数

$$D(x)=\begin{cases}1, & x\in\mathbb{Q},\\ 0, & x\in\mathbb{R}\setminus\mathbb{Q}.\end{cases}$$

定义域 $D=(-\infty,+\infty)$,值域 $R=\{0,1\}$.

黎曼(Riemann)函数

$$R(x)=\begin{cases}\dfrac{1}{q}, & x=\dfrac{p}{q}\in(0,1),\ \text{整数}\ p,q>0,\ \text{互质},\\ 0, & x\in(0,1)\setminus\mathbb{Q},\ x=0,1.\end{cases}$$

定义域 $D=[0,1]$,值域 $R=\left\{0,\dfrac{1}{2},\dfrac{1}{3},\cdots\right\}$.

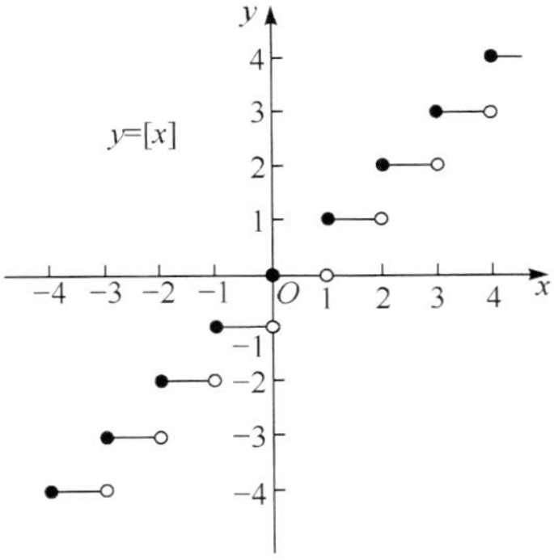

图 1-3

以上函数具有一个共同特点,即在定义域的不同范围内,函数的对应法则需用不同的解析式表示. 一般称形如这样的函数为分段函数.

线性函数 $f(x)=ax$,其中 $a$ 是给定的常数. 容易证明对任意的 $x,y,k\in\mathbb{R}$,它满足线性条件

$$\begin{cases}f(x+y)=f(x)+f(y),\\ f(kx)=kf(x).\end{cases}$$

# 1.2 函数的几种特性

## 1.2.1 有界性

设函数 $y=f(x)$ 的值域为 $R$,如果数集 $R$ 有上界(有下界,有界),就称函数 $y=f(x)$ 有上界(有下界,有界).

有界函数的图形完全落在两条平行于 $x$ 轴的直线之间.

例如,函数 $f(x)=\sin x$ 是有界函数;函数 $f(x)=\dfrac{1}{x}$ 既无上界也无下界;函数 $f(x)=x^2$ 有下界而无上界;函数 $f(x)=-2^x$ 有上界而无下界.

## 1.2.2 单调性

设函数 $y=f(x)$ 的定义域为 $D$,如果对于 $D$ 内任意两点 $x_1,x_2$,当 $x_1<x_2$ 时恒有

$$f(x_1)\leqslant f(x_2)\quad (f(x_1)\geqslant f(x_2))$$

成立,则称 $f(x)$ 在 $D$ 内是单调增加(减少)的;如果上式中的不等号是严格的,即 $f(x_1)<f(x_2)$ $(f(x_1)>f(x_2))$,则称 $f(x)$ 在 $D$ 内是严格单调增加(减少)的. 单调增加(减少)的函数也称为单调递增(递减)或单调上升(下降)函数. 这类函数统称

为单调函数.

例如，$f(x)=x^3$ 是严格单调增加函数；$f(x)=2^{-x}$ 是严格单调减少函数；$f(x)=1$ 既是单调增加函数，也是单调减少函数；$f(x)=x^2$ 不是单调函数.

### 1.2.3　奇偶性

设函数 $f(x)$ 的定义域 $D$ 关于原点对称，即当 $x\in D$ 时一定有 $-x\in D$. 如果对于任意的 $x\in D$，等式

$$f(-x)=f(x)$$

恒成立，则称 $f(x)$ 为偶函数；如果对于任意的 $x\in D$，等式

$$f(-x)=-f(x)$$

恒成立，则称 $f(x)$ 为奇函数.

例如，$y=x^n$，$n\in\mathbb{N}$，当 $n$ 为偶数时，它是偶函数；而当 $n$ 为奇数时，它是奇函数. 这也正是名称“偶函数”与“奇函数”的由来. 而函数 $y=x+1$ 既不是奇函数，也不是偶函数，通常称为非奇非偶函数. 从几何上看，偶函数的图形关于 $y$ 轴对称；而奇函数的图形关于原点对称. 容易知道在关于原点对称数集 $D$ 上有定义的任意一个函数 $f(x)$ 可以表为一个偶函数与一个奇函数的和，因为

$$f(x)=\frac{1}{2}[f(x)+f(-x)]+\frac{1}{2}[f(x)-f(-x)].$$

### 1.2.4　周期性

设函数 $y=f(x)$ 的定义域为 $D$，若存在非零常数 $T$，使得对于任意 $x\in D$，都有 $x+T\in D$，且 $f(x+T)=f(x)$，则称 $f(x)$ 为周期函数，而 $T$ 称为 $f(x)$ 的周期，通常我们说周期函数的周期是指最小正周期.

例如，函数 $\sin x$，$\cos x$ 都是以 $2\pi$ 为周期的周期函数；函数 $\tan x$ 及 $\cot x$ 都是以 $\pi$ 为周期的周期函数.

注意，并不是任何周期函数都有最小正周期. 例如，狄利克雷函数 $D(x)$，易证任何正有理数都是它的周期，因为不存在最小的正有理数，所以它没有最小正周期. 常函数也是如此.

## 1.3　函数运算

### 1.3.1　函数的四则运算

设函数 $f(x)$，$g(x)$ 的定义域分别为 $D_1$，$D_2$，并且 $D=D_1\cap D_2\neq\varnothing$，则可定义这两个函数的四则运算，即当 $x\in D$ 时，规定

$$(f+g)(x)=f(x)+g(x);$$
$$(f-g)(x)=f(x)-g(x);$$
$$(f\cdot g)(x)=f(x)\cdot g(x);$$
$$\left(\frac{f}{g}\right)(x)=\frac{f(x)}{g(x)},\quad g(x)\neq 0,$$

并分别称为 $f(x)$ 与 $g(x)$ 的和函数、差函数、积函数及商函数.

例如,函数 $f(x)=\sin x$ 与 $g(x)=\sqrt{x}$ 的和、差、积、商函数分别为

$$(f+g)(x)=\sin x+\sqrt{x},\quad x\in[0,+\infty);$$
$$(f-g)(x)=\sin x-\sqrt{x},\quad x\in[0,+\infty);$$
$$(f\cdot g)(x)=\sqrt{x}\sin x,\quad x\in[0,+\infty);$$
$$\left(\frac{f}{g}\right)(x)=\frac{\sin x}{\sqrt{x}},\quad x\in(0,\infty).$$

而对于函数 $f(x)=\sqrt{1-x}$ 及 $g(x)=\ln(x-1)$,则不能进行四则运算,因为它们定义域的交集是空集.

### 1.3.2 复合函数

对于函数 $y=\sqrt{1-x^2}$,可以看成是将函数 $u=1-x^2$"代入"函数 $y=\sqrt{u}$ 中而得到的. 数学上称形如这样的运算为两个函数的复合.

**定义 1.3.1** 设函数 $y=f(u)$ 的定义域为 $D_f$,函数 $u=g(x)$ 的值域为 $R_g$. 如果 $D_f\cap R_g\neq\varnothing$,记 $D_1=\{x\,|\,g(x)\subset D_f\}$,则对每个 $x\in D_1$,得到唯一的 $u=g(x)\in D_f$,从而又可得到唯一的 $y=f(u)$ 与 $x$ 对应. 于是得到一个以 $x\in D_1$ 为自变量,$y$ 为因变量的函数,记作 $y=f[g(x)]$,称为 $y=f(u)$(限制在 $D_f\cap R_g$ 上)与 $u=g(x)$(限制在 $D_1$ 上)的复合函数,其中 $u$ 称为中间变量,$f$ 称为外层函数,$g$ 称为内层函数.

例如,因为 $y=\sqrt{u}$ 的定义域 $D=[0,+\infty)$,$u=1-x^2$ 的值域 $R=(-\infty,+\infty)$,由于 $D\cap R\neq\varnothing$,所以它们可以复合,其复合函数为 $y=\sqrt{1-x^2}$,$x\in[-1,1]$.

对于幂指函数 $y=x^x$,因为 $x^x=e^{x\ln x}$,所以可以看成是由 $y=e^u$ 与 $u=x\ln x$ 复合而成的复合函数.

当 $D_f\cap R_g=\varnothing$ 时,函数 $y=f(u)$ 与函数 $u=g(x)$ 不能进行复合运算. 例如,$y=\arcsin u$ 与 $u=2+x^2$ 就不能构成复合函数. 还应该注意的是,一般来说,函数的复合运算不能交换次序,即

$$f[g(x)]\neq g[f(x)].$$

有时复合函数不仅可以由两个函数,也可以由多个函数相继进行有限次复合而成. 例如,函数 $y=\arctan u$,$u=\ln v$,$v=1+x^2$ 可以复合成函数 $y=\arctan[\ln(1+x^2)]$,

其中 $u,v$ 都是中间变量.

### 1.3.3 反函数

**定义 1.3.2** 设函数 $y=f(x)$ 的定义域为 $D$，值域为 $R$，若对任意 $y\in R$，$D$ 中总有唯一的 $x$ 与之对应，且满足 $f(x)=y$，则在 $R$ 上定义了一个函数，称这个函数为 $y=f(x)$ 的反函数，记作

$$x=f^{-1}(y).$$

因为函数由定义域和对应法则唯一确定，所以对于用什么字母表示反函数中的自变量和因变量是无关紧要的. 习惯上把自变量仍记作 $x$，因变量仍记作 $y$，那么反函数 $x=f^{-1}(y)$ 也可写作

$$y=f^{-1}(x).$$

反函数定义域为 $R$，值域为 $D$.

反函数 $x=f^{-1}(y)$ 与其直接函数 $y=f(x)$ 的区别仅仅是自变量与因变量互换名称，而两个变量之间的对应并没有改变，因此，它们的图形是相同的. 例如，$y=x^3$ 与 $x=y^{\frac{1}{3}}$ 具有相同的图形. 但在同一个坐标系下，函数 $y=f(x)$ 与反函数 $y=f^{-1}(x)$ 的图形一般来说并不相同，它们是两条关于直线 $y=x$ 对称的曲线. 还应该注意的是，若 $y=f(x)$ 有反函数，则有恒等式 $f^{-1}[f(x)]=x, x\in D$ 与 $f[f^{-1}(x)]=x, x\in R$. 显然严格单调函数必定存在反函数，即下面的反函数存在性定理.

**定理 1.3.1** 设函数 $y=f(x)$ 在区间 $D_f$ 上严格单调增加(减少)，则 $y=f(x)$ 必存在反函数 $y=f^{-1}(x)$，并且它在 $R_f$ 也是严格单调增加(减少)的.

**注 1.3.1** 定理 1.3.1 的逆不真. 即当 $y=f(x)$ 存在反函数时，它不一定是严格单调函数. 例如，

$$y=f(x)=\begin{cases} x, & x\in[-1,1],\ x\neq 0, \\ 2, & x=0 \end{cases}$$

有反函数

$$x=f^{-1}(y)=\begin{cases} y, & y\in[-1,1],\ y\neq 0, \\ 0, & y=2, \end{cases}$$

但 $y=f(x)$ 显然不是单调函数.

**例 1.3.1** 求函数 $y=\dfrac{e^x+e^{-x}}{2}$ 当 $x\geqslant 0$ 时的反函数.

**解** 由 $y=\dfrac{e^x+e^{-x}}{2}$ 得 $2e^x y=e^{2x}+1$，即 $(e^x)^2-2e^x y+1=0$，所以 $e^x=y\pm\sqrt{y^2-1}$. 注意到 $x\geqslant 0$，因此 $x=\ln(y+\sqrt{y^2-1})$，从而 $y=\dfrac{e^x+e^{-x}}{2}$ 当 $x\geqslant 0$ 时的反函数为 $y=\ln(x+\sqrt{x^2-1})$. □

# 1.4 初等函数

## 1.4.1 基本初等函数

常函数、幂函数、指数函数、对数函数、三角函数和反三角函数这六类函数统称为基本初等函数. 它们是构成初等函数的基本元素，在微积分学中占有重要地位，现分别介绍如下.

1. 常函数

形如 $y=C$ 的函数称为常函数，其中 $C$ 是给定的常数. 定义域为 $(-\infty,+\infty)$，值域为 $\{C\}$，其图形是一条平行于 $x$ 轴的直线.

2. 幂函数

形如 $y=x^\mu$ 的函数称为幂函数，其中 $\mu$ 是给定的常数. 幂函数的定义域与常数 $\mu$ 有关. 但无论 $\mu$ 是什么数，在区间 $(0,+\infty)$ 内，$y=x^\mu$ 总是有意义的(图 1-4). 一般地，当 $\mu>1$ 时，称函数 $y=x^\mu$ 是超线性的；而当 $0<\mu<1$ 时，称函数 $y=x^\mu$ 是次线性的，它们是微分方程中最常见的非线性项. 显然当 $\mu=1$ 时，$y=x^\mu$ 就是线性函数.

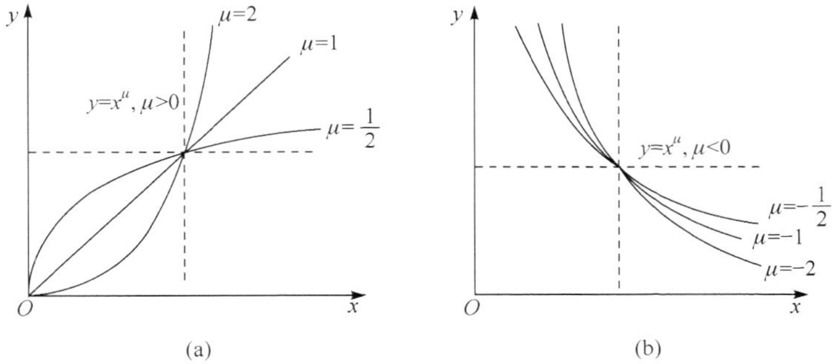


图 1-4

3. 指数函数

称函数 $y=a^x$ 为指数函数，其中常数 $a>0$ 且 $a\neq1$. 定义域是 $(-\infty,+\infty)$，值域为 $(0,+\infty)$. 当 $a>1$ 时，函数 $y=a^x$ 严格单调增加；当 $0<a<1$ 时，函数 $y=a^x$ 严格单调减少. $y=a^x$ 的图形与 $y=\left(\frac{1}{a}\right)^x$ 的图形关于 $y$ 轴对称(图 1-5).

4. 对数函数

指数函数 $y=a^x$ 的反函数 $y=\log_a x$ 称为以 $a$ 为底的对数函数，简称对数函数. 定义域为 $(0,+\infty)$，值域为 $(-\infty,+\infty)$. 关于直线 $y=x$ 作函数 $y=a^x$ 的对称图形，则可得到函数 $y=\log_a x$ 的图形. 当 $a>1$ 时，$y=\log_a x$ 严格单调增加；当 $0<a<1$ 时，$y=\log_a x$ 严格单调减少，对数函数 $y=\log_a x$ 和 $y=\log_{\frac{1}{a}} x$ 的图形关于 $x$ 轴对称(图 1-6).

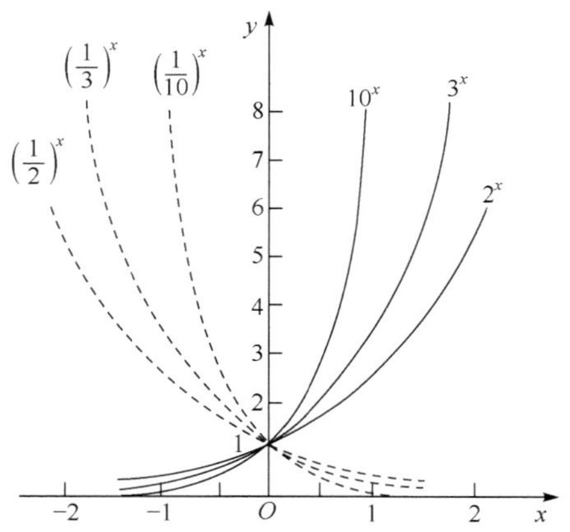


图 1-5

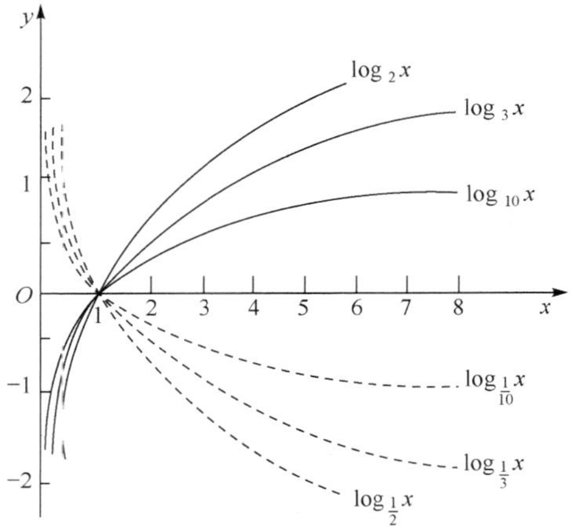


图 1-6

5. 三角函数

三角函数是指正弦函数 $y=\sin x$、余弦函数 $y=\cos x$、正切函数 $y=\tan x$、余切函数 $y=\cot x$、正割函数 $y=\sec x$，以及余割函数 $y=\csc x$. 函数 $\sin x$，$\cos x$ 都是以 $2\pi$ 为周期的函数(图 1-7)；函数 $\tan x$，$\cot x$ 都是以 $\pi$ 为周期的函数(图 1-8). $\cos x$ 是偶函数，$\sin x$，$\tan x$，$\cot x$ 都是奇函数.

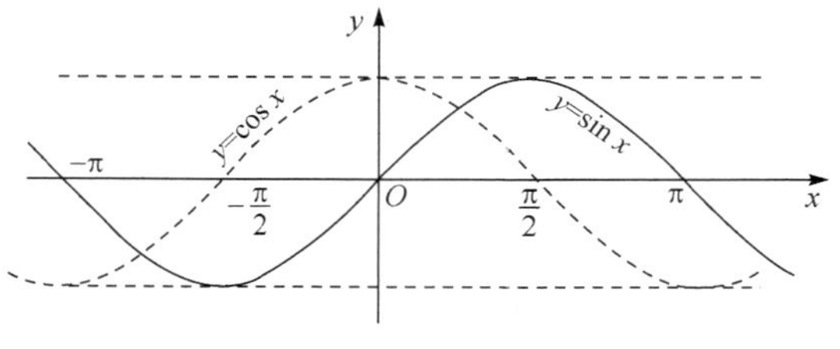


图 1-7

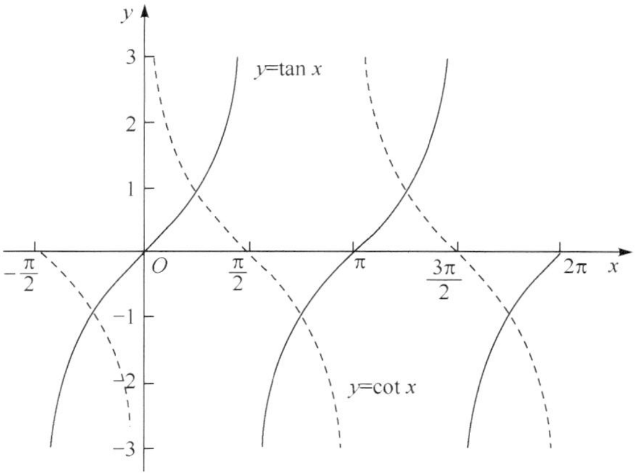


图 1-8

三角函数在研究周期性现象中非常重要，学习了微积分以后，我们将会知道在科学研究中所用到的每个周期函数都可以表示为正弦函数和余弦函数的代数组合.

6. 反三角函数

三角函数 $y=\sin x, y=\cos x, y=\tan x, y=\cot x$ 分别适当地取它们的严格单调区间后，所得的反函数称为反三角函数(图 1-9).

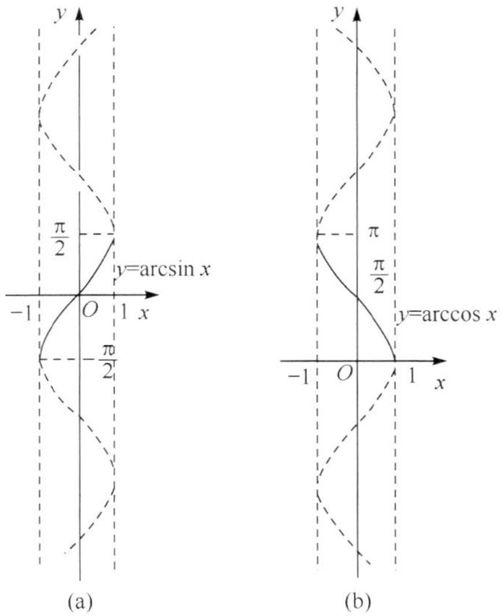

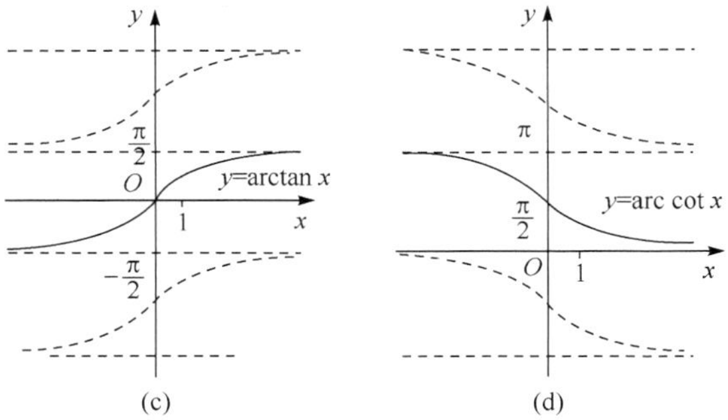


图 1-9

反正弦函数 $y=\arcsin x$，定义域为$[-1,1]$，值域为$\left[-\frac{\pi}{2},\frac{\pi}{2}\right]$，它是单调增加的奇函数.

反余弦函数 $y=\arccos x$，定义域为$[-1,1]$，值域为$[0,\pi]$，它是单调减少的函数.

反正切函数 $y=\arctan x$，定义域为$(-\infty,+\infty)$，值域为$\left[-\frac{\pi}{2},\frac{\pi}{2}\right]$，它是单调增加的奇函数.

反余切函数 $y=\operatorname{arc\,cot} x$，定义域为$(-\infty,+\infty)$，值域为$(0,\pi)$，它是单调减少的函数.

上述各个反三角函数的值域范围，称为它们的主值范围.

### 1.4.2　初等函数

由基本初等函数经过有限次四则运算或有限次复合运算所得到的，并且可用一个式子表示的函数，称为初等函数. 例如，

$$y=\sqrt{1-x^2},\quad y=\sin^2 3x,\quad y=e^{\sin x}+\cos 2x$$

等都是初等函数，微积分中遇到的函数大多是初等函数.

### 1.4.3　双曲函数

所谓双曲函数，通常指以下四类函数：

$$\operatorname{sh}x=\frac{e^x-e^{-x}}{2};\qquad \operatorname{ch}x=\frac{e^x+e^{-x}}{2};$$

$$\operatorname{th}x=\frac{\operatorname{sh}x}{\operatorname{ch}x}=\frac{e^x-e^{-x}}{e^x+e^{-x}};\quad \operatorname{cth}x=\frac{\operatorname{ch}x}{\operatorname{sh}x}=\frac{e^x+e^{-x}}{e^x-e^{-x}}.$$

分别称为双曲正弦、双曲余弦、双曲正切、双曲余切函数. 它们对于 $x$ 的一切数值

都有意义,但 cth$x$ 的定义域需要去掉 $x=0$. 这些函数满足一些与三角公式非常类似的关系. 例如,容易验证

$$\mathrm{ch}(x\pm y)=\mathrm{ch}x\mathrm{ch}y\pm\mathrm{sh}x\mathrm{sh}y;\quad \mathrm{sh}(x\pm y)=\mathrm{sh}x\mathrm{ch}y\pm\mathrm{ch}x\mathrm{sh}y.$$

进一步,令 $y=x$ 得

$$\mathrm{ch}^2x-\mathrm{sh}^2x=1,\quad \mathrm{ch}2x=\mathrm{ch}^2x+\mathrm{sh}^2x,\quad \mathrm{sh}2x=2\mathrm{sh}x\mathrm{ch}x.$$

由公式 $\mathrm{ch}^2x-\mathrm{sh}^2x=1$ 知,对任意的实数 $t$,点($\mathrm{ch}\ t,\mathrm{sh}\ t$)在双曲线 $x^2-y^2=1$ 上,所以称它们为双曲函数. 其图形如图 1-10,图 1-11 所示.

像三角函数一样,双曲函数也有对应的反双曲函数.

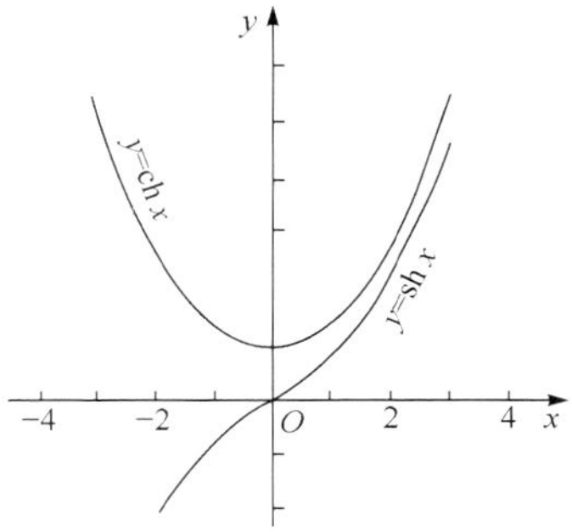


图 1-10

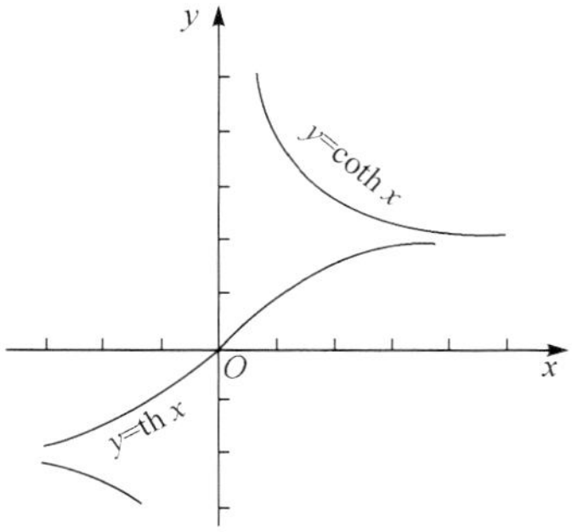


图 1-11

反双曲正弦函数 $y=\mathrm{arsh}\ x=\ln(x+\sqrt{x^2+1})$,定义域,值域均为$(-\infty,+\infty)$,如图 1-12 所示.

反双曲余弦函数 $y=\mathrm{arch}\ x=\ln(x+\sqrt{x^2-1})$,定义域为$[1,+\infty)$,值域为$(-\infty,+\infty)$;如图 1-13 所示.

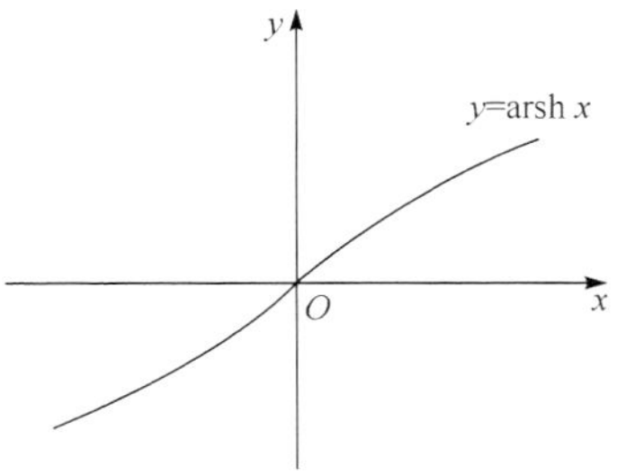


图 1-12

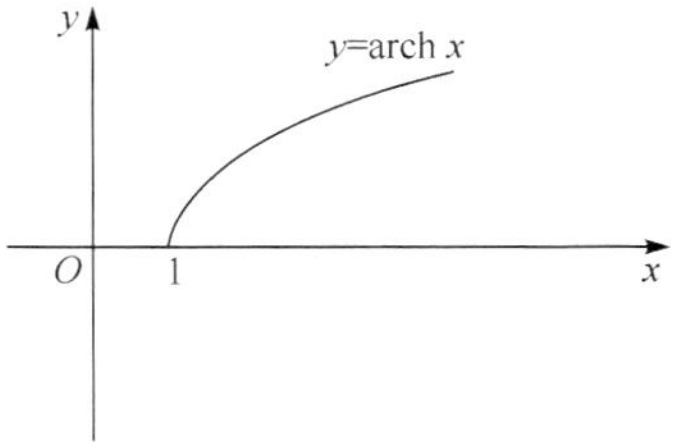


图 1-13

反双曲正切函数 $y=\mathrm{arth}\ x=\dfrac{1}{2}\ln\dfrac{1+x}{1-x}$,定义域为$(-1,1)$,值域为$(-\infty,+\infty)$,如图 1-14 所示.

反双曲余切函数 $y=\operatorname{arcth} x=\frac{1}{2}\ln\frac{x+1}{x-1}$，定义域为 $(-\infty,-1)\cup(1,+\infty)$，值域 $(-\infty,+\infty)$，如图 1-15 所示.

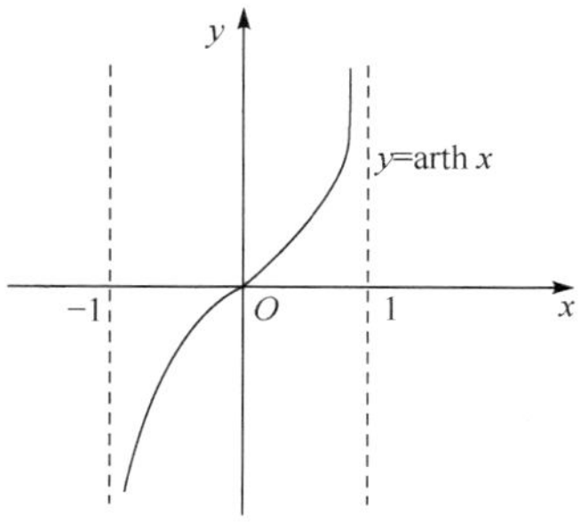


图 1-14

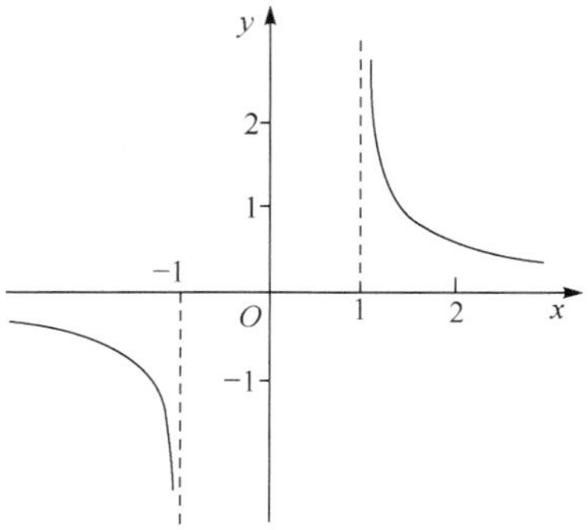


图 1-15

# 习　题　1

**一、判断题**（正确打√并给出证明，错误打×并给出反例）

1. 两个单调增加函数的乘积仍为单调增加函数.　（　　）
2. $f(x)$ 是周期函数当且仅当 $|f(x)|$ 是周期函数.　（　　）
3. 复合函数 $y=f[g(x)]$ 是由函数 $y=f(u)$ 和函数 $u=g(x)$ 复合而成.　（　　）
4. 若 $y=f(x)$ 存在反函数 $y=f^{-1}(x)$，则 $f[f^{-1}(x)]=f^{-1}[f(x)]=x$.　（　　）
5. 有界函数的和、差、积、商仍为有界函数.　（　　）

**二、填空题**（将正确答案填在题中横线之上）

1. 若 $f(x)$ 的定义域是 $[0,1]$，则 $f(x^2-1)$ 的定义域是__________.

2. 若 $f(x)$ 是以 2 为周期的周期函数，且在闭区间 $[0,2]$ 上 $f(x)=2x-x^2$，则在闭区间 $[-1,1]$ 上，$f(x)=$__________.

3. 函数 $f(x)=\ln\frac{1+x}{1-x}$ 在 $(-1,1)$ 内关于__________对称.

4. 函数 $y=\sqrt{2+x-x^2}$ 的值域为__________.

5. 函数 $y=x^x$ 由简单函数__________和__________复合而成.

**三、单项选择题**（将正确答案的选项字母填入括号内）

1. 函数 $f(x)=|\sin 2x|$ 的最小正周期是（　　）.

(A) $2\pi$；　(B) $\pi$；　(C) $\frac{\pi}{2}$；　(D) $\frac{\pi}{4}$.

2. 下列函数中既是奇函数又是单调增加函数的是（　　）.

(A) $\sin^3 x$；　(B) $x^3+1$；　(C) $x^3+x$；　(D) $x^3-x$.

3. 函数 $f(x)=\dfrac{\ln x}{x}$在$(0,+\infty)$内(　　).

(A) 有上界无下界；　　(B) 有下界无上界；

(C) 既有上界也有下界；　　(D) 既无上界也无下界.

4. 若用 $D(x)$表示狄利克雷函数,则下列结论错误的是(　　).

(A) $D(x)$为有界函数；　　(B) $D(x)$为周期函数；

(C) $D(x)$为单调函数；　　(D) $D(x)$为偶函数.

5. 函数 $y=\ln(x+\sqrt{1+x^2})$的反函数是(　　).

(A) $y=\operatorname{sh} x$；　(B) $y=\operatorname{ch} x$；　(C) $y=\operatorname{th} x$；　(D) $y=\operatorname{cth} x$.

**四、计算题**

1. 求函数 $f(x)=\sqrt{4-x^2}+\dfrac{1}{\ln\cos x}$的定义域.

2. 已知 $\varphi(x)=\sin\dfrac{x}{2}$,如果 $f[\varphi(x)]=1+\cos x$,求 $f(x)$.

3. 设

$$f(x)=\begin{cases}1, & |x|\leqslant 1,\\ 0, & |x|>1,\end{cases}\quad g(x)=\begin{cases}2-x^2, & |x|\leqslant 2,\\ 2, & |x|>2,\end{cases}$$

求 $f[g(x)]$与 $g[f(x)]$.

4. 设 $f(x)$与 $g(x)$分别为$(-\infty,+\infty)$内的单调增加与单调减少函数,试讨论 $f[g(x)]$与 $g[f(x)]$的单调性.

5. 设 $f(x)$除 $x=0$ 与 $x=1$ 两点外,对全体实数都有定义,并满足关系式 $f(x)+f\left(\dfrac{x-1}{x}\right)=1+x$,求函数 $f(x)$.

6. 设 $f(x)$在$\mathbb{R}$内严格单调增加. $x_1$ 是方程 $f(x)+x=a$ 的根,$x_2$ 是方程 $f^{-1}(x)+x=a$ 的根,求 $x_1+x_2$.

**五、证明题**

1. 如果当 $x\in(-\infty,+\infty)$时,函数 $y=f(x)$的图形关于直线 $x=a$ 与 $x=b$ 均对称,并且 $a\neq b$,证明 $f(x)$是周期函数.

2. 已知 $f(x)=\dfrac{x}{\sqrt{1+x^2}}$,若记 $f_n(x)=\underbrace{f\{f[\cdots f(x)]\}}_{n个}$,证明 $f_n(x)=\dfrac{x}{\sqrt{1+nx^2}}$.

3. 已知常数 $a>0$,$f(x)=a^x$. 证明:若$\{x_n\}$是等差数列,则$\{f(x_n)\}$是等比数列.

4. 证明函数 $f(x)=\dfrac{1}{\sin x}$无界.

5. 称形如 $y=\dfrac{ax+b}{cx+d}$这样的函数为分式线性函数,其中常数 $a,b,c,d$ 满足条件 $ad\neq bc$. 证明两个分式线性函数的复合函数仍是分式线性函数;并且分式线性函数一定存在反函数,而且其反函数也为分式线性函数.

6. 若对一切实数 $x$ 都有 $f\left(\dfrac{1}{2}+x\right)=\dfrac{1}{2}+\sqrt{f(x)-f^2(x)}$,证明 $f(x)$是周期函数.

7. 分别证明：

(1) $\max\{f(x),g(x)\}=\dfrac{f(x)+g(x)+|f(x)-g(x)|}{2}$；

(2) $\min\{f(x),g(x)\}=\dfrac{f(x)+g(x)-|f(x)-g(x)|}{2}$；

(3) $\sup\{f(x)+g(x)\}\leqslant\sup\{f(x)\}+\sup\{g(x)\}$；

(4) $\inf\{f(x)+g(x)\}\geqslant\inf\{f(x)\}+\inf\{g(x)\}$.

# 第 2 章　数列的极限

数列的极限是经典数学极限理论的基础. 本书其他种类的极限,特别是函数的微分与积分,都可以用数列的极限予以描述. 它还与整个实数集 $\mathbb{R}$ 的特质密切相关. 同时,它也是现代分析数学中点列或者序列极限的雏形. 本章主要介绍数列极限的概念、运算及基本性质,重点是数列极限定义的 $\varepsilon$-$N$ 语言描述及若干数列极限的存在性条件.

## 2.1　数　　列

### 2.1.1　数列的定义

**定义 2.1.1**　如果函数 $a_n=f(n)$ 的定义域为 $\mathbb{N}$,则称它为一个数列.

通常数列 $a_n=f(n)$ 也记为

$$a_1,a_2,\cdots,a_n,\cdots, \tag{2.1.1}$$

其中 $a_i$ 称为数列(2.1.1)的第 $i$ 项,$i=1,2,\cdots$,第 $n$ 项 $a_n$ 称为数列(2.1.1)的一般项或者通项.

如果数列(2.1.1)通项 $a_n$ 已知,或者当不需要知道 $a_n$ 的具体表达式时,数列(2.1.1)又可以记为 $\{a_n\}$. 下面是一些数列的具体例子:

$$1,2,\cdots,n,\cdots; \tag{2.1.2}$$

$$-1,-2,\cdots,-n,\cdots; \tag{2.1.3}$$

$$1,\frac{1}{2},\cdots,\frac{1}{n},\cdots; \tag{2.1.4}$$

$$-1,1,\cdots,(-1)^n,\cdots; \tag{2.1.5}$$

$$c,c,\cdots,c,\cdots; \tag{2.1.6}$$

$$1.4,1.41,1.414,1.4142,\cdots; \tag{2.1.7}$$

$$2,3,5,7,11,13,\cdots; \tag{2.1.8}$$

$$q,q^2,\cdots,q^n,\cdots; \tag{2.1.9}$$

$$1,-2,\cdots,(-1)^{n-1}n,\cdots, \tag{2.1.10}$$

其中数列(2.1.6)称为常数列($c$ 是给定的常数);数列(2.1.7)是 $\sqrt{2}$ 的不足近似值(使近似程度越来越高)的数列,它的一般项不能具体给出;数列(2.1.8)是由全体素数构成的数列,它的一般项至今未知;数列(2.1.9)称为等比数列(常数 $q\neq0$). 另外,应该提醒读者注意的是,全体有理数可以排成一个数列. 事实上,我们可以将

全体正有理数按照下列方式排列(有公约数的去掉):

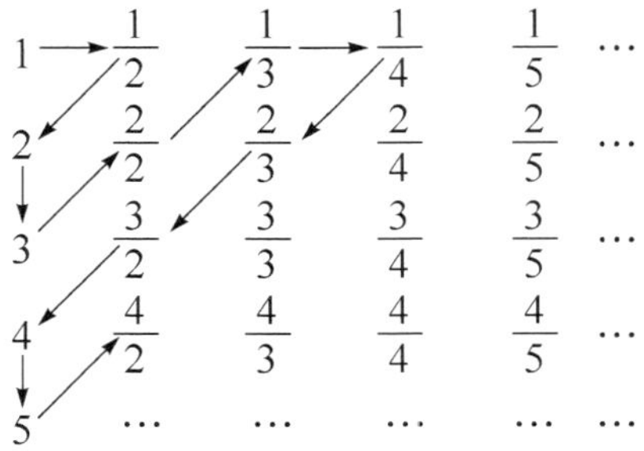

于是,得到数列

$$1,\frac{1}{2},2,3\ \frac{1}{3},\frac{1}{4},\frac{2}{3},\frac{3}{2},4,5,\frac{1}{5},\frac{1}{6},\cdots,$$

当然全体有理数也就排成了一个数列.

### 2.1.2　有界数列

**定义 2.1.2**　称数列$\{a_n\}$是有上界(有下界,有界)的,如果数集$\{a_n \mid n\in\mathbb{N}\}$有上界(有下界,有界).

容易证明数列(2.1.2),数列(2.1.8)有下界、无上界;数列(2.1.3)有上界、无下界;数列(2.1.4)—(2.1.7)都是有界的;数列(2.1.10)既无上界,也无下界.数列(2.1.9)的有界性与常数 $q$ 的大小有关,作为练习,读者可自行讨论.

**例 2.1.1**　证明数列$\left\{1+\frac{1}{2}+\cdots+\frac{1}{n}\right\}$无上界.

**证明**　记 $a_n=1+\frac{1}{2}+\cdots+\frac{1}{n}$,假设数列$\{a_n\}$有上界,那么由确界原理(定理0.1)知其必有上确界,记 $\sup\{a_n\}=M$.注意到

$$\begin{aligned}a_{2n}-a_n&=\left(1+\frac{1}{2}+\cdots+\frac{1}{2n}\right)-\left(1+\frac{1}{2}+\cdots+\frac{1}{n}\right)\\&=\frac{1}{n+1}+\frac{1}{n+2}+\cdots+\frac{1}{n+n}\\&\geqslant\frac{n}{n+n}=\frac{1}{2},\end{aligned}$$

所以 $M\geqslant a_{2n}\geqslant a_n+\frac{1}{2}$,因此 $a_n\leqslant M-\frac{1}{2}$,$n=1,2,\cdots$,这显然与 $\sup\{a_n\}=M$ 矛盾,所以数列$\{a_n\}$无上界. □

### 2.1.3　单调数列

**定义 2.1.3**　如果函数 $a_n=f(n)$是单调增加(减少)的,则称数列$\{a_n\}$是单调

增加(减少)的.单调增加数列和单调减少数列统称为单调数列.

数列(2.1.2)是单调增加数列;数列(2.1.4)是单调减少数列;数列(2.1.5)不是单调数列.

**例 2.1.2**　证明数列$\left\{\left(1+\frac{1}{n}\right)^n\right\}$单调增加有上界.

**证明**　令 $e_n=\left(1+\frac{1}{n}\right)^n$,$n=1,2,\cdots$.按照二项式公式,则

$$\begin{aligned}
e_n &= \left(1+\frac{1}{n}\right)^n = 1+\sum_{k=1}^{n} C_n^k \frac{1}{n^k} \\
&= 1+\sum_{k=1}^{n} \frac{n(n-1)\cdots(n-k+1)}{k!}\frac{1}{n^k} \\
&= 1+\sum_{k=1}^{n} \frac{1}{k!}\frac{n(n-1)\cdots(n-k+1)}{n^k} \\
&= 1+\sum_{k=1}^{n} \frac{1}{k!}\left(1-\frac{1}{n}\right)\left(1-\frac{2}{n}\right)\cdots\left(1-\frac{k-1}{n}\right) \\
&\leqslant 1+\sum_{k=1}^{n} \frac{1}{k!}\left(1-\frac{1}{n+1}\right)\left(1-\frac{2}{n+1}\right)\cdots\left(1-\frac{k-1}{n+1}\right) \\
&< 1+\sum_{k=1}^{n+1} \frac{1}{k!}\left(1-\frac{1}{n+1}\right)\left(1-\frac{2}{n+1}\right)\cdots\left(1-\frac{k-1}{n+1}\right) = e_{n+1},
\end{aligned}$$

所以$\left\{\left(1+\frac{1}{n}\right)^n\right\}$单调增加.又因为

$$\begin{aligned}
e_n &= 1+\sum_{k=1}^{n} \frac{1}{k!}\left(1-\frac{1}{n}\right)\left(1-\frac{2}{n}\right)\cdots\left(1-\frac{k-1}{n}\right) \\
&\leqslant 1+\sum_{k=1}^{n}\frac{1}{k!} \\
&\leqslant 1+1+\sum_{k=2}^{n}\frac{1}{k(k-1)} \\
&= 2+\sum_{k=2}^{n}\left(\frac{1}{k-1}-\frac{1}{k}\right) \\
&= 2+\left(1-\frac{1}{n}\right)<3,
\end{aligned}$$

所以$\left\{\left(1+\frac{1}{n}\right)^n\right\}$有上界.　□

**注 2.1.1**　关于数列$\left\{\left(1+\frac{1}{n}\right)^n\right\}$单调增加有上界的论证,除例 2.1.2 给出的方法外,还可以利用伯努利不等式、均值不等式以及公式

$$a^{n+1}-b^{n+1}=(a-b)(a^n+a^{n-1}b+\cdots+ab^{n-1}+b^n)$$

等分别予以证明，读者可自行练习.

### 2.1.4 子列

**定义 2.1.4** 给定数列 $a_1,a_2,\cdots,a_n,\cdots$ 及一个严格单调增加的正整数数列 $n_1,n_2,\cdots,n_k,\cdots$，称数列 $a_{n_1},a_{n_2},\cdots,a_{n_k},\cdots$ 为原数列 $a_1,a_2,\cdots,a_n,\cdots$ 的一个子数列，简称为子列.

例如，$\frac{1}{2},\frac{1}{4},\cdots,\frac{1}{2n},\cdots$ 是 $1,\frac{1}{2},\cdots,\frac{1}{n},\cdots$ 的一个子列；$1,1,\cdots,1,\cdots$ 及 $-1,-1,\cdots,-1,\cdots$ 都是 $-1,1,\cdots,(-1)^n,\cdots$ 的子列.

应该注意的是，$a_{n_k}$ 是子列 $\{a_{n_k}\}$ 的第 $k$ 项，是数列 $\{a_n\}$ 的第 $n_k$ 项. 同时，因为数列 $\{a_n\}$ 的子列 $\{a_{n_k}\}$ 的第 $k$ 项不可能是 $\{a_n\}$ 中的第 $k$ 项 $a_k$ 之前的项，所以 $n_k\geqslant k$，$k=1,2,\cdots$，并且 $n_k>n_h$ 当且仅当 $k>h$. 显然，如果 $\{a_n\}$ 有上界(有下界，有界)，则 $\{a_{n_k}\}$ 也是有上界(有下界，有界)的；如果 $\{a_n\}$ 是单调增加(减少)的，则 $\{a_{n_k}\}$ 也是单调增加(减少)的.

**例 2.1.3** 证明任何一个数列 $\{a_n\}$ 都存在单调子列.

**证明** 如果 $\{a_n\}$ 存在单调增加子列，则结论成立；如果 $\{a_n\}$ 不存在单调增加子列，那么存在 $n_1>0$，使得对任意的 $n>n_1$，都有 $a_n<a_{n_1}$(否则，对任意的 $n_k>0$，都存在 $n_{k+1}>n_k$，使得 $a_{n_{k+1}}\geqslant a_{n_k}$，从而得到 $\{a_n\}$ 的一个单调增加子列 $\{a_{n_k}\}$，这与假设 $\{a_n\}$ 不存在单调增加子列矛盾). 同理，在数列 $\{a_n\}_{n>n_1}$ 中也不存在单调增加子列，于是，又存在 $n_2>n_1$，使得对任意的 $n>n_2$，都有 $a_n<a_{n_2}<a_{n_1}$. 如此无限进行下去，便得到 $\{a_n\}$ 的一个严格单调递减子列 $\{a_{n_k}\}$. 所以数列 $\{a_n\}$ 总存在单调子列. □

## 2.2 数列极限的定义

人类对极限的认识是一个相当漫长的文明过程. 显然，大家都能感悟到"当 $n$ 无限增大时，$\frac{1}{n}$ 与 0 可以任意靠近"这一现象. 因此，我们容易直观感悟到"如果当 $n$ 无限增大时，$\{a_n\}$ 与常数 $a$ 可以任意靠近，则 $a$ 就是数列 $\{a_n\}$ 当 $n$ 趋于无穷大时的极限". 事实上，在牛顿-莱布尼茨时代，人们就是利用这一朴素的极限思想解决了大量的数学、物理、力学及天文学等问题. 然而，略为深刻一点，问题就接踵而至. 例如，当 $n$ 无限增大时，数列 $\left\{\left(1+\frac{1}{n}\right)^n\right\}$ 是否与某个定数可以任意靠近？又如，假设 $\{a_n\}$ 与 $\{b_n\}$ 当 $n$ 无限增大时，分别与 $a,b$ 任意靠近，那么当 $n$ 无限增大时，$\left\{\frac{a_n}{b_n}\right\}$ 的变化趋势又如何？因此，当我们对极限的认识就此停滞不前时，我们不可能走得更远.我们需要给出“当 $n$ 无限增大时”及“数列 $\{a_n\}$ 与常数 $a$ 可以任意靠近”这两句语言描述的定量刻画.

**定义 2.2.1** 给定数列 $\{a_n\}$.如果存在常数 $a$,对任意给定的 $\varepsilon>0$,存在自然数 $N$,使得 $n>N$ 时,恒有 $|a_n-a|<\varepsilon$ 成立,则称 $a$ 为数列 $\{a_n\}$ 当 $n$ 趋于无穷大时的极限,记作

$$\lim_{n\to\infty}a_n=a \quad \text{或者} \quad a_n\to a\ (n\to\infty),$$

也简记为 $\lim a_n=a$,或者 $a_n\to a$.

当数列 $\{a_n\}$ 的极限存在时,称数列 $\{a_n\}$ 是收敛的,否则称数列 $\{a_n\}$ 是发散的.

**例 2.2.1** 利用数列极限的定义,分别证明

(1) $\lim c=c$,其中 $c$ 为常数;

(2) $\lim \dfrac{\alpha}{n^\beta}=0$,其中 $\alpha,\beta$ 是常数,并且 $\beta>0$;

(3) $\lim q^n=0$,其中常数 $|q|\in(0,1)$;

(4) $\lim\sqrt[n]{a}=1$,其中常数 $a>1$;

(5) $\lim\sqrt[n]{n}=1$.

**证明** (1) 对任意的 $\varepsilon>0$,取 $N=1$,当 $n>N$ 时,$|c-c|=0<\varepsilon$,所以 $\lim c=c$.

(2) 对任意的 $\varepsilon>0$,由 $\left|\dfrac{\alpha}{n^\beta}-0\right|=\dfrac{|\alpha|}{n^\beta}<\varepsilon$ 可得 $n>\sqrt[\beta]{\dfrac{|\alpha|}{\varepsilon}}$.于是,对于 $N=\left[\sqrt[\beta]{\dfrac{|\alpha|}{\varepsilon}}\right]$,当 $n>N$ 时,就有 $\left|\dfrac{\alpha}{n^\beta}-0\right|<\varepsilon$,所以 $\lim\dfrac{\alpha}{n^\beta}=0$.

(3) 对任意的 $\varepsilon\in(0,1)$,由 $|q^n-0|=|q|^n<\varepsilon$ 可得 $n\ln|q|<\ln\varepsilon$,注意到 $0<|q|<1$,所以 $n>\dfrac{\ln\varepsilon}{\ln|q|}$.于是,对于 $N=\left[\dfrac{\ln\varepsilon}{\ln|q|}\right]$,当 $n>N$ 时,就有 $|q^n-0|<\varepsilon$,所以 $\lim|q|^n=0$.

(4) 记 $\sqrt[n]{a}=1+\alpha_n$,则由伯努利不等式得 $a=(1+\alpha_n)^n>1+n\alpha_n$,所以 $\alpha_n<\dfrac{a-1}{n}$.于是,对任意的 $\varepsilon>0$,由

$$|\sqrt[n]{a}-1|=\sqrt[n]{a}-1=\alpha_n<\frac{a-1}{n}<\varepsilon$$

得 $n>\dfrac{a-1}{\varepsilon}$.所以,对于 $N=\left[\dfrac{a-1}{\varepsilon}\right]$,当 $n>N$ 时,$|\sqrt[n]{a}-1|<\varepsilon$,从而 $\lim\sqrt[n]{a}=1$.

(5) 记 $\sqrt[n]{n}=1+\alpha_n$.当 $n>1$ 时,由

$$n=(1+\alpha_n)^n=1+n\alpha_n+\frac{n(n-1)}{2}\alpha_n^2+\cdots+\alpha_n^n>\frac{n(n-1)}{2}\alpha_n^2$$

可得 $\alpha_n<\sqrt{\dfrac{2}{n-1}}$. 于是，对任意的 $\varepsilon>0$，由 $\left|\sqrt[n]{n}-1\right|=\sqrt[n]{n}-1=\alpha_n<\sqrt{\dfrac{2}{n-1}}<\varepsilon$ 得 $n>1+\dfrac{2}{\varepsilon^2}$. 所以，对于 $N=\left[1+\dfrac{2}{\varepsilon^2}\right]$，当 $n>N$ 时，$\left|\sqrt[n]{n}-1\right|<\varepsilon$，从而 $\lim\sqrt[n]{n}=1$. □

**例 2.2.2**　若数列 $\{a_n\}$ 收敛于 $a$，则数列 $\left\{\dfrac{1}{n}\sum\limits_{k=1}^{n}a_k\right\}$ 也收敛于 $a$.

**证明**　因为 $\{a_n\}$ 收敛于 $a$，所以对于任意的 $\varepsilon>0$，存在某个固定的 $N_\varepsilon$，当 $n>N_\varepsilon$ 时 $|a_n-a|<\dfrac{\varepsilon}{2}$. 于是，对于 $n>N_\varepsilon$，有

$$\begin{aligned}\left|\frac{1}{n}\sum_{k=1}^{n}a_k-a\right|&=\left|\frac{1}{n}\left(\sum_{k=1}^{n}a_k-na\right)\right|=\frac{1}{n}\left|\sum_{k=1}^{n}(a_k-a)\right|\leqslant\frac{1}{n}\sum_{k=1}^{n}|a_k-a|\\&=\frac{1}{n}\sum_{k=1}^{N_\varepsilon}|a_k-a|+\frac{1}{n}\sum_{k=N_\varepsilon+1}^{n}|a_k-a|\\&<\frac{1}{n}\sum_{k=1}^{N_\varepsilon}|a_k-a|+\frac{(n-N_\varepsilon)\varepsilon}{2n}\\&<\frac{1}{n}\sum_{k=1}^{N_\varepsilon}|a_k-a|+\frac{\varepsilon}{2}.\end{aligned}$$

注意到对给定 $\varepsilon>0$ 及固定的 $N_\varepsilon$，$\sum\limits_{k=1}^{N_\varepsilon}|a_k-a|$ 是与 $n$ 无关的常数，所以由例 2.2.1 的(2) 知当 $n\to\infty$ 时，$\dfrac{1}{n}\sum\limits_{k=1}^{N_\varepsilon}|a_k-a|\to 0$，从而对给定 $\varepsilon>0$，存在 $N'_\varepsilon$，当 $n>N'_\varepsilon$ 时，$\dfrac{1}{n}\sum\limits_{k=1}^{N_\varepsilon}|a_k-a|<\dfrac{\varepsilon}{2}$. 所以取 $N=\max\{N'_\varepsilon,N_\varepsilon\}$，当 $n>N$ 时，就有 $\left|\dfrac{1}{n}\sum\limits_{k=1}^{n}a_k-a\right|<\varepsilon$，因此，$\left\{\dfrac{1}{n}\sum\limits_{k=1}^{n}a_k\right\}$ 收敛于 $a$. □

**例 2.2.3**　若 $\lim(2a_n+a_{n-1})=0$，则 $\lim a_n=0$.

**证明**　因为 $\lim(2a_n+a_{n-1})=0$，所以对任给的 $\varepsilon>0$，存在 $N$，当 $n>N$ 时，有 $|2a_n|-|a_{n-1}|\leqslant|2a_n+a_{n-1}|<\varepsilon$，即 $|a_n|\leqslant\dfrac{|a_{n-1}|}{2}+\dfrac{\varepsilon}{2}$. 从而当 $n>N$ 时，有

$$\begin{aligned}|a_n|&\leqslant\frac{\dfrac{|a_{n-2}|}{2}+\dfrac{\varepsilon}{2}}{2}+\frac{\varepsilon}{2}\\&=\frac{\varepsilon}{2}+\frac{\varepsilon}{2^2}+\frac{|a_{n-2}|}{2^2}\\&\leqslant\cdots\end{aligned}$$

$$\leqslant \frac{\varepsilon}{2}+\frac{\varepsilon}{2^2}+\cdots+\frac{\varepsilon}{2^{n-N}}+\frac{|a_N|}{2^{n-N}}$$
$$=\left(1-\frac{1}{2^{n-N}}\right)\varepsilon+\frac{|a_N|}{2^{n-N}}.$$

由此可知,当 $n>N$ 时 $|a_n|\leqslant\varepsilon+\frac{|a_N|}{2^{n-N}}$. 与例 2.2.1 的(3)证明同理,易知存在 $N_1>N$,使得当 $n>N_1$ 时 $\frac{|a_N|}{2^{n-N}}<\varepsilon$. 所以当 $n>N_1$ 时,$|a_n|<2\varepsilon$,从而 $\lim a_n=0$. □

**注 2.1.1** $\lim a_n=a$ 的邻域语言描述为:$\forall U(a;\varepsilon)$,$\exists N\in\mathbb{N}$,当 $n>N$ 时,$a_n\in U(a;\varepsilon)$.

**注 2.1.2** 在数列的极限定义 2.1.1 中,正数 $\varepsilon$ 具有任意性与给定性双重身份,而对于 $N$,则只强调它的存在性. 若要证明 $\lim a_n=a$,则必须对任意给定的 $\varepsilon>0$,证明存在自然数 $N$,对于 $n>N$ 的一切 $a_n$,都有不等式 $|a_n-a|<\varepsilon$ 成立;而当 $\lim a_n=a$ 确定后,则对每个具体的 $\varepsilon>0$,已经存在某个自然数 $N$,对于 $n>N$ 的一切 $a_n$,不等式 $|a_n-a|<\varepsilon$ 就是已知的结论了.

**注 2.1.3** 极限 $\lim a_n=a$ 只说明当 $n$ 无限增大时,$a_n$ 与 $a$ 可任意靠近,至于 $a_n$ 靠近 $a$ 的方式,可以有多种. 例如,数列

$$\left\{\frac{1}{n}\right\},\left\{-\frac{1}{n}\right\},\left\{\frac{(-1)^n}{n}\right\},\left\{\frac{1+(-1)^n}{n}\right\},\left\{\frac{2+(-1)^n}{n}\right\}$$

等均以 0 为极限,但它们趋于 0 的方式却不同,请读者体会.

**注 2.1.4** 根据 $\lim a_n=a$ 的定义可知 $\lim a_n\neq a$,即

$$\exists\varepsilon_0>0,\forall N\in\mathbb{N},\exists n_0>N,\text{满足}|a_{n_0}-a|\geqslant\varepsilon_0.$$

**例 2.2.4** 证明数列 $\{(-1)^n\}$ 发散.

**证明** 记 $a_n=(-1)^n$. 我们只需证明对 $\forall a\in\mathbb{R}$,$\lim a_n\neq a$. 取定 $\varepsilon_0=1>0$,$\forall N\in\mathbb{N}$,如果 $a\geqslant0$,那么

$$|a_{2N+1}-a|=|-1-a|=1+a\geqslant1=\varepsilon_0;$$

如果 $a<0$,那么

$$|a_{2N}-a|=|1-a|=1-a\geqslant1=\varepsilon_0.$$

因此总 $\exists n_0>N$,满足 $|a_{n_0}-a|\geqslant\varepsilon_0$,所以 $\lim a_n\neq a$. □

给出数列的极限定义后,需要考虑的问题是极限的存在性、唯一性及具体计算方法,我们将沿着这样的思路深入讨论下去.

## 2.3 收敛数列的性质

**定理 2.3.1**(数列极限的唯一性) 如果数列的极限存在,则一定是唯一的.

**证明**　假设常数 $a$ 及 $b$ 都是 $\{a_n\}$ 的极限，那么对任意的 $\varepsilon>0$，存在自然数 $N_1$ 及 $N_2$，当 $n>N_1$ 时，$|a_n-a|<\frac{\varepsilon}{2}$；当 $n>N_2$ 时，$|a_n-b|<\frac{\varepsilon}{2}$. 于是，当 $n>\max\{N_1,N_2\}$ 时，有

$$|a-b|\leqslant|a_n-a|+|a_n-b|<\varepsilon.$$

从而由 $\varepsilon$ 的任意性可知 $a=b$. □

**定理 2.3.2**（数列极限的保序性）　假设 $\lim a_n$ 及 $\lim b_n$ 均存在，那么

(1) 如果 $\lim a_n>\lim b_n$，则当 $n$ 充分大以后一定有 $a_n>b_n$；

(2) 如果当 $n$ 充分大以后 $a_n\geqslant b_n(a_n>b_n)$，那么 $\lim a_n\geqslant\lim b_n$.

**证明**　假设 $\lim a_n=a$，$\lim b_n=b$.

(1) 由于 $a>b$，所以存在 $\varepsilon>0$ 使得 $a-\varepsilon>b+\varepsilon$，而当 $n$ 充分大以后，$a_n>a-\varepsilon>b+\varepsilon>b_n$，所以 $a_n>b_n$.

(2) 如果 $\lim a_n<\lim b_n$，那么由(1)知当 $n$ 充分大以后有 $a_n<b_n$，这与 $a_n\geqslant b_n(a_n>b_n)$ 矛盾. □

由定理 2.3.2 的(1)知，如果 $\lim a_n>0$，则当 $n$ 充分大以后 $a_n>0$；如果 $\lim a_n<0$，则当 $n$ 充分大以后 $a_n<0$. 但如果 $\lim a_n=0$，则不能推断出当 $n$ 充分大以后 $a_n=0$，数列 $\left\{\frac{(-1)^n}{n}\right\}$ 就很好地说明了这一点.

**定理 2.3.3**（数列极限的四则运算）　如果数列 $\{a_n\}$ 及 $\{b_n\}$ 均收敛，则数列 $\{a_n+b_n\}$，$\{a_n-b_n\}$，$\{a_nb_n\}$ 及 $\left\{\frac{a_n}{b_n}\right\}$ $(\lim b_n\neq0)$ 也都收敛，并且

(1) $\lim(a_n+b_n)=\lim a_n+\lim b_n$；

(2) $\lim(a_n-b_n)=\lim a_n-\lim b_n$；

(3) $\lim a_nb_n=\lim a_n\lim b_n$；

(4) $\lim\frac{a_n}{b_n}=\frac{\lim a_n}{\lim b_n}$.

**证明**　假设 $\lim a_n=a$，$\lim b_n=b$. 那么对任意的 $\varepsilon>0$，存在自然数 $N_1$，当 $n>N_1$ 时，$|a_n-a|<\varepsilon$ 且 $|b_n-b|<\varepsilon$. 于是

(1) $|(a_n+b_n)-(a+b)|=|(a_n-a)+(b_n-b)|\leqslant|a_n-a|+|b_n-b|<2\varepsilon$；

(2) $|(a_n-b_n)-(a-b)|=|(a_n-a)-(b_n-b)|\leqslant|a_n-a|+|b_n-b|<2\varepsilon$；

(3) 注意到

$$\begin{aligned}(a_n-a)(b_n-b)&=a_nb_n-a_nb-ab_n+ab\\&=a_nb_n-ab-a_nb-ab_n+2ab\\&=a_nb_n-ab-b(a_n-a)-a(b_n-b),\end{aligned}$$

假设 $\varepsilon<1$，则

$$\begin{aligned}|a_nb_n-ab|&=|(a_n-a)(b_n-b)+a(b_n-b)+b(a_n-a)|\\&\leqslant|a_n-a||b_n-b|+|a||b_n-b|+|b||a_n-a|\\&<\varepsilon^2+|a|\varepsilon+|b|\varepsilon\\&=\varepsilon(\varepsilon+|a|+|b|)<(1+|a|+|b|)\varepsilon;\end{aligned}$$

(4) 注意到 $b\neq0$，由乘法规则(3)知 $bb_n\to b^2>\dfrac{b^2}{2}$，再由定理 2.3.2 的(1)知当 $n>N_2$ 时 $bb_n>\dfrac{b^2}{2}>0$，所以当 $n>\max\{N_1,N_2\}$时，

$$\begin{aligned}\left|\frac{a_n}{b_n}-\frac{a}{b}\right|&=\left|\frac{a_nb-ab_n}{b_nb}\right|\\&=\frac{|a_nb-ab+ab-ab_n|}{bb_n}\\&=\frac{|(a_n-a)b+a(b-b_n)|}{bb_n}\\&\leqslant\frac{|b||a_n-a|+|a||b-b_n|}{bb_n}\\&<\frac{2(|a|+|b|)}{b^2}\varepsilon.\end{aligned}$$

于是，由数列极限的定义知本定理的所有结论都成立. □

**例 2.3.1** 求极限 $\lim\dfrac{3n^2+5n-6}{4n^2-7n+8}$.

**解** 由于

$$\frac{3n^2+5n-6}{4n^2-7n+8}=\frac{3+\dfrac{5}{n}-\dfrac{6}{n^2}}{4-\dfrac{7}{n}+\dfrac{8}{n^2}},$$

所以利用数列极限的四则运算法则及例 2.2.1(2)的结论得

$$\lim\frac{3n^2+5n-6}{4n^2-7n+8}=\frac{3}{4}.$$ □

## 2.4 数列收敛的条件

### 2.4.1 数列收敛的充分条件

**定理2.4.1** (数列收敛的夹逼准则) 如果当 $n$ 充分大以后，不等式 $a_n\leqslant b_n\leqslant c_n$ 成立，并且 $\lim a_n=\lim c_n=\alpha$，则 $\lim b_n=\alpha$.

**证明** 因为 $\lim a_n=\lim c_n=\alpha$，所以当 $n$ 充分大以后，结合不等式 $a_n\leqslant b_n\leqslant c_n$，

就有

$$\alpha-\varepsilon<a_n\leqslant b_n\leqslant c_n<\alpha+\varepsilon,$$

即 $|b_n-\alpha|<\varepsilon$，所以 $\lim b_n=\alpha$. □

**例 2.4.1** 求极限 $\lim\left(\frac{1}{n^2+n+1}+\frac{2}{n^2+n+2}+\cdots+\frac{n}{n^2+n+n}\right)$.

**解** 注意到

$$\frac{1}{n^2+n+1}+\frac{2}{n^2+n+2}+\cdots+\frac{n}{n^2+n+n}\leqslant\frac{1+2+\cdots+n}{n^2+n+1}=\frac{\frac{n(n+1)}{2}}{n^2+n+1}\to\frac{1}{2},$$

$$\frac{1}{n^2+n+1}+\frac{2}{n^2+n+2}+\cdots+\frac{n}{n^2+n+n}\geqslant\frac{1+2+\cdots+n}{n^2+n+n}=\frac{\frac{n(n+1)}{2}}{n^2+n+n}\to\frac{1}{2},$$

所以由夹逼准则得

$$\lim\left(\frac{1}{n^2+n+1}+\frac{2}{n^2+n+2}+\cdots+\frac{n}{n^2+n+n}\right)=\frac{1}{2}.$$ □

**定理 2.4.2**（单调有界原理） 如果数列 $\{a_n\}$ 单调增加有上界，则 $\lim a_n=\sup\{a_n\}$；如果数列 $\{a_n\}$ 单调减少有下界，则 $\lim a_n=\inf\{a_n\}$.

**证明** 设数列 $\{a_n\}$ 单调增加有上界. 由确界原理知 $\sup\{a_n\}=a$ 存在. 于是对任意的 $\varepsilon>0$，由上确界的定义知，对一切自然数 $n$ 有 $a_n\leqslant a<a+\varepsilon$，并且存在某个自然数 $N$，使得 $a_N>a-\varepsilon$. 而 $\{a_n\}$ 单调增加，所以当 $n>N$ 时，$a_n\geqslant a_N>a-\varepsilon$. 从而当 $n>N$ 时 $|a_n-a|<\varepsilon$，即 $\lim a_n=a$.

同理，可以证明如果数列 $\{a_n\}$ 单调减少有下界，则 $\lim a_n=\inf\{a_n\}$. □

**例 2.4.2** 证明极限 $\lim\left(1+\frac{1}{n}\right)^n$ 存在. $\lim\left(1+\frac{1}{n}\right)^n=\mathrm{e}$，其中 $\mathrm{e}=2.17828\cdots$ 是一个无理数.

**证明** 由例 2.1.2 知数列 $\left\{\left(1+\frac{1}{n}\right)^n\right\}$ 单调增加有上界，所以由单调有界原理知 $\lim\left(1+\frac{1}{n}\right)^n$ 存在，记为 e. 在第 7 章中，我们将证明 $\mathrm{e}=2.17828\cdots$ 是一个无理数. □

**例 2.4.3** 给定常数 $A>0$. 如果 $a_1>0$，$a_{n+1}=\frac{1}{2}\left(a_n+\frac{A}{a_n}\right)$，$n=1,2,\cdots$，求极限 $\lim a_n$.

**解** 因为 $a_{n+1}=\frac{1}{2}\left(a_n+\frac{A}{a_n}\right)\geqslant\sqrt{a_n\cdot\frac{A}{a_n}}=\sqrt{A}$，所以 $\{a_n\}$ 有下界. 从而当 $n\geqslant 2$ 时，

$$a_{n+1}-a_n=\frac{1}{2}\left(a_n+\frac{A}{a_n}\right)-a_n=\frac{A-a_n^2}{2a_n}\leqslant 0,$$

所以$\{a_n\}$单调减少. 因此 $\lim a_n$ 存在,记 $\lim a_n=a$,在 $a_{n+1}=\frac{1}{2}\left(a_n+\frac{A}{a_n}\right)$两边取极限得 $a=\frac{1}{2}\left(a+\frac{A}{a}\right)$,解得 $a=\pm\sqrt{A}$,而 $a=\lim a_n=\inf\limits_{n\geqslant 2}\{a_n\}\geqslant\sqrt{A}$,所以 $\lim a_n=\sqrt{A}$. □

**定理 2.4.3** 假设数列$\{a_n\}$单调增加,数列$\{b_n\}$单调减少,并且对一切自然数 $n$ 有 $a_n<b_n$. 如果 $\lim(b_n-a_n)=0$,则$\{a_n\}$与$\{b_n\}$均收敛,并且有公共的极限.

**证明** 对单调增加数列$\{a_n\}$,由 $a_n<b_n\leqslant b_{n-1}\leqslant\cdots\leqslant b_1$ 知$\{a_n\}$有上界,所以由单调有界原理知 $\lim a_n=\sup\{a_n\}:=a$; 对单调减少数列$\{b_n\}$,由 $a_1\leqslant\cdots\leqslant a_{n-1}\leqslant a_n<b_n$ 知$\{b_n\}$有下界,所以由单调有界原理知 $\lim b_n=\inf\{b_n\}:=b$. 进而由

$$0=\lim(b_n-a_n)=\lim b_n-\lim a_n=b-a$$

得到 $a=b$. □

在定理 2.4.3 的假设下,我们能够得到一列区间$[a_n,b_n]$,$n=1,2,\cdots$,并且它们具有包含关系$[a_{n+1},b_{n+1}]\subset[a_n,b_n]$,同时,区间长度随着 $n$ 的增大而趋于零,此时,称这一列区间$\{[a_n,b_n]\}$为一个区间套,所以有下列结论.

**定理 2.4.4**(区间套定理) 如果$\{[a_n,b_n]\}$为一个区间套,则在实数集$\mathbb{R}$中存在唯一的一点 $\xi\in[a_n,b_n]$,$n=1,2,\cdots$.

**证明** 根据定理 2.4.2 及其证明,记 $\xi=\lim a_n=\lim b_n$,那么

$$a_n\leqslant\sup\{a_n\}=\xi=\inf\{b_n\}\leqslant b_n,$$

即 $\xi\in[a_n,b_n]$,$n=1,2,\cdots$.

下面证明 $\xi$ 的唯一性. 如果存在 $\xi_1,\xi_2\in[a_n,b_n]$,$n=1,2,\cdots$,那么

$$0\leqslant|\xi_1-\xi_2|\leqslant b_n-a_n\to 0,$$

所以 $\xi_1=\xi_2$. □

### 2.4.2 数列收敛的必要条件

**定理 2.4.5** 收敛数列是有界数列.

**证明** 假设 $\lim a_n=a$,那么对于 $\varepsilon=1$,存在自然数 $N$,当 $n>N$ 时,

$$|a_n|\leqslant|a_n-a|+|a|<1+|a|.$$

而对于 $n=1,2,\cdots,N$,$|a_n|\leqslant\max\{|a_1|,|a_2|,\cdots,|a_n|\}:=A$. 记 $M=\max\{1+|a|,A\}$,则对于一切自然数 $n$,就有$|a_n|\leqslant M$,所以数列$\{a_n\}$有界. □

**例 2.4.4** 证明数列$\left\{1+\frac{1}{2}+\cdots+\frac{1}{n}\right\}$不收敛.

**证明** 由例 2.1.2 知 数列$\left\{1+\frac{1}{2}+\cdots+\frac{1}{n}\right\}$无上界,所以由定理 2.4.5 知该

数列不收敛.

定理 2.4.5 的逆是不成立的,即有界数列不一定收敛. 例如,对于数列 $\{(-1)^n\}$,显然它有界,而由例 2.2.4 知其不收敛. 然而,有界数列却至少有一个子列是收敛的.

**定理 2.4.6**(致密性定理)　有界数列必有收敛子列.

**证明**　假设数列$\{c_n\}$有界,于是存在常数 $a_1<b_1$ 使得 $a_1\leqslant c_n\leqslant b_1, n=1,2,\cdots$. 将区间$[a_1,b_1]$二等分,记含有$\{c_n\}$中无穷多项的区间为$[a_2,b_2]$,再将区间$[a_2,b_2]$二等分,再记含有$\{c_n\}$中无穷多项的区间为$[a_3,b_3]$,照此法一直进行下去……一般地,我们得到一个区间套$[a_k,b_k]$ : $[a_{k+1},b_{k+1}]\subset[a_k,b_k], k=1,2,\cdots$. 注意到

$$b_k-a_k=\frac{1}{2^{k-1}}(b_1-a_1)\to 0,\quad k\to\infty,$$

由区间套定理知 $\lim a_k=\lim b_k=c$. 现在在每个闭区间$[a_k,b_k]$中取定$\{c_n\}$中的一项 $c_{n_k}$,其中 $n_k>n_{k-1}$,由$[a_k,b_k]$的构造方法知$\{c_{n_k}\}$是$\{c_n\}$的一个子列,并且 $a_k\leqslant c_{n_k}\leqslant b_k$. 进而由夹逼准则知 $c_{n_k}\to c, k\to\infty$. 所以数列$\{c_n\}$存在收敛子列. □

**注 2.4.1**　显然,将例 2.1.3 的结论与单调有界原理结合,也可以得到致密性定理的证明.

### 2.4.3　数列收敛的充分必要条件

**定理 2.4.7**(柯西准则)　数列$\{a_n\}$收敛的充分必要条件是:

对于任意的 $\varepsilon>0$,存在自然数 $N$,当 $n,m>N$ 时,$|a_n-a_m|<\varepsilon$.

**证明　必要性**　假设 $a_n\to a$,则对任意的 $\varepsilon>0$,存在自然数 $N$,当 $n,m>N$ 时,

$$|a_n-a|<\frac{\varepsilon}{2},\ |a_m-a|<\frac{\varepsilon}{2},$$

所以 $|a_n-a_m|\leqslant|a_n-a|+|a_m-a|<\varepsilon$.

**充分性**　由假设条件知,对于 $\varepsilon=1$,存在自然数 $N_1$,当 $n,m>N_1$ 时,$|a_n-a_m|<1$. 所以当 $n>N_1, m=N_1+1$ 时,$|a_n-a_{N_1+1}|<1$,于是

$$|a_n|\leqslant|a_n-a_{N_1+1}|+|a_{N_1+1}|<1+|a_{N_1+1}|.$$

而对于 $n=1,2,\cdots,N_1$,$|a_n|\leqslant\max\{|a_1|,|a_2|,\cdots,|a_{N_1}|\}:=A$. 记 $M=\max\{1+|a_{N_1+1}|,A\}$,则对于一切自然数 $n$,就有 $|a_n|\leqslant M$,所以数列$\{a_n\}$有界. 从而由致密性定理知$\{a_n\}$有收敛子列$\{a_{n_k}\}$,假设 $a_{n_k}\to a, k\to\infty$,那么对任意的 $\varepsilon>0$,存在自然数 $K$,当 $k>K$ 时,$|a_{n_k}-a|<\varepsilon$. 取 $k_0=\max\{N+1,K+1\}$,则 $k_0>K$ 且 $n_{k_0}\geqslant n_{N+1}\geqslant N+1>N$,于是 $|a_n-a_{n_{k_0}}|<\varepsilon$,所以

$$|a_n-a|\leqslant|a_n-a_{n_{k_0}}|+|a_{n_{k_0}}-a|<2\varepsilon,$$

因此 $\lim a_n=a$,即$\{a_n\}$是收敛列. □

**例 2.4.5** 利用柯西准则证明数列$\left\{\frac{\sin 1}{1^2}+\frac{\sin 2}{2^2}+\cdots+\frac{\sin n}{n^2}\right\}$收敛.

**证明** 记 $a_n=\frac{\sin 1}{1^2}+\frac{\sin 2}{2^2}+\cdots+\frac{\sin n}{n^2}$,那么对于任意的 $\varepsilon>0$,当取 $n<m$ 时,由

$$
\begin{aligned}
|a_m-a_n| &= \left|\frac{\sin(n+1)}{(n+1)^2}+\frac{\sin(n+2)}{(n+2)^2}+\cdots+\frac{\sin m}{m^2}\right| \\
&\leqslant \frac{1}{(n+1)^2}+\frac{1}{(n+2)^2}+\cdots+\frac{1}{m^2} \\
&< \left(\frac{1}{n}-\frac{1}{(n+1)}\right)+\left(\frac{1}{n+1}-\frac{1}{(n+2)}\right)+\cdots+\left(\frac{1}{m-1}-\frac{1}{m}\right) \\
&= \frac{1}{n}-\frac{1}{m}<\frac{1}{n}<\varepsilon
\end{aligned}
$$

可知,取 $N=\left[\frac{1}{\varepsilon}\right]$,当 $m,n>N$ 时,

$$
|a_m-a_n|\leqslant\frac{1}{\min\{m,n\}}<\varepsilon.
$$

因此,由柯西准则知数列$\left\{\frac{\sin 1}{1^2}+\frac{\sin 2}{2^2}+\cdots+\frac{\sin n}{n^2}\right\}$收敛. □

**例 2.4.6** 利用柯西准则证明数列$\left\{1+\frac{1}{2}+\cdots+\frac{1}{n}\right\}$不收敛.

**证明** 记 $a_n=1+\frac{1}{2}+\cdots+\frac{1}{n}$,对任意的 $n\in\mathbb{N}$,令 $m=2n$,注意到

$$
|a_{2n}-a_n|=\frac{1}{n+1}+\frac{1}{n+2}\cdots+\frac{1}{n+n}\geqslant\frac{n}{n+n}=\frac{1}{2},
$$

所以对于 $\varepsilon_0=\frac{1}{2}$ 及任意的自然数 $N$,存在 $n,m>N$,并且 $|a_m-a_n|\geqslant\varepsilon_0$. 因此,由柯西准则知数列$\left\{1+\frac{1}{2}+\cdots+\frac{1}{n}\right\}$不收敛. □

## 2.5 无穷小数列与无穷大数列

### 2.5.1 无穷小数列

给定数列$\{a_n\}$,由于 $\lim a_n=a$ 等价于 $\lim(a_n-a)=0$,因此对 $\lim a_n=a$ 的研究可转化为 $\lim b_n=0$,其中 $b_n=a_n-a$. 这种转化在研究数列极限的某些场合,给我们的研究带来了一定的便利,并且更能抓住问题的本质.

如果 $\lim a_n=0$,则称$\{a_n\}$是当 $n$ 趋于无穷大时的一个无穷小数列,简称为无穷

小. 例如, $\left\{\frac{1}{n}\right\}$, $\left\{-\frac{1}{n}\right\}$, $\left\{(-1)^n\frac{1}{n}\right\}$, $\left\{\frac{1-(-1)^n}{n}\right\}$等都是无穷小. 显然, $\lim a_n=a$ 的充分必要条件是$\{a_n-a\}$是无穷小, 即 $\lim a_n=a$ 的充分必要条件是 $a_n=a+\alpha_n$, 其中$\{\alpha_n\}$是无穷小. 数列$\{a_n\}$是无穷小当且仅当数列$\{|a_n|\}$是无穷小. 利用夹逼准则容易证明如果$\{a_n\}$是无穷小, $\{b_n\}$有界, 则$\{a_nb_n\}$仍然是无穷小. 例如, $\left\{\frac{\sin n}{n}\right\}$是无穷小. 利用极限的四则运算法则, 容易知道有限个无穷小的和、差、积仍然是无穷小. 但两个无穷小的商可能是无穷小, 也可能不是无穷小.

### 2.5.2　无穷大数列

**定义 2.5.1**　给定数列$\{a_n\}$, 如果对任意的 $M>0$, 存在自然数 $N$, 当 $n>N$ 时, 如果

(1) $a_n>M$, 则称数列$\{a_n\}$是当 $n$ 趋于无穷大时的一个正无穷大数列;

(2) $a_n<-M$, 则称数列$\{a_n\}$是当 $n$ 趋于无穷大时的一个负无穷大数列;

(3) $|a_n|>M$, 则称数列$\{a_n\}$是当 $n$ 趋于无穷大时的一个无穷大数列.

正无穷大数列、负无穷大数列及无穷大数列也分别简称为正无穷大、负无穷大及无穷大. 此时, 按数列极限的定义, $\{a_n\}$的极限不存在, 但通常也称$\{a_n\}$的(广义或无穷)极限为正无穷大、负无穷大及无穷大, 并分别记为

$$\lim a_n=+\infty \quad \text{或者} \quad a_n\to+\infty\ (n\to\infty) \quad \text{或者} \quad a_n\to+\infty;$$
$$\lim a_n=-\infty \quad \text{或者} \quad a_n\to-\infty\ (n\to\infty) \quad \text{或者} \quad a_n\to-\infty;$$
$$\lim a_n=\infty \quad \text{或者} \quad a_n\to\infty\ (n\to\infty) \quad \text{或者} \quad a_n\to\infty.$$

例如, 数列 $1,2,\cdots,n,\cdots$ 是正无穷大; $-1,-2,\cdots,-n,\cdots$ 是负无穷大; 而数列 $1,-2,\cdots,(-1)^{n-1}n,\cdots$ 是无穷大. 结合数列的极限、无穷小与无穷大, 容易证明

$$\lim\frac{a_mn^m+a_{m-1}n^{m-1}+\cdots+a_1n+a_0}{b_ln^l+b_{l-1}n^{l-1}+\cdots+b_1n+b_0}=\begin{cases}\frac{a_m}{b_l}, & m=l,\\ 0, & m<l,\\ \infty, & m>l.\end{cases}$$

同时, 也容易证明, 如果$\{a_n\}$是正无穷大、负无穷大或者无穷大, 则$\left\{\frac{1}{a_n}\right\}$无穷小; 如果$\{a_n\}$是无穷小, 并且 $a_n\neq0$, $n=1,2,\cdots$, 则$\left\{\frac{1}{a_n}\right\}$是无穷大.

**例 2.5.1**　如果数列$\{a_n\}$无上界, 则必存在$\{a_n\}$的一个子列$\{a_{n_k}\}$, 使得 $a_{n_k}\to+\infty(k\to\infty)$. 如果数列$\{a_n\}$无下界, 则必存在$\{a_n\}$的一个子列$\{a_{n_k}\}$, 使得 $a_{n_k}\to-\infty(k\to\infty)$.

**证明**　由于$\{a_n\}$无上界, 于是对 $k=1$, 存在$\{a_n\}$的某一项 $a_{n_1}$ 满足 $a_{n_1}>1$. 将数列$\{a_n\}$的前 $n_1$ 项去掉, 得到数列$\{a_n\}_{n=n_1+1}^{\infty}$, 显然$\{a_n\}_{n=n_1+1}^{\infty}$仍然无上界; 于是对

$k=2$,存在$\{a_n\}_{n=n_1+1}^{\infty}$的某一项$a_{n_2}$满足$a_{n_2}>2$,显然$n_1<n_2$. 这样一直进行下去,得到$\{a_n\}$的一个子列$\{a_{n_k}\}$,它满足$a_{n_k}>k$,所以$a_{n_k}\to+\infty(k\to\infty)$.

另一个论断同理可证. □

**例 2.5.2** 证明 $\lim\left(1+\frac{1}{2}+\cdots+\frac{1}{n}\right)=+\infty$.

**证明** 记$a_n=1+\frac{1}{2}+\cdots+\frac{1}{n}$. 由例 2.1.2 知数列$\{a_n\}$无上界,所以对任意的$M>0$,存在自然数$N$使得$a_N>M$. 而显然$\{a_n\}$是单调增加数列,因此对$n>N$的一切$a_n$都有$a_n>M$,于是结论成立. □

利用数列极限的定义,可以证明下面两个计算极限的公式:斯托尔茨(Stolz)公式一,斯托尔茨公式二.

**定理 2.5.1** (斯托尔茨公式一) 设$\{a_n\}$,$\{b_n\}$为数列,且$\{b_n\}$严格单调增加趋于正无穷大. 如果$\lim\frac{a_n-a_{n-1}}{b_n-b_{n-1}}=A$,则$\lim\frac{a_n}{b_n}=A$. 并且当$A=-\infty$或者$A=+\infty$时结论也成立.

**定理 2.5.2** (斯托尔茨公式二) 设数列$\{a_n\}$收敛到零,数列$\{b_n\}$严格单调减少趋于零. 如果$\lim\frac{a_n-a_{n-1}}{b_n-b_{n-1}}=A$,则$\lim\frac{a_n}{b_n}=A$.

**例 2.5.3** 若$\lim a_n=A$,则$\lim\frac{a_1+2a_2+\cdots+na_n}{n^2}=\frac{A}{2}$.

**证明** 因为数列$\{n^2\}$严格单调增加趋于正无穷大,故由斯托尔茨公式一知

$$\lim\frac{a_1+2a_2+\cdots+na_n}{n^2}=\lim\frac{na_n}{n^2-(n-1)^2}=\lim\frac{n}{2n-1}a_n=\frac{A}{2}.$$ □

### 2.5.3 上极限与下极限

由致密性定理及例 2.5.1 的结论知任何数列$\{a_n\}$必存在有极限的子列,当然极限可能是有限数,也可能是无穷大. 可以证明,在$\{a_n\}$的所有收敛(有限或无穷)子列的极限中,必存在最小者$\alpha$和最大者$\beta$,通常分别称为$\{a_n\}$的下极限与上极限,并分别记为

$$\varliminf_{n\to\infty}a_n := \varliminf a_n := \liminf_{n\to\infty} a_n := \liminf a_n := \alpha;$$
$$\varlimsup_{n\to\infty}a_n := \varlimsup a_n := \limsup_{n\to\infty} a_n := \limsup a_n := \beta.$$

按定义,我们有

$$\varliminf a_n\leqslant\varlimsup a_n,$$

并且可以证明$\lim a_n$存在的充分必要条件是

$$\varliminf a_n=\varlimsup a_n.$$

特别地,如果$\{a_n\}$有下界,那么对于$k=1,2,\cdots$,

$$\alpha_k=\inf_{n>k}\{a_n\}=\inf\{a_{k+1},a_{k+2},\cdots\}$$

存在，并且数列$\{\alpha_k\}$单调增加，则$\alpha=\sup\{\alpha_k\}$. 同理，如果$\{a_n\}$有上界，那么对于$k=1,2,\cdots$,

$$\beta_k=\sup_{n>k}\{a_n\}=\sup\{a_{k+1},a_{k+2},\cdots\}$$

存在，并且数列$\{\beta_k\}$单调减少，则$\beta=\inf\{\beta_k\}$.

**例 2.5.4** 分别求数列$\{n+(-1)^n n\}$及$\left\{\cos\dfrac{n}{4}\pi\right\}$的上、下极限.

**解** 对于$a_n=n+(-1)^n n$，注意到$0\leqslant a_n<+\infty$，知$\{a_n\}$的任何子列$\{a_{n_k}\}$的极限都满足$0\leqslant\lim\limits_{k\to\infty}a_{n_k}\leqslant+\infty$. 又易见当$k\to\infty$时，$a_{2k}\to+\infty$，$a_{2k+1}\to 0$，于是

$$\overline{\lim}a_n=+\infty,\quad \underline{\lim}a_n=0.$$

而对于$a_n=\cos\dfrac{n}{4}\pi$，由于$-1\leqslant\cos\dfrac{n}{4}\pi\leqslant 1$，并且$a_{8k}\to 1$，$a_{8k+4}\to -1$，于是有

$$\overline{\lim}a_n=1,\quad \underline{\lim}a_n=-1.$$ □

与数列的极限不同，数列的上、下极限一定是存在的，当然它包括无穷的情形. 而在应用时，往往利用上、下极限就能解决问题，这是它们的优势所在. 然而，对初学者而言，掌握上、下极限有一定难度. 事实上，涉及上、下极限的内容非常丰富，读者可先初步了解，再循序渐进，逐步深入.

# 习 题 2

## A. 数列极限的概念、性质及计算

**一、判断题**（正确打√并给出证明，错误打×并给出反例）

1. 若$\lim a_n b_n=0$，则必有$\lim a_n=0$或者$\lim b_n=0$. （ ）

2. $\lim\dfrac{1+2+\cdots+n}{n^2}=\lim\dfrac{1}{n^2}+\lim\dfrac{2}{n^2}+\cdots+\lim\dfrac{n}{n^2}=0$. （ ）

3. 数列$\{a_n\}$发散的充分必要条件是$\{a_n\}$至少有一个子列是发散的. （ ）

4. 如果$\lim a_n=a$，则当$n$充分大以后，一定有$|a_{n+1}-a|\leqslant|a_n-a|$. （ ）

5. $\lim\limits_{n\to\infty}a_n=a$当且仅当对任意的$k\in\mathbb{N}$，都有$\lim\limits_{n\to\infty}a_{n\pm k}=a$. （ ）

**二、填空题**（将正确答案填在题中横线之上）

1. 如果对任意的$\varepsilon>0$，都有$|a_n-a|<\varepsilon$，$n=1,2,\cdots$，则$a_n=$____________.

2. 如果$\lim a_n=a$，将数列$\{a_n\}$的顺序重新排列后所得的数列记为$\{a_n'\}$，则$\lim a_n'=$____________.

3. 如果$a_1=1$，$a_2=2$，$a_{n+2}=\dfrac{1}{2}(a_n+a_{n+1})$，则$\lim a_n=$____________.

4. 如果$\lim f(\sin n)=1$，则$\lim f[\sin(n+2)]=$____________.

5. 如果$\lim\limits_{n\to\infty}\dfrac{an^2+2n+5}{bn+3}=2$,则$\{a,b\}=$____________.

**三、单项选择题**(将正确答案的选项字母填入括号内)

1. 以下定义与$\lim a_n=a$不等价的是(　　).

(A) $\forall\varepsilon\in(0,\delta)$,$\exists N\in\mathbb{N}$,当$n\geqslant N$时,$|a_n-a|\leqslant k\varepsilon$,其中$\delta,k$都是正常数;

(B) $\forall\varepsilon>0$,在开区间$(a-\varepsilon,a+\varepsilon)$外,只有数列$\{a_n\}$的有限项;

(C) $\forall\varepsilon>0$,在开区间$(a-\varepsilon,a+\varepsilon)$内,都有数列的$\{a_n\}$的无穷多项;

(D) $\forall\varepsilon>0$,存在实数$r$,当$n>r$时,$|a_n-a|<\varepsilon$.

2. 以下命题正确的是(　　).

(A) 无界数列必趋于无穷大;

(B) 趋于无穷大的数列必无界;

(C) 趋于正无穷大的数列$\{a_n\}$必在$n$充分大以后单调增加;

(D) 不趋于无穷大的数列必有界.

3. 下列命题错误的是(　　).

(A) 若$\lim a_n$存在,则$\lim|a_n|$存在;

(B) 若$\lim|a_n|$存在,则$\lim a_n$存在;

(C) 若$\lim a_n$存在,则$\lim|a_n|=|\lim a_n|$;

(D) 若$\lim|a_n|$不存在,则$\lim a_n$也不存在.

4. 下列数列中不是无穷小量的是(　　).

(A) $\{\sqrt{n+1}-\sqrt{n}\}$;　　(B) $\left\{\dfrac{\sin n}{n}\right\}$;　　(C) $\{n^{(-1)^n}\}$;　　(D) $\left\{\dfrac{n^2}{2^n}\right\}$.

5. 如果$\lim(a_n-b_n)=0$,那么(　　).

(A) $\lim a_n$及$\lim b_n$都存在,并且相等;

(B) $\lim\dfrac{a_n}{b_n}=1$;

(C) 当$a_n<c_n<b_n$时,$\lim c_n$存在;

(D) 当$\lim a_n$存在时,$\lim b_n$一定存在.

**四、计算题**

1. 求极限$\lim\left(\dfrac{1}{2}+\dfrac{3}{2^2}+\dfrac{5}{2^3}+\cdots+\dfrac{2n-1}{2^n}\right)$.

2. 求极限$\lim\left(\dfrac{n+1}{n-1}\right)^n$.

3. 求极限$\lim(1+a)(1+a^2)\cdots(1+a^{2^n})$,其中常数$|a|<1$.

4. 求极限$\lim\sum\limits_{k=1}^{n}\dfrac{1}{1+2+\cdots+k}$.

5. 求极限$\lim(\sqrt[6]{n^2+2}-\sqrt[3]{n-1})$.

**五、证明题**

1. 用$\varepsilon$-$N$定义证明$\lim\dfrac{n^2-1}{n^2+1}=1$.

2. 已知 $\lim \frac{a_n}{n}=0$，用 $\varepsilon$-$N$ 定义证明 $\lim \frac{\max\{a_1,a_2,\cdots,a_n\}}{n}=0$.

3. 用 $\varepsilon$-$N$ 定义证明如果 $\lim a_{2n}=\lim a_{2n+1}=a$，则 $\lim a_n=a$.

4. 证明对任意的实数 $r$，一定存在有理数列 $\{q_n\}$，使得 $\lim q_n=r$.

5. 已知数列 $\{a_n\}$ 收敛，证明在 $\{a_n\}$ 中至少存在一项 $a_j$，使得 $a_j=\sup\{a_n\}$，或者 $a_j=\inf\{a_n\}$.

6. 证明：

(1) 如果非空实数集 $S$ 有上界，则存在 $a_n\in S$，使得 $\lim a_n=\sup S$；

(2) 如果非空实数集 $S$ 有下界，则存在 $b_n\in S$，使得 $\lim b_n=\inf S$.

## B. 极限存在的条件

**一、判断题**（正确打√并给出证明，错误打×并给出反例）

1. 无穷多个无穷小的和仍为无穷小.　(　　)

2. 无穷多个无穷小的积仍为无穷小.　(　　)

3. 如果数列 $\{a_n\}$ 的任何子列都收敛，则 $\{a_n\}$ 收敛.　(　　)

4. 有上界的数列 $\{a_n\}$ 收敛当且仅当它是单调增加数列.　(　　)

5. 数列 $\{a_n\}$ 收敛的充分必要条件是对任意自然数 $p$，都有 $\lim\limits_{n\to\infty}|a_{n+p}-a_n|=0$.　(　　)

**二、填空题**（将正确答案填在题中横线之上）

1. 单调数列 $\{a_n\}$ 收敛的一个充分必要条件为____________.

2. $\overline{\lim} n^{(-1)^n}=$____________；$\underline{\lim} n^{(-1)^n}=$____________.

3. $\lim \sin(\pi\sqrt{n^2+1})=$____________.

4. 如果 $a_1=1, a_{n+1}=\sqrt{2a_n}, n=1,2,\cdots$，则 $\lim a_n=$____________.

5. 如果 $\lim a_n=a, \lim b_n=b$，则 $\lim \frac{a_1b_1+a_2b_2+\cdots+a_nb_n}{n}=$____________.

**三、单项选择题**（将正确答案的选项字母填入括号内）

1. 如果数列 $\{a_n\}$ 收敛，那么(　　).

(A) $\{a_n\}$ 为单调有界数列；　(B) $\{a_n\}$ 为柯西列；

(C) $\{a_n\}$ 为无穷小数列；　(D) $\{a_n\}$ 为常数列.

2. 如果正数列 $\{a_n\}$ 收敛，则下列数列也收敛的是(　　).

(A) $\{na_n\}$；　(B) $\left\{\frac{a_n}{n}\right\}$；　(C) $\{a_n^n\}$；　(D) $\{\sqrt[n]{a_n}\}$.

3. 下列数列中，不是无穷大的是(　　).

(A) $\{\sqrt[n]{n!}\}$；　(B) $\left\{\frac{n}{\ln n}\right\}$；　(C) $\{\sqrt[n]{n}\}$；　(D) $\left\{\frac{2^n}{n}\right\}$.

4. 下列数列中，发散的是(　　).

(A) 有限个无穷小数列的和；　(B) 无穷小数列与无穷大数列的差；

(C) 无穷小数列与有界数列的乘积；　(D) 无穷小数列与无穷大数列的商.

5. 下列四个推理中正确的是(　　).

(A) 若数列 $\{a_n\}$ 满足条件 $a_{n+1}=\frac{1}{2}a_n+1, n=1,2,\cdots$，则 $\lim a_n=2$.

**证明**　记 $\lim a_n=a$，对 $a_{n+1}=\frac{1}{2}a_n+1$ 两边取极限得 $a=\frac{1}{2}a+1$，解得 $a=2$.

(B) 如果 $\lim a_n=1$，则对任意的 $\varepsilon>0$，$\lim a_n=1+\frac{\varepsilon}{2}$.

**证明**　因为 $\lim a_n=1$，所以对任意的 $\varepsilon>0$，存在 $N$，当 $n>N$ 时，$|a_n-1|<\frac{\varepsilon}{2}$，于是当 $n>N$ 时，

$$\left|a_n-\left(1+\frac{\varepsilon}{2}\right)\right|\leqslant|a_n-1|+\frac{\varepsilon}{2}<\frac{\varepsilon}{2}+\frac{\varepsilon}{2}=\varepsilon,$$

因此 $\lim a_n=1+\frac{\varepsilon}{2}$.

(C) 如果 $\lim(a_n-b_n)=0$，则当常数 $c$ 满足条件 $a_n\leqslant c\leqslant b_n$ 时，$\lim a_n=\lim b_n=c$.

**证明**　因为 $a_n\leqslant c\leqslant b_n$，所以

$$0\leqslant|a_n-c|\leqslant|b_n-a_n|,\quad 0\leqslant|b_n-c|\leqslant|b_n-a_n|,$$

而 $\lim(a_n-b_n)=0$，即 $\lim|a_n-b_n|=0$，故由夹逼准则知结论成立.

(D) 如果 $a_n<b_n$，$n=1,2,\cdots$，则 $\lim a_n\neq\lim b_n$.

**证明**　假设 $\lim a_n=\lim b_n=k$，因为 $a_n<b_n$，所以存在常数 $c>0$，使得 $a_n+c<b_n$，取极限得 $k+c\leqslant k$，所以 $c\leqslant 0$，这与 $c>0$ 矛盾. 因此 $\lim a_n\neq\lim b_n$.

**四、计算题**

1. 利用夹逼准则，求极限 $\lim\sqrt[n]{1^n+2^n+\cdots+k^n}$，其中 $k$ 为给定的正整数.

2. 利用单调有界原理，求极限 $\lim a_n$，其中 $a_1=\sqrt{2}$，而当 $n\geqslant 2$ 时，$a_n=\sqrt{2+a_{n-1}}$.

3. 利用斯托尔茨公式，求极限 $\lim\frac{1}{\sqrt{n}}\left(1+\frac{1}{\sqrt{2}}+\cdots+\frac{1}{\sqrt{n}}\right)$.

4. 利用极限 $\lim\frac{a_{n+1}}{a_n}=a$，求极限 $\lim\sqrt[n]{a_n}$，其中 $a_n>0$，$n=1,2,\cdots$.

5. 利用极限 $\lim\frac{a_1+a_2+\cdots+a_n}{n}=a$，求极限 $\lim\frac{a_n}{n}$.

**五、证明题**

1. 如果存在常数 $q\in(0,1)$，使得 $|a_{n+1}-a|\leqslant q|a_n-a|$，证明 $\lim a_n=a$.

2. 证明 $\lim\underbrace{\sin\sin\cdots\sin}_{n个}x=0$，其中常数 $x\in(0,\pi)$.

3. 对于数列 $\{a_n\}$，如果存在常数 $C$ 使得

$$|a_2-a_1|+|a_3-a_2|+\cdots+|a_n-a_{n-1}|\leqslant C,\quad n=2,3,\cdots,$$

则称数列 $\{a_n\}$ 具有有界变差性质. 如果数列 $\{a_n\}$ 具有有界变差性质，证明

(1) 数列 $\{b_n\}$ 收敛，其中 $b_n=|a_2-a_1|+|a_3-a_2|+\cdots+|a_n-a_{n-1}|$，$n=2,3,\cdots$；

(2) 数列 $\{a_n\}$ 收敛.

4. 已知 $x_n=a_1q+\cdots+a_nq^n$，其中 $n=1,2,\cdots$，常数 $|q|<1$，数列 $\{a_n\}$ 有界. 利用柯西准则证明数列 $\{x_n\}$ 收敛.

5. 证明数列 $\{\sin n\}$ 发散.

6. 对于开普勒(Kepler)方程 $x-\varepsilon\sin x=m$($m,\varepsilon$ 都是常数，并且 $\varepsilon\in(0,1)$)，令 $x_1=m,x_{n+1}=m+\varepsilon\sin x_n,n=1,2,\cdots$，证明 $\lim x_n=x_0$ 存在，并且 $x_0$ 是该方程的唯一实根.

7. 证明数列$\{a_n\}$收敛的充分必要条件是 $\forall\varepsilon>0$，存在自然数 $N$，当 $n>N$ 时，对任意自然数 $p$，都有 $|a_{n+p}-a_n|<\varepsilon$.

8. 证明极限 $E=\lim\left(1+\frac{1}{2}+\cdots+\frac{1}{n}-\ln n\right)$存在(称为欧拉(Euler)常数，其一个近似值为 0.577216).

9. 称$\{a_n\}$为斐波那契(Fibonacci)数列，如果 $a_1=a_2=1,a_n=a_{n-1}+a_{n-2},n=3,4,\cdots$，证明

$$a_n=\frac{1}{\sqrt{5}}\left[\left(\frac{1+\sqrt{5}}{2}\right)^n-\left(\frac{1-\sqrt{5}}{2}\right)^n\right],\quad n=1,2,\cdots,$$

并且 $\lim\frac{a_n}{a_{n+1}}=\frac{\sqrt{5}-1}{2}\approx 0.618$.

# 第 3 章　函数的极限

本章将数列的极限概念移植到一般的函数中，给出若干种函数极限. 像数列极限一样，我们给出函数极限的定义，研究极限的存在性与唯一性及基本运算等问题，为描述函数的连续性、学习函数的导数与微分奠定基础.

## 3.1　自变量趋于无穷大时的极限

### 3.1.1　自变量趋于正无穷大时的极限

对于函数 $f(x)$，当 $x\to+\infty$ 时的极限，与数列 $\{a_n\}$ 当 $n\to+\infty$ 时的极限类似，只不过 $n$ 是取自然数，离散地无限增大；而 $x$ 是取实数，连续地无限增大.

**定义 3.1.1**　设函数 $f(x)$ 在 $[a,+\infty)$ 内有定义. 如果存在常数 $A$，对于任意给定的 $\varepsilon>0$，存在正数 $X$，使得当 $x>X$ 时，恒有

$$|f(x)-A|<\varepsilon$$

成立，则称 $A$ 为函数 $f(x)$ 当自变量 $x$ 趋于正无穷大时的极限，记作

$$\lim_{x\to+\infty} f(x)=A \quad 或 \quad f(x)\to A\ (x\to+\infty).$$

例如，$\lim\limits_{x\to+\infty}\dfrac{1}{x}=0$，$\lim\limits_{x\to+\infty}\arctan x=\dfrac{\pi}{2}$ 等.

**例 3.1.1**　证明 $\lim\limits_{x\to+\infty} e^{-x}=0$.

**证明**　对任意给定的 $\varepsilon\in(0,1)$，由 $|e^{-x}-0|<\varepsilon$ 得 $e^{-x}<\varepsilon$，即 $-x<\ln\varepsilon$，$x>-\ln\varepsilon$. 所以对于正数 $X=-\ln\varepsilon$，当 $x>X$ 时，就有 $|e^{-x}-0|<\varepsilon$，所以 $\lim\limits_{x\to+\infty} e^{-x}=0$. □

**注 3.1.1**　如果 $\lim\limits_{x\to+\infty} f(x)=A$，当自然数 $n$ 充分大时，对数列 $\{f(n)\}$ 而言，显然有 $\lim\limits_{n\to\infty} f(n)=A$. 但相反的结论却不成立，即如果 $\lim\limits_{n\to\infty} f(n)=A$，即使 $f(x)$ 对充分大的实数 $x$ 有意义，也未必有 $\lim\limits_{x\to+\infty} f(x)=A$. 例如，

$$f(x)=\begin{cases}0, & x\in\mathbb{N},\\ 1, & x\in\mathbb{R}\setminus\mathbb{N},\end{cases}$$

那么 $\lim\limits_{n\to\infty} f(n)=0$，但 $\lim\limits_{x\to+\infty} f(x)$ 不存在. 当然，如果 $\lim\limits_{n\to\infty} f(n)$ 不存在，那么 $\lim\limits_{x\to+\infty} f(x)$ 也不存在.

### 3.1.2　自变量趋于负无穷大时的极限

与定义 3.1.1 同理，我们有下列定义.

**定义 3.1.2**　设函数 $f(x)$ 在 $(-\infty,b]$ 内有定义. 如果存在常数 $A$，对于任意给定的 $\varepsilon>0$，存在正数 $X$，使得当 $x<-X$ 时，恒有

$$|f(x)-A|<\varepsilon$$

成立，则称 $A$ 为函数 $f(x)$ 当自变量 $x$ 趋于负无穷大时的极限，记作

$$\lim_{x\to-\infty} f(x)=A \quad 或 \quad f(x)\to A\ (x\to-\infty).$$

例如，$\lim\limits_{x\to-\infty}\dfrac{1}{x}=0$，$\lim\limits_{x\to-\infty}\arctan x=-\dfrac{\pi}{2}$ 等.

**例 3.1.2**　证明 $\lim\limits_{x\to-\infty}\dfrac{\sin x}{\sqrt{1-x}}=0$.

**证明**　对任意给定的 $\varepsilon\in(0,1)$，由 $\left|\dfrac{\sin x}{\sqrt{1-x}}-0\right|=\dfrac{|\sin x|}{\sqrt{1-x}}\leqslant\dfrac{1}{\sqrt{1-x}}<\varepsilon$，可得 $\sqrt{1-x}>\dfrac{1}{\varepsilon}$，即 $x<-\left(\dfrac{1}{\varepsilon^2}-1\right)$. 所以对于正数 $X=\dfrac{1}{\varepsilon^2}-1$，则当 $x<-X$ 时，恒有 $\left|\dfrac{\sin x}{\sqrt{1-x}}-0\right|<\varepsilon$ 成立，因此 $\lim\limits_{x\to-\infty}\dfrac{\sin x}{\sqrt{1-x}}=0$. □

### 3.1.3　自变量趋于无穷大时的极限

将定义 3.1.1 及定义 3.1.2 相结合，得到自变量趋于无穷大时函数的极限定义.

**定义 3.1.3**　设函数 $f(x)$ 在 $x=0$ 的某个邻域 $U(0)$ 之外有定义. 如果存在常数 $A$，对于任意给定的 $\varepsilon>0$，存在正数 $X$，使得当 $|x|>X$ 时，恒有

$$|f(x)-A|<\varepsilon$$

成立，则称 $A$ 为 $f(x)$ 当自变量 $x$ 趋于无穷大时的极限，记作

$$\lim_{x\to\infty}f(x)=A \quad 或 \quad f(x)\to A\ (x\to\infty).$$

从几何上看，$\lim\limits_{x\to\infty}f(x)=A$ 的意义是当 $|x|$ 无限增大时，曲线 $y=f(x)$ 与直线 $y=A$ 能无限接近，也就是说对任意小的正数 $\varepsilon$，作直线 $y=A-\varepsilon$ 和 $y=A+\varepsilon$，则总有一个正数 $X$ 存在，使得当 $|x|>X$ 时，函数 $y=f(x)$ 的图形位于这两条直线之间(图 3-1).

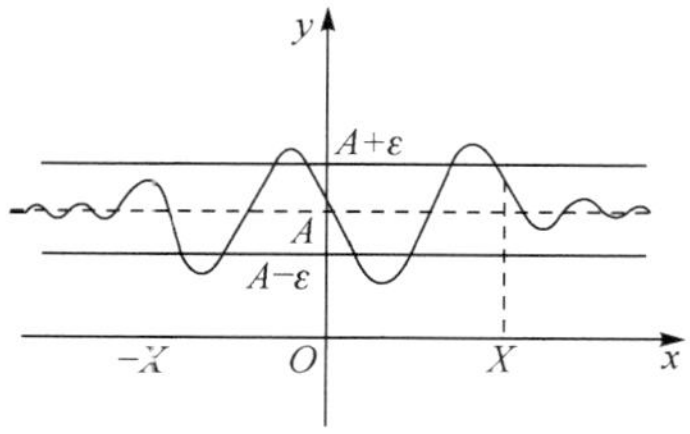

图 3-1

明显地，

$$\lim_{x\to\infty}f(x)=A \text{ 当且仅当 } \lim_{x\to-\infty}f(x)=\lim_{x\to+\infty}f(x)=A.$$

例如，因为 $\lim\limits_{x\to-\infty}\dfrac{1}{x}=\lim\limits_{x\to+\infty}\dfrac{1}{x}=0$，所以 $\lim\limits_{x\to\infty}\dfrac{1}{x}=0$；又如，因为 $\lim\limits_{x\to-\infty}\arctan x=-\dfrac{\pi}{2}$，$\lim\limits_{x\to+\infty}\arctan x=$

$\frac{\pi}{2}$，所以$\lim\limits_{x\to\infty}\arctan x$不存在. 另外，如果考虑分段函数

$$f(x)=\begin{cases}\frac{1}{x}, & x>0,\\ 0, & x=0,\\ e^x, & x<0\end{cases}$$

的极限$\lim\limits_{x\to\infty}f(x)$，也需要分别计算$\lim\limits_{x\to+\infty}f(x)$及$\lim\limits_{x\to-\infty}f(x)$，才能得到$\lim\limits_{x\to\infty}f(x)=0$.

**例 3.1.3** 证明$\lim\limits_{x\to\infty}\frac{2x^2+x}{x^2-2}=2$.

**证明** 对任意给定的$\varepsilon>0$，当$|x|>\sqrt{2}$时，由

$$\left|\frac{2x^2+x}{x^2-2}-2\right|=\left|\frac{x+4}{x^2-2}\right|\leqslant\frac{|x|+4}{|x^2-2|}\leqslant\frac{3(|x|+\sqrt{2})}{|x|^2-2}=\frac{3}{|x|-\sqrt{2}}<\varepsilon$$

知$|x|>\frac{3}{\varepsilon}+\sqrt{2}$，所以，取正数$X=\frac{3}{\varepsilon}+\sqrt{2}>\sqrt{2}$，则当$|x|>X$时，$\left|\frac{2x^2+x}{x^2-2}-2\right|<\varepsilon$，所以$\lim\limits_{x\to\infty}\frac{2x^2+x}{x^2-2}=2$. □

## 3.2 自变量趋于有限定值时的极限

### 3.2.1 极限的定义

对函数$f(x)$而言，除了前面讨论的自变量趋于无穷大的极限之外，还有一类极限，即考虑当自变量趋于某个有限定值$x_0$时$f(x)$的极限，即$\lim\limits_{x\to x_0}f(x)=A$. 事实上，如果$\lim\limits_{x\to\infty}f(x)=A$，直观上，令$t-t_0=\frac{1}{x}$，$g(t)=f\left(\frac{1}{t-t_0}\right)$，那么$\lim\limits_{x\to x_0}f(x)=A$就是$\lim\limits_{t\to t_0}g(t)=A$. 而按定义，$\lim\limits_{x\to\infty}f(x)=A$当且仅当$\forall\varepsilon>0$，$\exists X>0$，当$|x|>X$时，$|f(x)-A|<\varepsilon$. 所以$\lim\limits_{t\to t_0}g(t)=A$应该是$\forall\varepsilon>0$，$\exists X>0$，当$0<|t-t_0|<\frac{1}{X}$时，$|g(t)-A|<\varepsilon$. 因此，在定义上，只要将"$\exists X>0$，当$|x|>X$时"改为"$\exists\delta>0$，当$0<|x-x_0|<\delta$时"即可.

**定义 3.2.1** 设函数$f(x)$在点$x_0$的某个去心邻域内有定义. 如果存在常数$A$，对任意给定的$\varepsilon>0$，存在$\delta>0$，使得当$0<|x-x_0|<\delta$时，恒有

$$|f(x)-A|<\varepsilon$$

成立，则称$A$为函数$f(x)$当自变量$x$趋于$x_0$时的极限，记作

$$\lim_{x\to x_0}f(x)=A \quad 或 \quad f(x)\to A\ (x\to x_0).$$

**注 3.2.1**　在上述定义中，由于只要求函数 $f(x)$ 在点 $x_0$ 的某个去心邻域内有定义，所以要求 $|x-x_0|>0$. 事实上，$\lim\limits_{x\to x_0}f(x)=A$ 与 $f(x_0)$ 是否存在以及等于何值无关. 例如，只要知道当 $x\neq 1$ 时，$f(x)=\dfrac{x^2-1}{x-1}$，就有 $\lim\limits_{x\to 1}f(x)=2$（见下面的例 3.2.3），而 $f(1)$ 的存在性及取何值都不能改变这一事实.

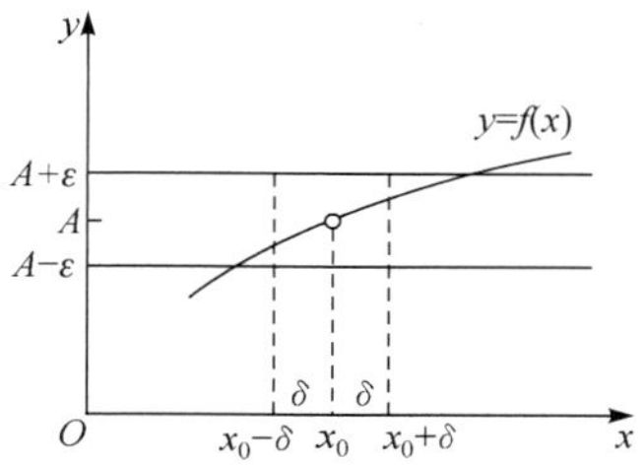


图 3-2

从几何上看，$\lim\limits_{x\to x_0}f(x)=A$ 的意义是：对于任意给定的正数 $\varepsilon$，不论它多么小，作两条直线 $y=A-\varepsilon$ 和 $y=A+\varepsilon$，总存在一个 $x_0$ 的去心邻域 $\mathring{U}(x_0;\delta)$，当 $x\in\mathring{U}(x_0;\delta)$ 时，$y=f(x)$ 的图形上相应的点全部落在这两条直线之间（图 3-2）.

由定义 3.2.1 容易证明

$$\lim_{x\to x_0}C=C,\quad \lim_{x\to x_0}x=x_0,$$

其中 $C$ 及 $x_0$ 均为给定的常数.

**例 3.2.1**　证明 $\lim\limits_{x\to 1}\dfrac{x^3-1}{x-1}=3$.

**证明**　因为 $\left|\dfrac{x^3-1}{x-1}-3\right|=|x^2+x-2|=|x+2||x-1|$，限制 $|x-1|<1$，则 $0<x<2$，于是对任意的 $\varepsilon>0$，由

$$|x+2||x-1|=(x+2)|x-1|<4|x-1|<\varepsilon$$

可知 $|x-1|<\dfrac{\varepsilon}{4}$，所以取 $\delta=\min\left\{1,\dfrac{\varepsilon}{4}\right\}$，当 $0<|x-1|<\delta$ 时，就有 $\left|\dfrac{x^3-1}{x-1}-3\right|<\varepsilon$，所以 $\lim\limits_{x\to 1}\dfrac{x^3-1}{x-1}=3$.　□

**例 3.2.2**　证明当 $x_0>0$ 时，$\lim\limits_{x\to x_0}\sqrt{x}=\sqrt{x_0}$.

**证明**　由

$$|\sqrt{x}-\sqrt{x_0}|=\left|\frac{x-x_0}{\sqrt{x}+\sqrt{x_0}}\right|\leqslant\frac{|x-x_0|}{\sqrt{x_0}}<\varepsilon$$

可知 $|x-x_0|<\sqrt{x_0}\varepsilon$，即 $x_0-\sqrt{x_0}\varepsilon<x<\sqrt{x_0}\varepsilon+x_0$，但注意到函数的定义域要求 $x\geqslant 0$，所以要求 $0\leqslant x_0-\sqrt{x_0}\varepsilon$. 因此对任意的 $\sqrt{x_0}\geqslant\varepsilon>0$，取 $\delta=\sqrt{x_0}\varepsilon$，当 $0<|x-x_0|<\delta$ 时，就有 $|\sqrt{x}-\sqrt{x_0}|<\varepsilon$，所以 $\lim\limits_{x\to x_0}\sqrt{x}=\sqrt{x_0}$.　□

**例 3.2.3**　证明 $\lim\limits_{x\to 0}x\sin\dfrac{1}{x}=0$.

**证明**　因为

$$\left|x\sin\frac{1}{x}-0\right|=\left|x\sin\frac{1}{x}\right|=|x|\left|\sin\frac{1}{x}\right|\leqslant|x|,$$

所以对任意的 $\varepsilon>0$，取 $\delta=\varepsilon>0$，当 $0<|x-0|<\delta$ 时，就有 $\left|x\sin\frac{1}{x}-0\right|<\varepsilon$，所以 $\lim\limits_{x\to 0}x\sin\frac{1}{x}=0$. □

### 3.2.2 单侧极限

在定义 3.2.1 中，注意到

$$\{x\,|\,0<|x-x_0|<\delta\}=\{x\,|\,x_0-\delta<x<x_0\}\cup\{x\,|\,x_0<x<x_0+\delta\},$$

我们引入左、右极限的概念.

**定义 3.2.2** 设函数 $f(x)$ 在点 $x_0$ 的某个左(右)去心邻域内有定义，如果存在常数 $A$，对任意给定的 $\varepsilon>0$，存在 $\delta>0$，使得当 $x_0-\delta<x<x_0$ ($x_0<x<x_0+\delta$) 时，恒有

$$|f(x)-A|<\varepsilon$$

成立，则称 $A$ 为函数 $f(x)$ 当自变量 $x$ 从 $x_0$ 的左(右)侧趋于 $x_0$ 时的极限，简称为 $f(x)$ 在 $x_0$ 点的左(右)极限，记作

$$f(x_0-0):=\lim_{x\to x_0^-}f(x)=A \quad 或 \quad f(x)\to A\ (x\to x_0^-),$$

$$f(x_0+0):=\lim_{x\to x_0^+}f(x)=A \quad 或 \quad f(x)\to A\ (x\to x_0^+)).$$

并将左极限和右极限统称为单侧极限.

按定义，容易知道

$$\lim_{x\to x_0}f(x)=A \text{ 当且仅当 } \lim_{x\to x_0^-}f(x)=\lim_{x\to x_0^+}f(x)=A.$$

但如果 $f(x)$ 在区间 $I$ 内有定义，而 $x_0$ 是 $I$ 的左(右)端点，我们规定 $\lim\limits_{x\to x_0}f(x)=A$ 当且仅当 $\lim\limits_{x\to x_0^+}f(x)=A$ ( $\lim\limits_{x\to x_0^-}f(x)=A$ ).

单侧极限在研究分段函数的分段点或者区间端点处的极限时，经常用到.

**例 3.2.4** 证明 $\lim\limits_{x\to 0}\sqrt{x}=0$.

**证明** 对任意给定的 $\varepsilon>0$，由 $\left|\sqrt{x}-0\right|=\sqrt{x}<\varepsilon$ 知 $x<\varepsilon^2$，所以取 $\delta=\varepsilon^2>0$，当 $0<x<0+\delta$ 时，就有 $\left|\sqrt{x}-0\right|<\varepsilon$，从而 $\lim\limits_{x\to 0^+}\sqrt{x}=0$，所以 $\lim\limits_{x\to 0}\sqrt{x}=0$. □

**例 3.2.5** 研究函数

$$f(x)=\begin{cases}x+1, & x<0,\\ x^2, & 0\leqslant x\leqslant 1,\\ 1, & x>1\end{cases}$$

在 $x=0$ 和 $x=1$ 处的极限.

**解**　因为

$$\lim_{x\to 0^-} f(x)=\lim_{x\to 0^-}(x+1)=1,\quad \lim_{x\to 0^+} f(x)=\lim_{x\to 0^+} x^2=0,$$

即 $f(x)$ 在 $x=0$ 处的左、右极限不相等,所以 $\lim\limits_{x\to 0} f(x)$ 不存在.

又因为

$$\lim_{x\to 1^-} f(x)=\lim_{x\to 1^-} x^2=1,\quad \lim_{x\to 1^+} f(x)=\lim_{x\to 1^+} 1=1,$$

即 $f(x)$ 在 $x=1$ 处的左、右极限存在且相等,所以 $\lim\limits_{x\to 1} f(x)=1$. □

## 3.3　函数极限的性质

3.1 和 3.2 节共介绍了六种形式的函数极限:

$$\lim_{x\to+\infty} f(x);\quad \lim_{x\to-\infty} f(x);\quad \lim_{x\to\infty} f(x);$$
$$\lim_{x\to x_0^+} f(x);\quad \lim_{x\to x_0^-} f(x);\quad \lim_{x\to x_0} f(x).$$

它们所拥有的性质基本类似. 下面,用 $\lim\limits_{P} f(x)$ 代表其中任意一种极限,这里 $P$ 表示自变量的变化趋势,如 $x\to x_0$ 等. 本节中以极限 $\lim\limits_{x\to x_0} f(x)$ 为代表讨论函数极限的性质. 掌握了这些性质之后,读者就可容易地写出其他函数极限的相应性质及其证明. 在研究 $\lim\limits_{x\to x_0} f(x)$ 的性质时,应注意与数列极限的性质类比,并充分利用数列极限的已有结果.

### 3.3.1　唯一性、有界性与保序性

**定理 3.3.1** (唯一性)　若极限 $\lim\limits_{x\to x_0} f(x)$ 存在,则它是唯一的.

**证明**　设 $\lim\limits_{x\to x_0} f(x)=A$, $\lim\limits_{x\to x_0} f(x)=B$, 则对任意的 $\varepsilon>0$, 由 $\lim\limits_{x\to x_0} f(x)=A$ 知存在 $\delta_1>0$, 当 $0<|x-x_0|<\delta_1$ 时, $|f(x)-A|<\dfrac{\varepsilon}{2}$; 由 $\lim\limits_{x\to x_0} f(x)=B$ 知存在 $\delta_2>0$, 当 $0<|x-x_0|<\delta_2$ 时, $|f(x)-B|<\dfrac{\varepsilon}{2}$. 现在取 $\delta=\min\{\delta_1,\delta_2\}>0$, 则当 $0<|x-x_0|<\delta$ 时,

$$0\leqslant|A-B|\leqslant|f(x)-A|+|f(x)-B|<\frac{\varepsilon}{2}+\frac{\varepsilon}{2}=\varepsilon,$$

于是,由 $\varepsilon>0$ 的任意性知 $A=B$, 所以 $\lim\limits_{x\to x_0} f(x)$ 是唯一的. □

**定理 3.3.2** (局部有界性)　若 $\lim\limits_{x\to x_0} f(x)=A$, 则存在某一 $\mathring{U}(x_0;\delta)$, 使得 $f(x)$

在该邻域内有界.

**证明** 因为$\lim\limits_{x\to x_0}f(x)=A$,所以对于 $\varepsilon=1$,存在 $\mathring{U}(x_0;\delta)$,当 $x\in\mathring{U}(x_0;\delta)$时,$|f(x)-A|<1$. 从而当 $x\in\mathring{U}(x_0;\delta)$时,

$$|f(x)|\leqslant|f(x)-A|+|A|<1+|A|,$$

所以 $f(x)$在 $\mathring{U}(x_0;\delta)$内有界. □

**定理 3.3.3**(局部保序性) 假设$\lim\limits_{x\to x_0}f(x)$及$\lim\limits_{x\to x_0}g(x)$均存在,那么

(1) 如果$\lim\limits_{x\to x_0}f(x)>\lim\limits_{x\to x_0}g(x)$,则存在 $\delta>0$,当 $x\in\mathring{U}(x_0;\delta)$时,$f(x)>g(x)$;

(2) 如果存在 $\delta>0$,当 $x\in\mathring{U}(x_0;\delta)$时 $f(x)\geqslant g(x)(f(x)>g(x))$,则$\lim\limits_{x\to x_0}f(x)\geqslant\lim\limits_{x\to x_0}g(x)$.

**证明** 设$\lim\limits_{x\to x_0}f(x)=A$, $\lim\limits_{x\to x_0}g(x)=B$.

(1) 因为 $A>B$,所以存在 $\varepsilon>0$,使得 $A-\varepsilon>B+\varepsilon$. 那么对此 $\varepsilon>0$,由$\lim\limits_{x\to x_0}f(x)=A$ 知存在 $\delta_1>0$,当 $x\in\mathring{U}(x_0;\delta_1)$时,$f(x)>A-\varepsilon$;同理,由$\lim\limits_{x\to x_0}g(x)=B$ 知存在 $\delta_2>0$,当 $x\in\mathring{U}(x_0;\delta_2)$时,$g(x)<B+\varepsilon$. 取 $\delta=\min\{\delta_1,\delta_2\}>0$,当 $x\in\mathring{U}(x_0;\delta)$时,$f(x)>g(x)$.

(2) 如果 $A<B$,由(1)知存在 $\delta_3>0$,当 $x\in\mathring{U}(x_0;\delta_3)$时,$f(x)<g(x)$,这与"存在 $\delta>0$,当 $x\in\mathring{U}(x_0;\delta)$时 $f(x)\geqslant g(x)(f(x)>g(x))$"矛盾,所以 $A\geqslant B$. □

### 3.3.2 极限的运算

**定理 3.3.4**(四则运算) 如果$\lim\limits_{x\to x_0}f(x)$及$\lim\limits_{x\to x_0}g(x)$均存在,那么 $f(x)$与 $g(x)$的和 $f(x)+g(x)$,差 $f(x)-g(x)$,积 $f(x)g(x)$及商$\dfrac{f(x)}{g(x)}$($\lim\limits_{x\to x_0}g(x)\neq0$)的极限也存在,并且

(1) $\lim\limits_{x\to x_0}[f(x)+g(x)]=\lim\limits_{x\to x_0}f(x)+\lim\limits_{x\to x_0}g(x)$;

(2) $\lim\limits_{x\to x_0}[f(x)-g(x)]=\lim\limits_{x\to x_0}f(x)-\lim\limits_{x\to x_0}g(x)$;

(3) $\lim\limits_{x\to x_0}f(x)g(x)=\lim\limits_{x\to x_0}f(x)\lim\limits_{x\to x_0}g(x)$;

(4) $\lim\limits_{x\to x_0}\dfrac{f(x)}{g(x)}=\dfrac{\lim\limits_{x\to x_0}f(x)}{\lim\limits_{x\to x_0}g(x)}$.

**证明** 假设$\lim\limits_{x\to x_0}f(x)=A$, $\lim\limits_{x\to x_0}g(x)=B$,那么对任意的 $\varepsilon>0$,存在 $\delta_1>0$,当$0<|x-x_0|<\delta_1$ 时,$|f(x)-A|<\varepsilon$, $|g(x)-B|<\varepsilon$. 于是

(1)
$$\begin{aligned}|[f(x)+g(x)]-(A+B)|&=|[f(x)-A]+[g(x)-B]|\\&\leqslant|f(x)-A|+|g(x)-B|<2\varepsilon.\end{aligned}$$

(2) $$|[f(x)-g(x)]-(A-B)|=|[f(x)-A]-[g(x)-B]|$$
$$\leqslant|f(x)-A|+|g(x)-B|<2\varepsilon.$$

(3) 假设 $\varepsilon<1$，注意到

$$[f(x)-A][g(x)-B]=f(x)g(x)-AB+B[A-f(x)]+A[B-g(x)],$$

所以

$$\begin{aligned}&|f(x)g(x)-AB|\\=&|[f(x)-A][g(x)-B]-B[A-f(x)]-A[B-g(x)]|\\\leqslant&|[f(x)-A][g(x)-B]|+|B||f(x)-A|+|A||g(x)-B|\\\leqslant&\varepsilon^2+\varepsilon|B|+\varepsilon|A|\\<&(1+|A|+|B|)\varepsilon.\end{aligned}$$

(4) 因为 $B\neq0$，由乘法规则(3)知 $Bg(x)\to B^2>\frac{B^2}{2}$，再由定理 3.3.3 的(1)知存在 $\delta_2>0$，当 $x\in\mathring{U}(x_0;\delta_2)$ 时，$Bg(x)>\frac{B^2}{2}$，于是取 $\delta=\min\{\delta_1,\delta_2\}>0$，当 $x\in\mathring{U}(x_0;\delta)$ 时，

$$\begin{aligned}\left|\frac{f(x)}{g(x)}-\frac{A}{B}\right|&=\left|\frac{B[f(x)-A]+A[B-g(x)]}{Bg(x)}\right|\\&\leqslant\frac{|B||f(x)-A|+|A||B-g(x)|}{Bg(x)}\\&<\frac{2(|A|+|B|)}{B^2}\varepsilon.\end{aligned}$$

从而，由函数极限的定义知本定理所有结论都成立. □

**例 3.3.1**　求极限 $\lim\limits_{x\to1}(x^2-2x+3)$.

**解**　$\lim\limits_{x\to1}(x^2-2x+3)=(\lim\limits_{x\to1}x)^2-2\lim\limits_{x\to1}x+\lim\limits_{x\to1}3=1^2-2\cdot1+3=2.$ □

**例 3.3.2**　求极限 $\lim\limits_{x\to2}\frac{3x^2-8}{5x^2-6x-3}$.

**解**　因为 $\lim\limits_{x\to2}(5x^2-6x-3)=5\neq0$，所以

$$\lim_{x\to2}\frac{3x^2-8}{5x^2-6x-3}=\frac{\lim\limits_{x\to2}(3x^2-8)}{\lim\limits_{x\to2}(5x^2-6x-3)}=\frac{3\cdot2^2-8}{5\cdot2^2-6\cdot2-3}=\frac{4}{5}.$$ □

**例 3.3.3**　求极限 $\lim\limits_{x\to2}\frac{x^2-3x+2}{x^2-5x+6}$.

**解**　因为 $\lim\limits_{x\to2}(x^2-5x+6)=0$，所以不能直接用除法规则. 注意 $x\to2$ 时，$x\neq2$，于是，约去 $x-2$ 得

$$\lim_{x\to2}\frac{x^2-3x+2}{x^2-5x+6}=\lim_{x\to2}\frac{(x-1)(x-2)}{(x-2)(x-3)}=\lim_{x\to2}\frac{x-1}{x-3}=\frac{\lim\limits_{x\to2}(x-1)}{\lim\limits_{x\to2}(x-3)}=-1.\quad\square$$

**例 3.3.4** 求极限$\lim\limits_{x\to\infty}\dfrac{x^2+2x-2}{2x^2-4x+3}$.

**解** 因为$\lim\limits_{x\to\infty}(2x^2-4x+3)$不存在,所以不能直接用除法规则.可先用 $x^2$ 去除分子及分母,再用除法规则,得

$$\lim_{x\to\infty}\frac{x^2+2x-2}{2x^2-4x+3}=\lim_{x\to\infty}\frac{1+\frac{2}{x}-\frac{2}{x^2}}{2-\frac{4}{x}+\frac{3}{x^2}}=\frac{\lim\limits_{x\to\infty}\left(1+\frac{2}{x}-\frac{2}{x^2}\right)}{\lim\limits_{x\to\infty}\left(2-\frac{4}{x}+\frac{3}{x^2}\right)}=\frac{1}{2}.\quad\square$$

**定理 3.3.5**(复合函数的极限) 若$\lim\limits_{x\to x_0}g(x)=u_0$,$\lim\limits_{u\to u_0}f(u)=A$,且存在 $\delta_0>0$,当 $x\in\mathring{U}(x_0;\delta_0)$时,$g(x)\neq u_0$,则当复合函数 $y=f[g(x)]$在点 $x_0$ 的某个去心邻域内有定义时,$\lim\limits_{x\to x_0}f[g(x)]=A$.

**证明** 因为 $\lim\limits_{u\to u_0}f(u)=A$,所以对任意给定的 $\varepsilon>0$,存在 $\eta>0$,当 $0<|u-u_0|<\eta$ 时,$|f(u)-A|<\varepsilon$.又由于$\lim\limits_{x\to x_0}g(x)=u_0$,对于此 $\eta>0$,存在 $\delta_1>0$,当 $0<|x-x_0|<\delta_1$ 时,$|g(x)-u_0|<\eta$.而由假设知当 $x\in\mathring{U}(x_0;\delta_0)$时,$g(x)\neq u_0$,于是,对于 $\delta=\min(\delta_0,\delta_1)>0$,当 $0<|x-x_0|<\delta$ 时就有 $0<|g(x)-u_0|<\eta$,从而$|f[g(x)]-A|<\varepsilon$,所以$\lim\limits_{x\to x_0}f[g(x)]=A$. □

定理 3.3.5 说明在一定的条件下求$\lim\limits_{x\to x_0}f[g(x)]$时,可以作变量代换

$$u=g(x),$$

如果当 $x\to x_0$ 时 $u\to u_0$,那么

$$\lim_{x\to x_0}f[g(x)]=\lim_{u\to u_0}f(u).$$

**例 3.3.5** 求极限$\lim\limits_{x\to1}\sqrt{2x+3}$.

**解** 令 $u=2x+3$,则当 $x\to1$ 时,$u\to5$,故

$$\lim_{x\to1}\sqrt{2x+3}=\lim_{u\to5}\sqrt{u}=\sqrt{5}.\quad\square$$

### 3.3.3 极限存在的条件

**定理 3.3.6**(海涅(Heine)定理,归结原则) 极限$\lim\limits_{x\to x_0}f(x)=A$ 的充分必要条件是:

对于任何一个以 $x_0$ 为极限的数列$\{x_n\}(x_n\neq x_0)$,都有$\lim\limits_{n\to\infty}f(x_n)=A$.

**证明 必要性** 设 $\lim\limits_{x\to x_0}f(x)=A$,则对任意的 $\varepsilon>0$,存在 $\delta>0$,当 $0<$

$|x-x_0|<\delta$ 时，有 $|f(x)-A|<\varepsilon$. 又因为 $\lim\limits_{n\to\infty}x_n=x_0$ 且 $x_n\neq x_0$，则对此 $\delta>0$，存在自然数 $N$，当 $n>N$ 时，$0<|x_n-x_0|<\delta$，从而 $|f(x_n)-A|<\varepsilon$，即 $\lim\limits_{n\to\infty}f(x_n)=A$.

**充分性**　如果 $\lim\limits_{x\to x_0}f(x)\neq A$，则存在 $\varepsilon_0>0$，对任意的 $\delta>0$，总存在 $x_\delta$ 满足 $0<|x_\delta-x_0|<\delta$，而使得 $|f(x_\delta)-A|\geqslant\varepsilon_0$. 现在分别取 $\delta$ 为 $1,\dfrac{1}{2},\cdots,\dfrac{1}{n},\cdots$，则可对应得到一个点列 $x_1,x_2,\cdots,x_n,\cdots$，满足

$$0<|x_n-x_0|<\frac{1}{n},\quad |f(x_n)-A|\geqslant\varepsilon_0,\quad n=1,2,\cdots.$$

于是得 $x_n\neq x_0,x_n\to x_0(n\to\infty)$，但 $\lim\limits_{n\to\infty}f(x_n)\neq A$，矛盾，所以 $\lim\limits_{x\to x_0}f(x)=A$. □

**例 3.3.6**　证明极限 $\lim\limits_{x\to 0}\sin\dfrac{1}{x}$ 不存在.

**证明**　对于 $n=1,2,\cdots$，取 $x_n=\dfrac{1}{n\pi},y_n=\dfrac{1}{2n\pi+\dfrac{\pi}{2}}$，则 $x_n\neq 0,y_n\neq 0,\lim\limits_{n\to\infty}x_n=\lim\limits_{n\to\infty}y_n=0$. 但 $\lim\limits_{n\to\infty}\sin x_n=0,\lim\limits_{n\to\infty}\sin y_n=1$，所以由归结原则知 $\lim\limits_{x\to 0}\sin\dfrac{1}{x}$ 不存在. □

$\lim\limits_{x\to 0}\sin\dfrac{1}{x}$ 不存在是我们经常使用的例子，请读者特别关注. 下面是 $f(x)=\sin\dfrac{1}{x}$ 的图像(图 3-3).

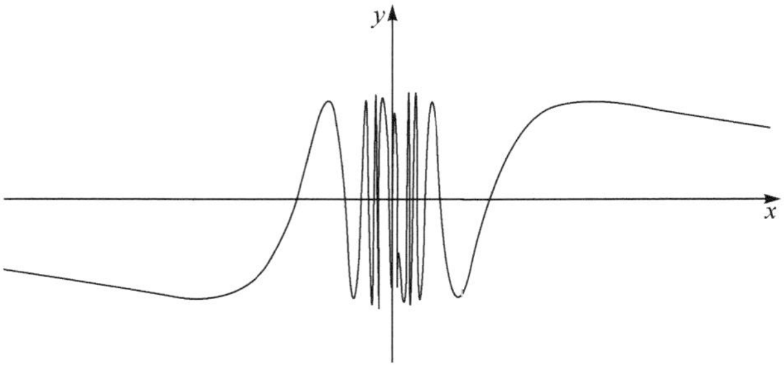


图 3-3

**定理 3.3.7**(函数极限的夹逼准则)　若当 $x\in\mathring{U}(x_0;\delta)$ 时，$f(x)\leqslant g(x)\leqslant h(x)$，并且 $\lim\limits_{x\to x_0}f(x)=\lim\limits_{x\to x_0}h(x)=A$，则 $\lim\limits_{x\to x_0}g(x)=A$.

**证明**　因为 $\lim\limits_{x\to x_0}f(x)=\lim\limits_{x\to x_0}h(x)=A$，所以对任意的 $\varepsilon>0$，存在 $\delta\geqslant\delta_1>0$，当 $0<|x-x_0|<\delta_1$ 时，$|f(x)-A|<\varepsilon,|h(x)-A|<\varepsilon$. 于是

$$A-\varepsilon<f(x)\leqslant g(x)\leqslant h(x)<A+\varepsilon,$$

所以 $|g(x)-A|<\varepsilon$,也及 $\lim\limits_{x\to x_0}g(x)=A$. □

**例 3.3.7** 证明 $\lim\limits_{x\to 0}\cos x=1$.

**证明** 因为当 $0<|x|<\dfrac{\pi}{2}$ 时,

$$0<1-\cos x=2\sin^2\frac{x}{2}<2\left(\frac{x}{2}\right)^2=\frac{x^2}{2},$$

所以由夹逼准则知 $\lim\limits_{x\to 0}\cos x=1$. □

**定理 3.3.8**(两个重要极限) 下列结论正确:

(1) $\lim\limits_{x\to 0}\dfrac{\sin x}{x}=1$; (2) $\lim\limits_{x\to\infty}\left(1+\dfrac{1}{x}\right)^x=\mathrm{e}$.

**证明** (1) 当 $0<|x|<\dfrac{\pi}{2}$ 时,由第 0 章的不等式 $\sin x<x<\tan x$ 知

$$\cos x<\frac{\sin x}{x}<1. \tag{3.3.1}$$

而由例 3.3.7 知 $\lim\limits_{x\to 0}\cos x=1$,所以由夹逼准则知 $\lim\limits_{x\to 0}\dfrac{\sin x}{x}=1$.

(2) 先证明 $\lim\limits_{x\to+\infty}\left(1+\dfrac{1}{x}\right)^x=\mathrm{e}$.

对任意 $x>1$,存在 $n\in\mathbb{N}$,使得 $n\leqslant x<n+1$,即 $\dfrac{1}{n+1}<\dfrac{1}{x}\leqslant\dfrac{1}{n}$,于是

$$\left(1+\frac{1}{n+1}\right)^n<\left(1+\frac{1}{x}\right)^x<\left(1+\frac{1}{n}\right)^{n+1},$$

而且 $x$ 与 $n$ 同时趋于 $+\infty$. 所以

$$\lim_{n\to\infty}\left(1+\frac{1}{n+1}\right)^n=\lim_{n\to\infty}\frac{\left(1+\dfrac{1}{n+1}\right)^{n+1}}{\left(1+\dfrac{1}{n+1}\right)}=\mathrm{e},$$

$$\lim_{n\to\infty}\left(1+\frac{1}{n}\right)^{n+1}=\lim_{n\to\infty}\left(1+\frac{1}{n}\right)^n\left(1+\frac{1}{n}\right)=\mathrm{e},$$

因此由 $x\to+\infty$ 时的夹逼准则知 $\lim\limits_{x\to+\infty}\left(1+\dfrac{1}{x}\right)^x=\mathrm{e}$.

再证明 $\lim\limits_{x\to-\infty}\left(1+\dfrac{1}{x}\right)^x=\mathrm{e}$.

令 $x=-t$,则当 $x\to-\infty$ 时,$t\to+\infty$. 于是

$$\lim_{x\to-\infty}\left(1+\frac{1}{x}\right)^x=\lim_{t\to+\infty}\left(1+\frac{1}{t-1}\right)^{t-1}\left(1+\frac{1}{t-1}\right)=\lim_{t\to+\infty}\left(1+\frac{1}{t}\right)^t\left(1+\frac{1}{t}\right)=\mathrm{e}.$$

综上所述可得$\lim\limits_{x\to\infty}\left(1+\dfrac{1}{x}\right)^x=\mathrm{e}$. □

图 3-4 及图 3-5 分别给出了 $y=\dfrac{\sin x}{x}$ 及 $y=\left(1+\dfrac{1}{x}\right)^x$ 的图形.

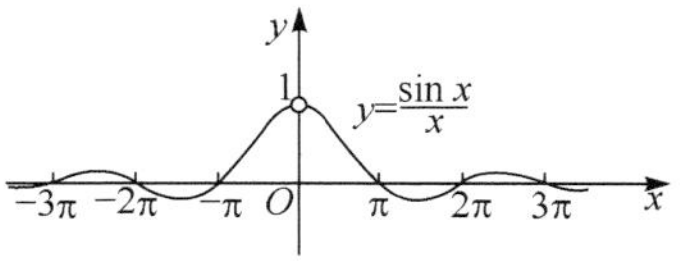


图 3-4

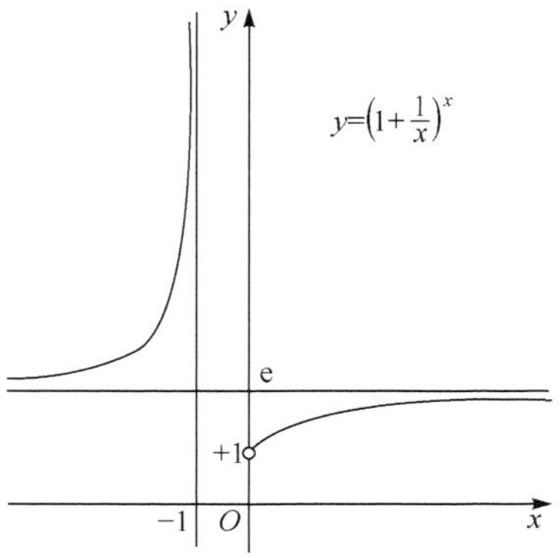


图 3-5

将两个重要极限与复合函数极限运算法则相结合,可得一些常用的极限形式:

$$\lim_{P}\frac{\sin u(x)}{u(x)}=1,\quad 其中\lim_{P}u(x)=0;$$

$$\lim_{P}[1+u(x)]^{\frac{1}{u(x)}}=\mathrm{e},\quad 其中\lim_{P}u(x)=0;$$

$$\lim_{P}\left[1+\frac{1}{M(x)}\right]^{M(x)}=\mathrm{e},\quad 其中\lim_{P}\frac{1}{M(x)}=0.$$

**例 3.3.8**　分别求下列极限:

(1) $\lim\limits_{x\to 0}\dfrac{\tan x}{x}$;　　(2) $\lim\limits_{x\to 0}\dfrac{1-\cos x}{x^2}$;　　(3) $\lim\limits_{n\to\infty}n\sin\dfrac{2\pi}{n}$.

**解**　(1) $\lim\limits_{x\to 0}\dfrac{\tan x}{x}=\lim\limits_{x\to 0}\dfrac{\sin x}{x}\cdot\dfrac{1}{\cos x}=\lim\limits_{x\to 0}\dfrac{\sin x}{x}\cdot\lim\limits_{x\to 0}\dfrac{1}{\cos x}=1$;

(2) $\lim\limits_{x\to 0}\dfrac{1-\cos x}{x^2}=\lim\limits_{x\to 0}\dfrac{2\sin^2\dfrac{x}{2}}{x^2}=\dfrac{1}{2}\lim\limits_{x\to 0}\left(\dfrac{\sin\dfrac{x}{2}}{\dfrac{x}{2}}\right)^2=\dfrac{1}{2}$;

(3) $\lim\limits_{n\to\infty}n\sin\dfrac{2\pi}{n}=2\pi\lim\limits_{n\to\infty}\dfrac{\sin\dfrac{2\pi}{n}}{\dfrac{2\pi}{n}}=2\pi$. □

**例 3.3.9**　分别求下列极限:

(1) $\lim\limits_{x\to\infty}\left(1+\dfrac{1}{x}\right)^{-x}$；(2) $\lim\limits_{x\to 0}(1-3x)^{\frac{1}{x}}$；(3) $\lim\limits_{x\to\infty}\left(\dfrac{3+x}{2+x}\right)^{x}$.

**解** (1) $\lim\limits_{x\to\infty}\left(1+\dfrac{1}{x}\right)^{-x}=\dfrac{1}{\lim\limits_{x\to\infty}\left(1+\dfrac{1}{x}\right)^{x}}=\dfrac{1}{\mathrm{e}}$；

(2) $\lim\limits_{x\to 0}(1-3x)^{\frac{1}{x}}=\lim\limits_{x\to 0}\left[(1-3x)^{-\frac{1}{3x}}\right]^{-3}=\mathrm{e}^{-3}$；

(3) $\lim\limits_{x\to\infty}\left(\dfrac{3+x}{2+x}\right)^{x}=\lim\limits_{x\to\infty}\left(1+\dfrac{1}{2+x}\right)^{x}=\lim\limits_{x\to\infty}\left(1+\dfrac{1}{2+x}\right)^{2+x}\cdot\left(1+\dfrac{1}{2+x}\right)^{-2}=\mathrm{e}.$

□

**定理 3.3.9**（柯西收敛准则） 设函数 $f(x)$ 在 $\mathring{U}(x_0;\delta_0)$ 内有定义，则极限 $\lim\limits_{x\to x_0}f(x)$ 存在的充分必要条件是对任意的 $\varepsilon>0$，存在 $\delta>0$，当 $x_1,x_2\in\mathring{U}(x_0;\delta)$ 时，$|f(x_1)-f(x_2)|<\varepsilon$.

**证明** **必要性** 设 $\lim\limits_{x\to x_0}f(x)=A$，则对任意的 $\varepsilon>0$，存在 $\delta>0$，当 $x\in\mathring{U}(x_0;\delta)$ 时，$|f(x)-A|<\dfrac{\varepsilon}{2}$. 所以当 $x_1,x_2\in\mathring{U}(x_0;\delta)$ 时，

$$|f(x_1)-f(x_2)|\leqslant|f(x_1)-A|+|f(x_2)-A|<\frac{\varepsilon}{2}+\frac{\varepsilon}{2}=\varepsilon.$$

**充分性** 设 $\{x_n\}\subset\mathring{U}(x_0;\delta_0)$，$\lim\limits_{n\to\infty}x_n=x_0$. 于是对 $\delta>0$，存在 $N$，当 $m,n>N$ 时，$x_m,x_n\in\mathring{U}(x_0;\delta)$，所以 $|f(x_m)-f(x_n)|<\varepsilon$，从而数列 $\{f(x_n)\}$ 收敛. 假设 $\lim\limits_{n\to\infty}f(x_n)=A$，由于 $\lim\limits_{n\to\infty}x_n=x_0$，所以存在充分大的 $n_0$，使得 $x_{n_0}\in\mathring{U}(x_0;\delta)$，并且 $|f(x_{n_0})-A|<\varepsilon$. 于是，当 $x\in\mathring{U}(x_0;\delta)$ 时，

$$|f(x)-A|\leqslant|f(x)-f(x_{n_0})|+|f(x_{n_0})-A|<2\varepsilon,$$

所以 $\lim\limits_{x\to x_0}f(x)=A$，即极限 $\lim\limits_{x\to x_0}f(x)$ 是存在的. □

**例 3.3.10** 证明 $\lim\limits_{x\to 0}\cos\dfrac{1}{x}$ 不存在.

**证明** 给定 $\varepsilon=1$，对于任意的 $\delta>0$，取

$$x_1=\frac{1}{2n\pi},\quad x_2=\frac{1}{2n\pi+\frac{\pi}{2}},$$

当 $n$ 充分大时，$x_1,x_2\in\mathring{U}(0;\delta)$，但 $|f(x_1)-f(x_2)|\geqslant1$，所以由柯西收敛准则知 $\lim\limits_{x\to 0}\cos\dfrac{1}{x}$ 不存在.

**定理 3.3.10**（单调有界原理） 设 $f(x)$ 是 $(a,b)$ 内的单调函数，那么

(1) 若 $f(x)$ 单调增加(减少)有上界(下界)，则 $\lim\limits_{x\to b^-}f(x)$ 存在；

(2) 若 $f(x)$ 单调减少(增加)有上界(下界),则 $\lim\limits_{x\to a^+}f(x)$ 存在.

**证明**　我们证明:若 $f(x)$ 单调增加有上界,则 $\lim\limits_{x\to b^-}f(x)$ 存在,其余结论同理可证.

设 $\{x_n\}\subset(a,b)$, $\{x_n\}$ 单调增加并且 $\lim\limits_{n\to\infty}x_n=b$. 因为 $f(x)$ 在 $(a,b)$ 内单调增加有上界,所以 $\{f(x_n)\}$ 单调增加有上界,从而数列 $\{f(x_n)\}$ 收敛. 假设 $\lim\limits_{n\to\infty}f(x_n)=A$,则对任意的 $\varepsilon>0$,存在自然数 $N$,当 $n>N$ 时, $A-\varepsilon<f(x_n)<A+\varepsilon$. 取 $\delta=b-x_{N+1}>0$,当 $b-\delta<x<b$ 时, $x_{N+1}<x$,结合 $\{x_n\}$ 单调增加并且 $\lim\limits_{n\to\infty}x_n=b$,可知存在自然数 $k$ 使得 $x<x_{N+k}$,所以 $x_{N+1}<x<x_{N+k}$,而 $f(x)$ 单调增加,于是

$$A-\varepsilon<f(x_{N+1})<f(x)<f(x_{N+k})<A+\varepsilon,$$

所以 $\lim\limits_{x\to b^-}f(x)=A$,即极限 $\lim\limits_{x\to b^-}f(x)$ 存在. □

## 3.4　无穷小量与无穷大量

在第 2 章研究数列的极限时,介绍了数列的无穷小量与无穷大量的概念. 同理,对于函数,也有类似的概念,而且其内容更加丰富.

### 3.4.1　无穷小量

如果 $\lim\limits_{P}f(x)=0$,则称函数 $f(x)$ 为一个 $P$ 过程下的无穷小量,简称为无穷小.

例如,因为 $\lim\limits_{x\to\infty}\dfrac{1}{x}=0$,所以 $\dfrac{1}{x}$ 是当 $x$ 趋于无穷大时的无穷小;又如,因为 $\lim\limits_{x\to 0}x\sin\dfrac{1}{x}=0$,所以 $x\sin\dfrac{1}{x}$ 是当 $x$ 趋于零时的无穷小.

容易知道下列结论成立:

(1) $\lim\limits_{P}f(x)=A$ 当且仅当 $f(x)=A+\alpha$,其中 $\alpha$ 是 $P$ 过程下的无穷小量;

(2) 有界函数与无穷小的乘积是无穷小;

(3) 有限个无穷小的和仍为无穷小;

(4) 有限个无穷小的乘积仍为无穷小.

但一般来说,两个无穷小的商却不一定是无穷小. 例如,当 $x\to 0$ 时, $x$, $x^2$, $\sin x$ 都是无穷小,但是

$$\lim_{x\to 0}\frac{x}{x^2}=\infty,\quad \lim_{x\to 0}\frac{x^2}{x}=0,\quad \lim_{x\to 0}\frac{\sin x}{x}=1.$$

两个无穷小之比的极限不同,反映了无穷小趋向于零的快慢程度不同.

**定义 3.4.1**　设$\lim\limits_{p}\alpha=\lim\limits_{p}\beta=0$，即变量$\alpha,\beta$是在同一个变化过程$P$下的无穷小. 那么

(1) 若$\lim\limits_{P}\dfrac{\alpha}{\beta}=0$，则称$\alpha$是比$\beta$高阶的无穷小，记作$\alpha=o(\beta)$.

(2) 若$\lim\limits_{P}\dfrac{\alpha}{\beta}=\infty$，则称$\alpha$是比$\beta$低阶的无穷小.

(3) 若$\lim\limits_{P}\dfrac{\alpha}{\beta}=c\neq0$，则称$\alpha$与$\beta$是同阶无穷小，记作$\alpha=O(\beta)$.

(4) 若$\lim\limits_{P}\dfrac{\alpha}{\beta}=1$，则称$\alpha$与$\beta$是等价无穷小，记作$\alpha\sim\beta$.

(5) 若$\lim\dfrac{\alpha}{\beta^k}=c\neq0(k>0)$，则称$\alpha$是$\beta$的$k$阶无穷小，即$\alpha=O(\beta^k)$.

根据根据上述定义，当$x\to0$时，$x^2$是比$x$高阶的无穷小，$x$是比$x^2$低阶的无穷小，而$\sin x$与$x$是等价无穷小；又因为$\lim\limits_{x\to0}\dfrac{1-\cos x}{x^2}=\dfrac{1}{2}$，所以当$x\to0$时，$1-\cos x$与$x^2$是同阶无穷小. 应该注意的是并非任何两个无穷小都可以比较. 例如，当$x\to0$时，$x\sin\dfrac{1}{x}$和$x$都是无穷小量，但是$\lim\limits_{x\to0}\dfrac{x\sin\frac{1}{x}}{x}=\lim\limits_{x\to0}\sin\dfrac{1}{x}$不存在，所以这两个无穷小量是不可比较的.

**例 3.4.1**　证明当$x\to0$时，$\sqrt[n]{1+x}-1\sim\dfrac{1}{n}x$.

**证明**　令$\sqrt[n]{1+x}=t$，则当$x\to0$时$t\to1$，故由复合函数极限运算法则得

$$\lim_{x\to0}\frac{\sqrt[n]{1+x}-1}{\frac{1}{n}x}=\lim_{t\to1}\frac{t-1}{\frac{1}{n}(t^n-1)}=\lim_{t\to1}\frac{n}{t^{n-1}+t^{n-2}+\cdots+t+1}=1,$$

所以$\sqrt[n]{1+x}-1\sim\dfrac{1}{n}x\ (x\to0)$. □

**例 3.4.2**　当$x\to0$时，求无穷小$2\sin x-\sin2x$关于$x$的阶数.

**解**　因为

$$\lim_{x\to0}\frac{2\sin x-\sin2x}{x^3}=\lim_{x\to0}\left(\frac{2\sin x}{x}\cdot\frac{1-\cos x}{x^2}\right)=1,$$

故当$x\to0$时，$2\sin x-\sin2x$是$x$的三阶无穷小. □

**定理 3.4.1**　$\beta$与$\alpha$是等价无穷小的充分必要条件是$\beta=\alpha+o(\alpha)$.

**证明　必要性**　若$\beta\sim\alpha$，则

$$\lim \frac{\beta-\alpha}{\alpha}=\lim\left(\frac{\beta}{\alpha}-1\right)=\lim \frac{\beta}{\alpha}-1=0,$$

因此，$\beta-\alpha=o(\alpha)$，即 $\beta=\alpha+o(\alpha)$.

**充分性**　设 $\beta=\alpha+o(\alpha)$，则

$$\lim \frac{\beta}{\alpha}=\lim \frac{\alpha+o(\alpha)}{\alpha}=\lim\left[1+\frac{o(\alpha)}{\alpha}\right]=1,$$

因此 $\beta\sim\alpha$. □

定理 3.4.1 表明，当 $\beta\sim\alpha$ 时，由 $\alpha$ 代替 $\beta$ 引起的误差比 $\alpha$ 要小得多；另一方面，它告诉我们一个无穷小加上一个高阶无穷小后，它的阶数不变.

**定理 3.4.2**　设 $\alpha\sim\alpha'$，$\beta\sim\beta'$，且 $\lim\limits_{P}\frac{\beta'}{\alpha'}$ 存在，则 $\lim\limits_{P}\frac{\beta}{\alpha}=\lim\limits_{P}\frac{\beta'}{\alpha'}$.

**证明**　注意到 $\lim\limits_{P}\frac{\alpha}{\alpha'}=1$，$\lim\limits_{P}\frac{\beta}{\beta'}=1$，所以

$$\lim_{P}\frac{\beta}{\alpha}=\lim_{P}\left(\frac{\beta}{\beta'}\cdot\frac{\beta'}{\alpha'}\cdot\frac{\alpha'}{\alpha}\right)=\lim_{P}\frac{\beta}{\beta'}\cdot\lim_{P}\frac{\beta'}{\alpha'}\cdot\lim_{P}\frac{\alpha'}{\alpha}=\lim_{P}\frac{\beta'}{\alpha'}.$$ □

定理 3.4.2 表明，在求两个无穷小之比的极限时，分子、分母都可以用适当的等价无穷小来代替，从而使计算简便快捷，这是求极限时常用的方法.

当 $x\to0$ 时，常见的等价无穷小有

$$\sin x\sim x,\quad \tan x\sim x,\quad 1-\cos x\sim\frac{1}{2}x^2,\quad \arcsin x\sim x,$$

$$\arctan x\sim x,\quad \ln(1+x)\sim x,\quad e^x-1\sim x,\quad \sqrt[n]{1+x}-1\sim\frac{1}{n}x.$$

**例 3.4.3**　分别求下列极限：

(1) $\lim\limits_{x\to0}\frac{\sin2x}{\tan3x}$；

(2) $\lim\limits_{x\to0}\frac{\sqrt[3]{1+x^2}-1}{1-\cos x}$；

(3) $\lim\limits_{x\to0}\frac{\sin x}{x^2+2x}$；

(4) $\lim\limits_{x\to0}\frac{\tan3x-\cos x+1}{\sin2x}$.

**解**　(1) 因为当 $x\to0$ 时，$\sin2x\sim2x$，$\tan3x\sim3x$，故

$$\lim_{x\to0}\frac{\sin2x}{\tan3x}=\lim_{x\to0}\frac{2x}{3x}=\frac{2}{3}.$$

(2) 因为当 $x\to0$ 时，$\sqrt[3]{1+x^2}-1\sim\frac{1}{3}x^2$，$1-\cos x\sim\frac{1}{2}x^2$，故

$$\lim_{x\to 0}\frac{\sqrt[3]{1+x^2}-1}{1-\cos x}=\lim_{x\to 0}\frac{\frac{1}{3}x^2}{\frac{1}{2}x^2}=\frac{2}{3}.$$

(3) 因为当 $x\to 0$ 时，$\sin x\sim x$，又 $x^2=o(x)$，所以 $x^2+2x\sim 2x$，故

$$\lim_{x\to 0}\frac{\sin x}{x^2+2x}=\lim_{x\to 0}\frac{x}{2x}=\frac{1}{2}.$$

(4) 因为 $\tan 3x=3x+o(x)$，$\sin 2x=2x+o(x)$，$1-\cos x=\frac{x^2}{2}+o(x^2)$，所以

$$\tan 3x-\cos x+1=3x+o(x)+\frac{x^2}{2}+o(x^2).$$

注意到 $x\to 0$ 时，$o(x)+\frac{x^2}{2}+o(x^2)$ 仍然等于 $o(x)$，于是

$$\lim_{x\to 0}\frac{\tan 3x-\cos x+1}{\sin 2x}=\lim_{x\to 0}\frac{3x+o(x)+\frac{x^2}{2}+o(x^2)}{2x+o(x)}=\lim_{x\to 0}\frac{3x+o(x)}{2x+o(x)}=\lim_{x\to 0}\frac{3x}{2x}=\frac{3}{2}.\ \square$$

### 3.4.2 无穷大量

**定义 3.4.2** 若对任意给定的 $M>0$，存在 $\delta>0$，当 $0<|x-x_0|<\delta$ 时，$f(x)>M$（$f(x)<-M$，$|f(x)|>M$），则称 $f(x)$ 为一个当 $x$ 趋于 $x_0$ 时的正无穷大量（负无穷大量，无穷大量），简称为正无穷大（负无穷大，无穷大），记作

$$\lim_{x\to x_0}f(x)=+\infty \quad 或 \quad f(x)\to+\infty\ (x\to x_0)$$

$$(\lim_{x\to x_0}f(x)=-\infty \quad 或 \quad f(x)\to-\infty\ (x\to x_0);$$

$$\lim_{x\to x_0}f(x)=\infty \quad 或 \quad f(x)\to\infty\ (x\to x_0)).$$

这时也称正无穷大（负无穷大，无穷大）为当 $x$ 趋于 $x_0$ 时 $f(x)$ 的（无穷）极限.

同理，可以给出当 $x$ 趋于无穷或其他变化过程下 $f(x)$ 为正无穷大量（负无穷大量，无穷大量）的定义.

总结 $\lim\limits_{P}f(x)=A$ 的所有形式如下.

$A$：常数，正无穷大，负无穷大，无穷大；

$P$：$x\to x_0$，$x\to x_0^-$，$x\to x_0^+$，$x\to+\infty$，$x\to-\infty$，$x\to\infty$.

所以 $\lim\limits_{P}f(x)=A$ 共有 24 种形式，读者应该理解、掌握每一种极限的定义，而不是死记硬背它们.

无穷大一定是无界函数，但无界函数不一定是无穷大. 例如，$f(x)=x\sin x$ 在 $(-\infty,+\infty)$ 内是无界函数，但当 $x\to\infty$ 时 $f(x)$ 不是无穷大. 事实上，任给正数 $M$，

总存在正整数 $n$，使 $x_n=2n\pi+\frac{\pi}{2}>M$，于是有 $|f(x_n)|=2n\pi+\frac{\pi}{2}>M$，因此函数 $f(x)$ 在 $(-\infty,+\infty)$ 内是无界函数. 又对给定的正数 $M$，则无论正数 $X$ 多么大，总存在正整数 $n$，使 $x_n=n\pi>X$，此时 $|f(x_n)|=|n\pi\sin n\pi|=0<M$，所以当 $x\to\infty$ 时，$f(x)=x\sin x$ 不是无穷大.

同时，容易知道在自变量的同一变化过程中，若 $f(x)$ 为无穷大，则 $\frac{1}{f(x)}$ 为无穷小；若 $f(x)$ 为无穷小，且 $f(x)\neq 0$，则 $\frac{1}{f(x)}$ 为无穷大.

结合函数的无穷小、无穷大概念及极限运算法则，像数列一样，有下列结论：

$$\lim_{x\to\infty}\frac{a_mx^m+a_{m-1}x^{m-1}+\cdots+a_1x+a_0}{b_lx^l+b_{l-1}x^{l-1}+\cdots+b_1x-b_0}=\begin{cases}\frac{a_m}{b_l}, & m=l,\\ 0, & m<l,\\ \infty, & m>l.\end{cases}$$

## 习　题　3

**一、判断题**（正确打√并给出证明，错误打×并给出反例）

1. 若 $\lim\limits_{x\to x_0}f(x)=A$，则 $f(x_0)=A$.　　(　　)

2. 已知 $\lim\limits_{x\to+\infty}f(x)=A$，则 $\lim\limits_{n\to+\infty}f(n)=A$.　　(　　)

3. 如果当 $|x|$ 充分小时，$f(x)=x^2+o(x)$，$g(x)=x^2+o(x)$，则当 $|x|$ 充分小时，$f(x)=g(x)$.　　(　　)

4. 若 $f(x)$ 是定义在 $\mathbb{R}$ 内的非常数的周期函数，则 $\lim\limits_{x\to\infty}f(x)$ 不存在.　　(　　)

5. 如果 $\lim\limits_{x\to 0}f(x)=A$，则对任意的 $x_n\to 0(n\to\infty)$，必有 $\lim\limits_{n\to\infty}f(x_n)=A$.　　(　　)

**二、填空题**（将正确答案填在横线之上）

1. 设 $y=\frac{x+1}{x-1}$，则当____________时，$y$ 是无穷小；当____________时，$y$ 是无穷大.

2. 设 $f(x)=\begin{cases}e^x-a, & x\leqslant 0,\\ ax+b, & x>0,\end{cases}$ 并且 $\lim\limits_{x\to 0}f(x)=1$，则 $\{a,b\}=$____________.

3. 当 $x\to 0$ 时，$\sin 2x-2\sin x$ 是 $x$ 的____________阶无穷小量.

4. $\lim\limits_{x\to\infty}\frac{(x+1)^{10}(2x+3)^{30}}{(3x+5)^{40}}=$____________.

5. 如果当 $x\to 0$ 时，$(1+kx^2)^{\frac{1}{3}}-1$ 与 $1-\cos x$ 是等价无穷小，则 $k=$____________.

**三、单项选择题**（将正确答案的选项字母填入括号内）

1. 当 $x\to 0$ 时，$f(x)=\tan 3x-\cos x+1$ 是 $x$ 的(　　).

(A) 低阶无穷小；　(B) 高阶阶无穷小；　(C) 同阶无穷小；　(D) 等价无穷小.

2. 当 $x\to\infty$ 时，$f(x)=x\sin\dfrac{1}{x}$ 是(　　).

(A) 有界变量；　　(B) 无穷大量；

(C) 无界变量，但不是无穷大；　　(D) 无穷小量.

3. 如果 $\lim\limits_{x\to\infty}f(x)=A$，那么下列结论不正确的是(　　).

(A) $\lim\limits_{x\to+\infty}f(x)=A$；　(B) $\lim\limits_{x\to-\infty}f(x)=A$；　(C) $\lim\limits_{x\to0}f\left(\dfrac{1}{x}\right)=A$；　(D) $\lim\limits_{x\to\infty}f(\mathrm{e}^x)=A$.

4. 下列条件中与 $\lim\limits_{x\to x_0}f(x)\neq A$ 不等价的是(　　).

(A) 存在 $x_n\neq x_0$，$x_n\to x_0(n\to\infty)$，使得 $\lim\limits_{n\to\infty}f(x_n)\neq A$；

(B) $\exists\varepsilon_0>0,\forall\delta>0,\exists x_1,x_2\in\mathring{U}(x_0;\delta)$，使得 $|f(x_1)-f(x_2)|\geqslant\varepsilon_0$；

(C) $\lim\limits_{x\to x_0^-}f(x)\neq A$ 与 $\lim\limits_{x\to x_0^+}f(x)\neq A$ 至少有一个成立；

(D) $\exists\varepsilon_0>0,\forall\delta>0,\exists x_1\in\mathring{U}(x_0;\delta)$，使得 $|f(x_1)-A|\geqslant\varepsilon_0$.

5. 当 $x\to0$ 时，下列结论错误的是(　　).

(A) $\arcsin x\sim\arctan x$；　(B) $\mathrm{e}^{x^2}-1\sim x^2$；　(C) $1+x\sim1+x^2$；　(D) $\sqrt[n]{1+x}-1\sim\dfrac{1}{n}x$.

## 四、计算题

1. 求极限 $\lim\limits_{x\to\infty}\left(\dfrac{x+1}{x-1}\right)^x$.

2. 若 $\lim\limits_{x\to\infty}\left(\dfrac{x^2+1}{x+1}-ax-b\right)=0$，求 $a,b$.

3. 求极限 $\lim\limits_{x\to1}\dfrac{x^2-3x+2}{x^4-4x+3}$.

4. 求极限 $\lim\limits_{x\to2}\dfrac{\sqrt{2+x}-2}{\sqrt{3x+3}-3}$.

5. 求极限 $\lim\limits_{x\to+\infty}(\sqrt{x^2+x+1}-\sqrt{x^2-x+1})$.

6. 求极限 $\lim\limits_{x\to0}\dfrac{\tan x-\cos x+1}{\sin2x}$.

7. 求极限 $\lim\limits_{x\to+\infty}\dfrac{2x\sin x}{\sqrt{1+x^2}}\arctan\dfrac{1}{x}$.

8. 求极限 $\lim\limits_{x\to1}\dfrac{\arctan(x-1)}{x^2+x-2}$.

9. 已知 $\lim\limits_{x\to0}\dfrac{\sqrt{1+f(x)}-1}{x^2}=3$，求常数 $a,b$ 使得当 $x\to0$ 时，函数 $f(x)\sim ax^b$.

10. 已知 $p(x)$ 是多项式，且 $\lim\limits_{x\to\infty}\dfrac{p(x)-2x^3}{x^2}=1$，$\lim\limits_{x\to0}\dfrac{p(x)}{3x}=1$，求 $p(x)$.

## 五、证明题

1. 利用 $\varepsilon$-$\delta$ 语言证明 $\lim\limits_{x\to1}\dfrac{1+x}{2+3x+5x^2}=\dfrac{1}{5}$.

2. 利用 $\varepsilon$-$X$ 语言证明 $\lim\limits_{x\to\infty}\dfrac{1+x}{2+3x}=\dfrac{1}{3}$.

3. 利用夹逼准则证明

$$\lim_{x\to+\infty}\left(\frac{a_1^x+a_2^x+\cdots+a_n^x}{n}\right)^{\frac{1}{x}}=\max\{a_1,a_2,\cdots,a_n\},$$

其中常数 $a_i>0, i=1,2,\cdots,n$.

4. 利用柯西准则证明 $\lim\limits_{x\to 0}\sin\dfrac{1}{x}$ 不存在.

5. 利用左、右极限证明 $\lim\limits_{x\to 0}\dfrac{1+x}{1-\mathrm{e}^{\frac{1}{x}}}$ 不存在.

# 第4章　连续函数

连续函数是一类性质非常好的函数,也是数学分析主要研究的对象.函数连续是其可微分的必要条件,并且是其可积分的充分条件.而利用函数的极限,则可精致地刻画函数的连续性.本章主要介绍函数连续的概念、性质及基本运算等内容,为展开微积分的讨论做好铺垫.

## 4.1　函数的连续性

### 4.1.1　函数的连续性

通过对第3章函数极限的学习,知道极限$\lim\limits_{x\to x_0}f(x)$事实上只有三种情形,即

$$\lim_{x\to x_0}f(x)=\begin{cases}A, & A\neq f(x_0),\\ f(x_0), & \\ \text{不存在}. & \end{cases}$$

在数学上,当$\lim\limits_{x\to x_0}f(x)=f(x_0)$时,我们说函数$f(x)$在$x=x_0$点是连续的.

**定义 4.1.1**　设函数$y=f(x)$在$x_0$点的某一邻域内有定义,如果

$$\lim_{x\to x_0}f(x)=f(x_0),$$

则称函数$y=f(x)$在$x_0$点连续,并称$x_0$点为$y=f(x)$的一个连续点.

按定义,函数$y=f(x)$在$x_0$点连续当且仅当下列三个条件同时成立:

(1) 函数$y=f(x)$在$x_0$点的某一邻域内有定义,特别地,函数值$f(x_0)$存在;

(2) 极限$\lim\limits_{x\to x_0}f(x)=A$存在;

(3) $A=f(x_0)$.

例如,由于$\lim\limits_{x\to x_0}x=x_0$,所以函数$f(x)=x$在任何点$x_0$处都是连续的.于是,函数$f(x)$在$x_0$点连续当且仅当

$$\lim_{x\to x_0}f(x)=f(\lim_{x\to x_0}x),\tag{4.1.1}$$

即极限符号与函数符号可以交换次序.

注意到$\lim\limits_{x\to x_0}f(x)=f(x_0)$等价于$\lim\limits_{x-x_0\to 0}[f(x)-f(x_0)]=0$,因此,如果记$\Delta x=x-x_0$,$\Delta y=f(x)-f(x_0)=f(x_0+\Delta x)-f(x_0)$,那么$\lim\limits_{x\to x_0}f(x)=f(x_0)$当且仅当

$$\lim_{\Delta x\to 0}\Delta y=0, \tag{4.1.2}$$

即函数 $f(x)$ 在 $x_0$ 点连续当且仅当在 $x_0$ 点当 $\Delta x\to 0$ 时，$\Delta y$ 是无穷小量. 今后我们称 $\Delta x$ 为自变量 $x$ 在 $x_0$ 点的增量(改变量)，而称 $\Delta y$ 为函数 $f(x)$ 在 $x_0$ 点由自变量的增量 $\Delta x$ 而产生的函数的增量(改变量). 所以函数 $f(x)$ 在 $x_0$ 点连续也就是 $f(x)$ 在 $x_0$ 点当自变量的改变量很小时，对应的函数的改变量也很小.

利用 $\varepsilon$-$\delta$ 语言，$f(x)$ 在 $x_0$ 点连续还可以描述为：

对于任意给定的 $\varepsilon>0$，存在 $\delta>0$，使得对满足不等式 $|x-x_0|<\delta$ 的一切 $x$，对应的函数值总满足不等式 $|f(x)-f(x_0)|<\varepsilon$.

利于数列的极限，$f(x)$ 在 $x_0$ 点连续又可以描述为：

对任意收敛于 $x_0$ 点的数列 $\{x_n\}$ 都有 $\lim\limits_{n\to\infty}f(x_n)=f(x_0)$.

因此，当我们要证明 $f(x)$ 在 $x_0$ 点连续时，有多种论证方式可供选择.

**例 4.1.1**　证明函数 $y=\sin x$ 及 $y=\cos x$ 在其定义域内每一点都是连续的.

**证明**　先考虑函数 $y=\sin x$. 设 $x_0$ 是区间 $(-\infty,+\infty)$ 内任意取定的一点，当 $x_0$ 有增量 $\Delta x$ 时，对应的函数的增量为

$$\Delta y=\sin(x_0+\Delta x)-\sin x_0=2\sin\frac{\Delta x}{2}\cos\left(x_0+\frac{\Delta x}{2}\right).$$

注意到 $\left|\cos\left(x_0+\frac{\Delta x}{2}\right)\right|\leqslant 1$，$\left|\sin\frac{\Delta x}{2}\right|\leqslant\frac{|\Delta x|}{2}$，所以 $0\leqslant|\Delta y|\leqslant|\Delta x|$. 因此，由夹逼准则知当 $\Delta x\to 0$ 时 $|\Delta y|\to 0$. 所以函数 $y=\sin x$ 在 $x_0$ 点连续，由 $x_0$ 的任意性知该函数在其定义域内的每一点都是连续的.

注意到三角公式

$$\cos(x_0+\Delta x)-\cos x_0=-2\sin\left(x_0+\frac{\Delta x}{2}\right)\sin\frac{\Delta x}{2},$$

同理可以证明 $y=\cos x$ 在其定义域内的每一点都是连续的. □

**例 4.1.2**　证明函数

$$f(x)=\begin{cases}x\sin\dfrac{1}{x}, & x\neq 0,\\ 0, & x=0\end{cases}$$

在 $x=0$ 点连续.

**证明**　注意到当 $x\neq 0$ 时 $f(x)=x\sin\frac{1}{x}$，由结论“有界量与无穷小的乘积仍为无穷小”知 $\lim\limits_{x\to 0}f(x)=0$，而 $f(0)=0$，所以 $\lim\limits_{x\to 0}f(x)=f(0)$，因此该函数在 $x=0$ 点连续. □

因为 $\lim\limits_{x\to x_0}f(x)=f(x_0)$ 当且仅当 $\lim\limits_{x\to x_0^-}f(x)=\lim\limits_{x\to x_0^+}f(x)=f(x_0)$，为了方便，当

$\lim\limits_{x\to x_0^-} f(x)=f(x_0)$时，称 $f(x)$在 $x_0$ 点是左连续的；而当 $\lim\limits_{x\to x_0^+} f(x)=f(x_0)$时，称 $f(x)$在 $x_0$ 点是右连续的. 于是 $f(x)$在 $x_0$ 点连续当且仅当 $f(x)$在 $x_0$ 点既左连续又右连续. 假设 $f(x)$在区间 $I$ 上有定义，如果 $x_0$ 是 $I$ 的左(右)端点，那么只要 $f(x)$在 $x_0$ 点右(左)连续，就称 $f(x)$在 $x_0$ 点连续.

**例 4.1.3** 讨论当 $a$ 为何值时，函数

$$f(x)=\begin{cases}\sin x+\cos x, & x<0,\\ a+x, & x\geqslant 0\end{cases}$$

在 $x=0$ 点连续.

**解** 因为 $f(0)=a$，$\lim\limits_{x\to 0^+} f(x)=\lim\limits_{x\to 0^+}(a+x)=a$，而由函数 $\sin x$，$\cos x$ 的连续性知

$$\lim_{x\to 0^-} f(x)=\lim_{x\to 0^-}(\sin x+\cos x)=1,$$

所以该函数在点 $x=0$ 连续当且仅当 $a=1$. □

### 4.1.2 函数的间断点

当 $f(x)$在 $x_0$ 点的某去心邻域内有定义时，如果 $f(x)$在 $x_0$ 点不连续，则称 $x_0$ 为 $f(x)$的一个间断点. 那么它只可能有以下三种情形：

(1) 极限$\lim\limits_{x\to x_0} f(x)$存在，但不等于 $f(x_0)$，或者 $f(x)$在 $x_0$ 点没有定义，此时称 $x_0$ 为 $f(x)$的一个可去间断点.

(2) $\lim\limits_{x\to x_0^-} f(x)$和 $\lim\limits_{x\to x_0^+} f(x)$都存在，但不相等，此时称 $x_0$ 为 $f(x)$的一个跳跃间断点.

(3) $\lim\limits_{x\to x_0^-} f(x)$或者 $\lim\limits_{x\to x_0^+} f(x)$至少有一个不存在.

$f(x)$的可去间断点及跳跃间断点统称为第一类间断点. 其他的间断点称为是第二类间断点. 例如，$f(x)=\dfrac{\sin x}{x}$，由于$\lim\limits_{x\to 0} f(x)=1$，而 $f(0)$不存在，所以 $x=0$ 是 $f(x)$的第一类可去间断点. 又如 $g(x)=\operatorname{sgn} x$，因为 $\lim\limits_{x\to 0^+} g(x)=1$，$\lim\limits_{x\to 0^-} g(x)=-1$，所以 $x=0$ 是 $g(x)$的第一类跳跃间断点. 而 $x=0$ 是 $\varphi(x)=\dfrac{1}{x}$ 和 $\phi(x)=\sin\dfrac{1}{x}$ 的第二类间断点. 由于$\lim\limits_{x\to 0}\varphi(x)=\infty$，而$\lim\limits_{x\to 0}\phi(x)$不存在，也不是无穷大，所以称形如前者这样的间断点为第二类无穷间断点，而称形如后者这样的间断点为第二类振荡间断点.

**例 4.1.4** 证明狄利克雷函数 $D(x)$是处处不连续函数；而函数 $xD(x)$仅在 $x=0$ 点连续.

**证明**　任取 $x_0\in\mathbb{R}$，对每个 $n\in\mathbb{N}$，注意到 $x_0<x_0+\frac{1}{n}$，因此存在有理数 $r_n$ 及无理数 $q_n$，使得 $x_0<r_n<x_0+\frac{1}{n}$ 及 $x_0<q_n<x_0+\frac{1}{n}$. 从而得到有理数列 $\{r_n\}$ 及无理数列 $\{q_n\}$，使得 $\lim\limits_{n\to\infty}r_n=\lim\limits_{n\to\infty}q_n=x_0$. 因此，$\lim\limits_{n\to\infty}D(r_n)=1$，$\lim\limits_{n\to\infty}D(q_n)=0$. 所以 $\lim\limits_{x\to x_0}D(x)$ 不存在，所以 $D(x)$ 是处处不连续函数.

注意到 $|xD(x)|\leqslant|x|$，则 $\lim\limits_{x\to0}xD(x)=0=0D(0)$，则函数 $xD(x)$ 在 $x=0$ 点连续. 而当 $x_0\neq0$ 时，$\lim\limits_{n\to\infty}r_nD(r_n)=x_0$，$\lim\limits_{n\to\infty}q_nD(q_n)=0$，所以 $\lim\limits_{x\to x_0}xD(x)$ 不存在，$xD(x)$ 在 $x_0$ 点不连续. □

## 4.2　连续函数的运算

### 4.2.1　连续函数的运算

注意到函数连续性是用相应的极限描述的，因此，利用第 3 章函数极限的运算法则，容易得到连续函数的运算法则.

**定理 4.2.1**（连续函数的四则运算）　若函数 $f(x)$ 和 $g(x)$ 都在 $x_0$ 点连续，则它们的和 $f(x)+g(x)$、差 $f(x)-g(x)$、积 $f(x)g(x)$ 及商 $\frac{f(x)}{g(x)}$（当 $g(x_0)\neq0$ 时）也在 $x_0$ 点连续.

**定理 4.2.2**（反函数的连续性）　若 $y=f(x)$ 在闭区间 $[a,b]$ 上严格单调增加（减少），并且在每一点连续，则它有反函数 $x=f^{-1}(y)$，$y\in[f(a),f(b)]$（$[f(b),f(a)]$），并且在该区间上也是严格单调增加（减少）的，同时在每一点也是连续的.

**定理 4.2.3**（复合函数的连续性）　假设 $f(u)$ 在 $u_0$ 点连续，$g(x)$ 在 $x_0$ 点连续，如果 $u_0=g(x_0)$，那么复合函数 $f[g(x)]$ 在 $x_0$ 点连续.

### 4.2.2　初等函数的连续性

利用 $\sin x$ 和 $\cos x$ 的连续性，则由定理 4.2.1 知 $\tan x$，$\cot x$，$\sec x$，$\csc x$ 在其定义域内是连续的. 从而所有的三角函数在其定义域内是连续的. 进一步，再由定理 4.2.2 知所有的反三角函数在其定义域内是连续的. 下面证明指数函数 $y=a^x$ 的连续性.

1. $a>1$

(1) 证明 $a^x$ 在 $x=0$ 点的连续性.

设 $0<x<\frac{1}{n}$，$n$ 为某个正整数，因为 $a>1$，所以 $0<a^x-1<a^{\frac{1}{n}}-1$. 注意到

$a>1$,由例 2.2.1 的(4)知 $\lim\limits_{n\to\infty}a^{\frac{1}{n}}=1$,因此 $\lim\limits_{x\to0^+}a^x=1=a^0$. 所以 $a^x$ 在 $x=0$ 点右连续. 同时,$\lim\limits_{x\to0^-}a^x\xlongequal{x=-y}\lim\limits_{y\to0^+}\dfrac{1}{a^y}=1=a^0$,所以 $a^x$ 在 $x=0$ 点也是左连续的. 所以 $a^x$ 在 $x=0$ 点连续.

(2) 证明 $a^x$ 在任何一点 $x_0$ 处连续.

因为 $|a^x-a^{x_0}|=a^{x_0}|a^{x-x_0}-1|$,由 $a^x$ 在 $x=0$ 点的连续性知 $\lim\limits_{x\to x_0}a^{x-x_0}=1$,所以 $\lim\limits_{x\to x_0}a^x=a^{x_0}$. 所以 $a^x$ 在任何一点 $x_0$ 处连续.

2. $0<a<1$

此时,令 $a=\dfrac{1}{b}$,那么 $b>1$,$a^x=\dfrac{1}{b^x}$. 由于 $b^x$ 在 $(-\infty,+\infty)$ 内连续,按连续函数的运算法则得 $a^x$ 在 $(-\infty,+\infty)$ 内连续. □

根据指数函数的连续性,由定理 4.2.2 知对数函数 $y=\log_a^x$ 也是连续的. 而对于幂函数 $y=x^\mu$,其定义域与 $\mu$ 的具体取值有关,但无论 $\mu$ 为何值,$y=x^\mu$ 在 $(0,+\infty)$ 内总是有定义的. 下面证明 $y=x^\mu$ 在 $(0,+\infty)$ 内连续. 事实上,当 $x>0$ 时,$y=x^\mu=e^{\mu\ln x}$,即幂函数 $y=x^\mu$ 可看成是由 $y=e^u$,$u=\mu\ln x$ 复合而成. 因此,根据定理 4.2.3,它在 $(0,+\infty)$ 内连续. 如果对于 $\mu$ 取各种不同的值加以讨论,可以证明对任意的 $\mu$,幂函数在它的定义域内都是连续的.

综上所述,可得结论:基本初等函数在其定义域内都是连续的.

最后,根据初等函数的定义、基本初等函数的连续性、定理 4.2.1 和定理 4.2.3 可得如下重要结论:一切初等函数在其定义区间内都是连续的. 所谓定义区间是指包含在定义域内的区间. 初等函数仅在其定义区间内连续,在其定义域内不一定连续. 例如,函数 $y=\sqrt{-x^2}$ 是初等函数,定义域仅为 $\{0\}$,所以函数在 $x=0$ 点不连续.

## 4.3 连续函数的性质

### 4.3.1 局部性质

由于 $f(x)$ 在 $x_0$ 点连续当且仅当 $\lim\limits_{x\to x_0}f(x)=f(x_0)$,所以当 $f(x)$ 在 $x_0$ 点连续时,利用函数的极限性质,容易得到下列结论.

**定理 4.3.1** (局部有界性) 如果 $f(x)$ 在 $x_0$ 点连续,那么存在 $x_0$ 的邻域 $U(x_0)$,使得 $f(x)$ 在 $U(x_0)$ 内有界.

**定理 4.3.2** (局部保号性) 如果 $f(x)$ 在 $x_0$ 点连续,并且 $f(x_0)>0(<0)$ 那

么存在 $x_0$ 的邻域 $U(x_0)$，当 $x\in U(x_0)$时，$f(x)>0(<0)$.

### 4.3.2 整体性质

1. 函数的一致连续性

今后称函数 $f(x)$在区间 $I$ 上是连续的，或者说 $f(x)$是区间 $I$ 上的连续函数，如果 $f(x)$在区间 $I$ 上每一点都连续. 按照 $f(x)$在 $x_0$ 点连续的 $\varepsilon$-$\delta$ 描述，如果$f(x)$是区间 $I$ 上的连续函数，那么对每一点 $x_0\in I$，对任意的 $\varepsilon>0$，存在 $\delta>0$，当 $|x-x_0|<\delta$ 时，$|f(x)-f(x_0)|<\varepsilon$. 此时，一般来说，$\delta$ 不但与 $\varepsilon$ 有关，还与 $x_0$ 有关，即 $\delta=\delta(x_0,\varepsilon)$；但也有例外，即 $\delta$ 仅与 $\varepsilon$ 有关，而与点 $x_0$ 无关，亦即找到的 $\delta=\delta(\varepsilon)$对区间 $I$ 上的每一点 $x_0$ 都是适合的. 这等价于对任意的 $\varepsilon>0$，存在一致的、共同的 $\delta=\delta(\varepsilon)>0$，当 $x_1,x_2\in I$ 并且 $|x_1-x_2|<\delta$ 时，就有 $|f(x_1)-f(x_2)|<\varepsilon$. 为了区别以上两种情形，我们给出下列定义.

**定义 4.3.1** 假设函数 $f(x)$在区间 $I$ 上有定义，如果对任意的 $\varepsilon>0$，存在 $\delta>0$，当 $x_1,x_2\in I$ 并且 $|x_1-x_2|<\delta$ 时，就有 $|f(x_1)-f(x_2)|<\varepsilon$，则称 $f(x)$在区间 $I$ 上一致连续.

**例 4.3.1** 证明函数 $f(x)=x^2$ 在$[a,b]$上一致连续；$g(x)=x^2$ 在$(-\infty,+\infty)$内不一致连续.

**证明** 注意到

$$
\begin{aligned}
|f(x_1)-f(x_2)|&=|x_1^2-x_2^2|=|x_1+x_2|\,|x_1-x_2|\\
&\leqslant(|x_1|+|x_2|)|x_1-x_2|\leqslant 2c|x_1-x_2|,
\end{aligned}
$$

其中常数 $c=\max\{|a|,|b|\}>0$，所以对任意的 $\varepsilon>0$，取 $\delta=\dfrac{\varepsilon}{2c}>0$，当 $x_1,x_2\in[a,b]$并且$|x_1-x_2|<\delta$ 时，就有 $|f(x_1)-f(x_2)|<\varepsilon$，即 $f(x)=x^2$ 在$[a,b]$上一致连续.

对于 $\varepsilon_0=1$，对任意的 $\delta>0$，取 $x_1=\dfrac{1}{\delta}$，$x_2=\dfrac{1}{\delta}+\dfrac{\delta}{2}\in(-\infty,+\infty)$，那么 $|x_1-x_2|=\dfrac{\delta}{2}<\delta$，但

$$
|g(x_1)-g(x_2)|=\left|\frac{1}{\delta^2}-\left(\frac{1}{\delta}+\frac{\delta}{2}\right)^2\right|=1+\frac{\delta^2}{4}>1=\varepsilon_0.
$$

因此 $g(x)=x^2$ 在$(-\infty,+\infty)$内不一致连续. □

显然，如果函数 $f(x)$在区间 $I$ 上一致连续，则函数 $f(x)$在区间 $I$ 上一定是连续的. 反之不然，例 4.3.1 就说明了这一结论.

同时，例 4.3.1 还说明这样一个事实，即对在区间 $I$ 上连续的函数而言，它在 $I$ 上是否一致连续，取决于 $I$ 的性态.

2. 闭区间$[a,b]$上连续函数的性质

在闭区间$[a,b]$上连续的函数，有许多非常显然的、有用的结果，介绍如下.

**定理 4.3.3** 如果函数 $f(x)$在闭区间$[a,b]$上连续，则下列结论成立：

(1) $f(x)$在闭区间$[a,b]$上有界；

(2) $f(x)$在闭区间$[a,b]$上存在最小值和最大值；

(3) $f(x)$在闭区间$[a,b]$上可以取到介于最小值和最大值之间的一切值；

(4) $f(x)$在闭区间$[a,b]$上一致连续.

先分析结论(1). 因为 $f(x)$在$[a,b]$上连续，由函数在一点连续的局部有界性知，对$\forall x_0\in[a,b]$，存在邻域$U(x_0)$及常数$M_{x_0}>0$，使得当$x\in[a,b]$，并且$x\in U(x_0)$时，$|f(x)|\leqslant M_{x_0}$. 此时，$[a,b]\subset\bigcup\limits_{x_0\in[a,b]}U(x_0)$，如果能从开区间的并集$\bigcup\limits_{x_0\in[a,b]}U(x_0)$中选出有限个开区间，如$U(x_j)$，$j=1,2,\cdots,k$，使得$[a,b]\subset\bigcup\limits_{1\leqslant j\leqslant k}U(x_j)$，记$M=\max\{M_{x_1},M_{x_2},\cdots,M_{x_k}\}>0$，那么对$\forall x\in[a,b]$，存在$i\in\{1,2,\cdots,k\}$，使得$x\in U(x_i)$，从而$|f(x)|\leqslant M_{x_i}\leqslant M$，于是 $f(x)$在$[a,b]$上有界. 所以问题归结为当$[a,b]\subset\bigcup\limits_{x_0\in[a,b]}U(x_0)$时，是否有$[a,b]\subset\bigcup\limits_{1\leqslant j\leqslant k}U(x_j)$.

**定义 4.3.2** 设$S\subset\mathbb{R}$，$H$是某些开区间构成的集合. 如果 $S$ 中的每一点都至少属于 $H$ 中的一个开区间，则称 $H$ 是 $S$ 的一个开覆盖.

按照定义 4.3.2，上面，$[a,b]\subset\bigcup\limits_{x_0\in[a,b]}U(x_0)$，所以 $H=\{U(x_0)\mid x\in[a,b]\}$就是$S=[a,b]$的一个开覆盖. 又如 $S=(0,1)$，$H=\left\{\left(\dfrac{1}{n},1\right)\middle| n=1,2,\cdots\right\}$，那么对任意的$x\in S$，显然只要$m\in\mathbb{N}$充分大，就有$\dfrac{1}{m}<x<1$，即$x\in\left(\dfrac{1}{m},1\right)$，所以$H=\left\{\left(\dfrac{1}{n},1\right)\middle| n=1,2,\cdots\right\}$是$S=(0,1)$的一个开覆盖.

**定理 4.3.4**（有限覆盖定理） 如果 $H$ 是闭区间$[a,b]$的一个开覆盖，则一定存在 $H$ 中的有限个开区间，它们也构成$[a,b]$的一个开覆盖.

**证明** 用反证法. 设$[a,b]$不能被 $H$ 中的有限个开区间所覆盖. 将$[a,b]$等分为两个部分区间，则至少有一个部分区间不能被 $H$ 中的有限个开区间所覆盖. 记此区间为$[a_1,b_1]$，再将$[a_1,b_1]$等分为两个部分区间，记不能被 $H$ 中的有限个开区间所覆盖的部分区间为$[a_2,b_2]$，…，这样一直等分下去，得到一个区间列$\{[a_n,b_n]\}$，$n=1,2,\cdots$. 则它满足条件

(1) 每一个部分区间$[a_n,b_n]$都不能被 $H$ 中的有限个开区间所覆盖；

(2) $[a_{n+1},b_{n+1}]\subset[a_n,b_n]\subset[a,b]$，$n=1,2,\cdots$；

(3) $\lim\limits_{n\to\infty}(b_n-a_n)=\lim\limits_{n\to\infty}\dfrac{b-a}{2^n}=0$.

于是，由(2)，(3)及区间套定理知，存在唯一的 $\xi\in[a,b]$ 满足 $\lim\limits_{n\to\infty}b_n=\xi=\lim\limits_{n\to\infty}a_n$，而 $H$ 是 $[a,b]$ 的一个开覆盖，所以存在开区间 $(\alpha,\beta)\in H$ 使得 $\alpha<\xi<\beta$，从而由极限的保序性知，存在自然数 $N$，当 $n>N$ 时，$\alpha<a_n<b_n<\beta$. 这说明开区间 $(\alpha,\beta)\in H$ 覆盖了当 $n>N$ 的所有 $[a_n,b_n]$，这与条件(1)矛盾. □

由前面的分析及定理 4.3.4，可知定理 4.3.3 的结论(1)成立.

下面给出定理 4.3.3 结论(2)的证明.

**证明** 由定理 4.3.3 的结论(1)知，$f(x)$ 在 $[a,b]$ 上有界. 因而 $f(x)$ 在 $[a,b]$ 上有上确界和下确界. 设下确界为 $\alpha$，上确界为 $\beta$.

下面证明 $\beta$ 是 $f(x)$ 在 $[a,b]$ 上的最大值. 由上确界的定义，对 $\varepsilon=\dfrac{1}{n}$，$n=1,2,\cdots$，存在 $x_n\in[a,b]$，使得 $\beta-\dfrac{1}{n}<f(x_n)\leqslant\beta$，即 $\lim\limits_{n\to\infty}f(x_n)=\beta$. 由致密性定理知，存在 $\{x_n\}$ 的子列 $\{x_{n_k}\}$ 收敛到 $x_0\in[a,b]$，所以也有 $\lim\limits_{k\to\infty}f(x_{n_k})=\beta$. 而 $f(x)$ 在点 $x_0$ 连续，即 $\lim\limits_{x\to x_0}f(x)=f(x_0)$，于是 $\beta=\lim\limits_{k\to\infty}f(x_{n_k})=\lim\limits_{x\to x_0}f(x)=f(x_0)$. 所以对任意的 $x\in[a,b]$，$f(x)\leqslant\beta=f(x_0)$，从而 $f(x_0)$ 是 $f(x)$ 在 $[a,b]$ 上的最大值.

同理可以证明 $\alpha$ 是 $f(x)$ 在 $[a,b]$ 上的最小值. □

在证明定理 4.3.3 的结论(3)之前，我们先给出一个引理.

**引理 4.3.1** (零点定理) 设函数 $f(x)$ 在闭区间 $[a,b]$ 上连续，且 $f(a)\cdot f(b)<0$，则至少存在一点 $\xi\in(a,b)$，使得 $f(\xi)=0$.

**证明** 不妨设 $f(a)<0$，$f(b)>0$，将 $[a,b]$ 二等分，中点为 $\dfrac{1}{2}(a+b)$. 若 $f\left(\dfrac{a+b}{2}\right)=0$，结论得证. 若不然，两个部分区间中必有一个区间，在两端点处函数值异号，设此区间为 $[a_1,b_1]$，并且也有 $f(a_1)<0$，$f(b_1)>0$. 再将 $[a_1,b_1]$ 二等分，中点为 $\dfrac{1}{2}(a_1+b_1)$，若 $f\left(\dfrac{a_1+b_1}{2}\right)=0$，结论得证. 若不然，可以继续下去，于是有下面两种情形：

(1) 进行若干次后，在某分点处函数值为零，结论得证.

(2) 分点处函数值始终不为零，此时函数值在两端点异号，由此，得到一列闭区间 $\{[a_n,b_n]\}$，它满足 $[a_{n+1},b_{n+1}]\subset[a_n,b_n]$ 并且 $f(a_n)<0$，$f(b_n)>0$；同时当 $n\to\infty$ 时，$\lim\limits_{n\to\infty}(b_n-a_n)=\lim\limits_{n\to\infty}\dfrac{b-a}{2^n}=0$. 由区间套定理，必有 $\xi\in[a_n,b_n]\subset[a,b]$，使得 $\lim\limits_{n\to\infty}a_n=\lim\limits_{n\to\infty}b_n=\xi$. 现在证明 $f(\xi)=0$. 因为 $f(x)$ 在 $[a,b]$ 上连续，因此在 $x=\xi$ 处

亦连续. 因而,同时有 $f(\xi)=\lim\limits_{n\to\infty}f(a_n)\leqslant 0$ 和 $f(\xi)=\lim\limits_{n\to\infty}f(b_n)\geqslant 0$,即 $f(\xi)=0$. 注意到 $f(a)\cdot f(b)<0$,所以,事实上 $\xi\in(a,b)$. □

**例 4.3.2** 设函数 $f(x)$ 在闭区间 $[a,b]$ 上连续,且 $f(a)<a$, $f(b)>b$,证明 $f(x)$ 在 $(a,b)$ 内存在不动点,即存在 $\xi\in(a,b)$,使得 $f(\xi)=\xi$.

**证明** 令 $F(x)=f(x)-x, x\in[a,b]$. 易知 $F(x)$ 在 $[a,b]$ 上连续,且由假设条件知 $F(a)<0$, $F(b)>0$. 于是由零点定理知,存在 $\xi\in(a,b)$,使 $F(\xi)=f(\xi)-\xi=0$,即 $f(\xi)=\xi$. □

**例 4.3.3** 证明三次代数方程 $x^3+2x-1=0$ 在区间 $(0,1)$ 内至少有一个根.

**证明** 设 $f(x)=x^3+2x-1, x\in[0,1]$,那么 $f(x)$ 在 $[0,1]$ 上连续,而 $f(0)=-1<0$, $f(1)=2>0$,所以由零点定理知,存在 $x_0\in(0,1)$ 使得 $f(x_0)=0$,因此方程 $x^3+2x-1=0$ 在区间 $(0,1)$ 内至少有一个根. □

下面给出定理 4.3.3 的结论(3)的证明.

**证明** 设 $f(x_1)=\min\limits_{x\in[a,b]}f(x)$, $f(x_2)=\max\limits_{x\in[a,b]}f(x)$, $x_1<x_2$, $f(x_1)<\zeta<f(x_2)$. 令 $F(x)=f(x)-\zeta, x\in[x_1,x_2]$. 显然,$F(x)$ 在 $[x_1,x_2]$ 上连续,并且

$$F(x_1)=f(x_1)-\zeta<0,\quad F(x_2)=f(x_2)-\zeta>0.$$

于是,由引理 4.3.1 知存在 $\xi\in(x_1,x_2)\subset[a,b]$ 使得 $F(\xi)=0$,所以 $f(\xi)=\zeta$. □

**例 4.3.4** 证明如果 $f(x)$ 在某区间上连续,并且不是常值函数,则它的值域是一个区间.

**证明** 设 $y=f(x)$ 在区间 $I$ 上有定义,值域为 $R$. 任取 $y_1,y_2\in R$ 并且 $y_1<y_2$,于是存在 $x_1,x_2\in I, x_1\neq x_2$,使得 $y_1=f(x_1)$, $y_2=f(x_2)$. 假设 $x_1<x_2$,那么 $y=f(x)$ 在 $[x_1,x_2]\subset I$ 上连续,于是,由定理 4.3.3 的结论(3)知 $y=f(x)$ 可取到 $(y_1,y_2)$ 之间的任何值,所以 $[y_1,y_2]\subset R$,从而 $y=f(x)$ 的值域是一个区间. □

最后给出定理 4.3.3 的结论(4)的证明.

**证明** 设 $x_0$ 是 $[a,b]$ 上任意一点,因为 $f(x)$ 在 $[a,b]$ 上连续,所以 $f(x)$ 在 $x_0$ 点连续,从而对任意的 $\varepsilon>0$,存在 $\delta_{x_0}>0$,当 $|x-x_0|<\delta$ 并且 $x\in[a,b]$ 时,$|f(x)-f(x_0)|<\dfrac{\varepsilon}{2}$. 于是当 $x_1,x_2\in U(x_0;\delta_{x_0})\cap[a,b]$ 时,

$$|f(x_1)-f(x_2)|\leqslant|f(x_1)-f(x_0)|+|f(x_2)-f(x_0)|<\varepsilon. \tag{4.3.1}$$

显然,$H=\left\{U\left(x_0;\dfrac{1}{2}\delta_{x_0}\right)\,\middle|\,x_0\in[a,b]\right\}$ 是 $[a,b]$ 的一个开覆盖,根据有限覆盖定理,存在 $H$ 中的有限个开区间也构成 $[a,b]$ 的一个开覆盖,记为

$$H_0=\left\{U\left(x_i;\frac{1}{2}\delta_{x_i}\right)\,\middle|\,x_i\in[a,b], i=1,2,\cdots,m\right\},$$

现在取 $\delta=\min\limits_{1\leqslant i\leqslant m}\left\{\dfrac{1}{2}\delta_{x_i}\right\}$,那么 $\delta>0$ 并且仅与 $\varepsilon$ 有关. 下面证明 $\forall x,y\in[a,b]$,只要

$|x-y|<\delta$,就有$|f(x)-f(y)|<\varepsilon$. 事实上,由于 $H_0$ 是$[a,b]$的一个开覆盖,于是对任意 $x\in[a,b]$,$x$ 必属于 $H_0$ 中某个邻域 $U\left(x_k;\frac{1}{2}\delta_k\right)$,所以$|x-x_k|<\frac{1}{2}\delta_k<\delta_k$. 同时,由于 $y\in[a,b]$并且$|x-y|<\delta$,所以

$$|y-x_k|\leqslant|x-y|+|x-x_k|<\delta+\frac{1}{2}\delta_k\leqslant\frac{1}{2}\delta_k+\frac{1}{2}\delta_k=\delta_k,$$

即 $x,y$ 都属于 $U(x_k;\delta_k)\cap[a,b]$,从而由式(4.3.1)知$|f(x)-f(y)|<\varepsilon$. 因此 $f(x)$在$[a,b]$上一致连续. □

# 习　题　4

**一、判断题**(正确打√并给出证明,错误打×并给出反例)

1. 单调有界函数不存在第二类间断点.　(　　)

2. 若$\lim\limits_{x\to x_0}\varphi(x)=a$ 存在,并且$\lim\limits_{x\to x_0}f[\varphi(x)]=f(a)$,则 $f(x)$在点 $a$ 处连续.　(　　)

3. 如果 $f(x)$,$g(x)$都在$\mathbb{R}$内连续并且对 $\forall x\in\mathbb{R}$ 都有 $f(x)<g(x)$,那么$\lim\limits_{x\to x_0}f(x)<\lim\limits_{x\to x_0}g(x)$.　(　　)

4. 仅有可去间断点的函数是连续函数.　(　　)

5. 初等函数在其定义域内每一点处都是连续的.　(　　)

**二、填空题**(将正确答案填在横线之上)

1. 如果当 $x\neq0$ 时,$f(x)=\frac{1}{x}\ln(1-x)$,并且 $f(x)$在 $x=0$ 点连续,则 $f(0)=$__________.

2. 若

$$f(x)=\begin{cases}\frac{1}{x}\sin x, & x<0,\\ a, & x=0,\\ x\sin\frac{1}{x}+b, & x>0\end{cases}$$

是连续函数,则$\{a,b\}=$__________.

3. $x=0$ 是函数 $f(x)=e^{x+\frac{1}{x}}$的__________类__________间断点.

4. $\lim\limits_{x\to0}(1+3\tan^2x)^{\cot x}=$__________.

5. 如果$\lim\limits_{n\to\infty}\left(1+\frac{2}{n}\right)^{kn}=e^{-3}$,则 $k=$__________.

**三、单项选择题**(将正确答案的选项字母填入括号内)

1. 设 $f(x)$与 $g(x)$均在区间 $I$ 上连续,则下列函数中在 $I$ 上可能不连续的是(　　).

(A) $\max\{f(x),g(x)\}$;　　(B) $\min\{f(x),g(x)\}$;

(C) $|f(x)|+|g(x)|$；　　　　　　　　　　　　(D) $\dfrac{f(x)}{g(x)}$.

2. 方程 $x^3-3x+1=0$ 在区间 $\left(0,\dfrac{1}{2}\right)$ 内(　　).

(A) 无实根；　　　　　　　　　　　　　　　(B) 有唯一实根；

(C) 有两个实根；　　　　　　　　　　　　　(D) 有三个实根.

3. 下列命题错误的是(　　).

(A) 若 $f(x)$ 在区间 $I$ 上连续，且 $f(x)\neq 0$，则 $f(x)$ 在区间 $I$ 上不变号；

(B) 若对任意的 $\varepsilon>0$，$f(x)$ 都在 $[a+\varepsilon, b-\varepsilon]$ 上连续，则 $f(x)$ 在 $(a,b)$ 内连续；

(C) 若 $f(x)$ 在 $[a,b]$ 上存在最小值 $f(x_1)$ 及最大值 $f(x_2)$，$f(x_1)<f(x_2)$，并且对满足 $f(x_1)<\xi<f(x_2)$ 的任意实数 $\xi$，都存在 $c\in[a,b]$，使得 $f(c)=\xi$，则 $f(x)$ 在 $[a,b]$ 上连续；

(D) 若 $f(x)$ 在 $(a,b)$ 内一致连续，则 $f(x)$ 在 $(a,b)$ 内有界.

4. $f(x)=\sqrt{x(x-2)}+\dfrac{x^2-1}{(x-1)(x^2-3)}$ 在 $(-\infty,+\infty)$ 内间断点的个数为(　　).

(A) 0；　　　　(B) 1；　　　　(C) 2；　　　　(D) 3.

5. 设 $f(x)$ 和 $g(x)$ 均在 $(-\infty,+\infty)$ 内有定义，$f(x)$ 是连续函数，且 $f(x)\neq 0$，$g(x)$ 有间断点，则下列函数中有间断点的是(　　).

(A) $g[f(x)]$；　　　(B) $[g(x)]^2$；　　　(C) $f[g(x)]$；　　　(D) $\dfrac{g(x)}{f(x)}$.

**四、计算题**

1. 求 $f(x)=\dfrac{x^3+3x^2-x-3}{x^2+x-6}$ 的连续区间，并指出间断点的类型.

2. 已知 $f(x)$ 在 $(a,+\infty)$ 内连续，并且 $\lim\limits_{x\to a^+}f(x)=\lim\limits_{x\to+\infty}f(x)=-\infty$，讨论 $f(x)$ 在 $(a,+\infty)$ 内是否存在最大值.

3. 求常数 $c_1, c_2$，使得 $f(x)=\lim\limits_{n\to\infty}\dfrac{x^{2n-1}+c_1x^2+c_2x}{x^{2n}+1}$ 为连续函数.

4. 讨论

$$f(x)=\begin{cases}\dfrac{2^{\frac{1}{x}}-1}{2^{\frac{1}{x}}+1}, & x\neq 0,\\ 1, & x=0\end{cases}$$

在 $x=0$ 处的连续性，若不连续，说明间断点类型.

5. 讨论函数 $f(x)=\sin x^2$ 在 $[0,+\infty)$ 上的一致连续性.

**五、证明题**

1. 设函数 $f(x)$ 在 $[0,2a]$ 上连续，且 $f(0)=f(2a)$，证明在 $[0,a]$ 上至少存在一点 $\xi$，使得 $f(\xi)=f(\xi+a)$.

2. 设函数 $f(x)=f(\sqrt{x})$，又已知 $f(x)$ 在 $x=1$ 处连续，证明 $f(x)$ 是常函数.

3. 设函数 $f(x)$ 在 $(-\infty,+\infty)$ 内连续，且在任意一个有理点 $r$ 处 $f(r)=0$，证明 $f(x)$ 在 $(-\infty,+\infty)$ 内恒为零.

4. 已知 $f(x)$在$(-\infty,+\infty)$内连续,证明当$\lim\limits_{x\to\infty}f(x)$存在时,$f(x)$在$(-\infty,+\infty)$内也是一致连续的.

5. 证明函数$\sqrt{x}$在$[0,+\infty)$上一致连续.

6. 如果 $f(x)$在开区间$(a,b)$内一致连续,证明 $f(x)$在$(a,b)$内有界.

7. 若 $f(x)$是$(-\infty,+\infty)$内的连续周期函数,则 $f(x)$在$(-\infty,+\infty)$内一致连续.

8. 分别利用有限覆盖定理及致密性定理证明闭区间上连续函数的有界性定理.

# 第 5 章 导　　数

导数是一元函数微分学的主体内容. 本章主要介绍导数的概念、几何意义、物理意义和运算法则等内容. 通过本章的学习,读者应该深刻理解导数概念的本质,熟练掌握各类函数的求导方法.

## 5.1 导数概念

### 5.1.1 导数概念的引入

1. 变速直线运动的瞬时速度

设质点做变速直线运动. 将质点沿直线的运动理想化为数轴上的运动,则质点在直线上的位置 $s$ 是时间 $t$ 的函数,即 $s=s(t)$. 于是,质点从 $t_0$ 时刻到 $t_0+\Delta t$ 时刻这段时间间隔内的平均速度为

$$\bar{v}=\frac{\Delta s}{\Delta t}=\frac{s(t_0+\Delta t)-s(t_0)}{\Delta t}.$$

如果极限 $\lim\limits_{\Delta t\to 0}\bar{v}=v(t_0)$ 存在,则称 $v(t_0)$ 为质点在 $t_0$ 时刻的瞬时速度. 它描述质点在 $t_0$ 时刻运动的快慢程度.

2. 平面曲线的切线斜率

在平面几何中,称与圆仅有一个交点的直线为该圆的一条切线. 然而,这一定义显然对一般的平面曲线不适合. 下面给出平面曲线的切线定义. 设 $M$ 为平面曲线 $C$ 上一个定点,在点 $M$ 外任取 $C$ 上一点 $N$,作割线 $MN$,当点 $N$ 沿曲线 $C$ 趋向于点 $M$ 时,如果割线 $MN$ 绕点 $M$ 转动而存在极限位置 $MT$,则称直线 $MT$ 为曲线 $C$ 在点 $M$ 处的切线. 由于点 $M$ 已知,因而,若要写出切线 $MT$ 的方程,我们只需要得到切线 $MT$ 的斜率.

下面介绍如何计算曲线的切线斜率. 如图 5-1 所示,曲线 $C$ 的方程为 $y=f(x)$,点 $M$ 的坐标为 $(x_0,y_0)$,点 $N$ 的坐标为 $(x_0+\Delta x,y_0+\Delta y)$,于是割线 $MN$ 的斜率为

$$\tan\varphi=\frac{\Delta y}{\Delta x}=\frac{f(x_0+\Delta x)-f(x_0)}{\Delta x}.$$

当点 $N$ 沿曲线趋向于点 $M$ 时,即 $\Delta x\to 0$ 时,上式的极限就是切线 $MT$ 的斜率,即

$$\tan\alpha=\lim_{\Delta x\to 0}\frac{\Delta y}{\Delta x}=\lim_{\Delta x\to 0}\frac{f(x_0+\Delta x)-f(x_0)}{\Delta x}.$$

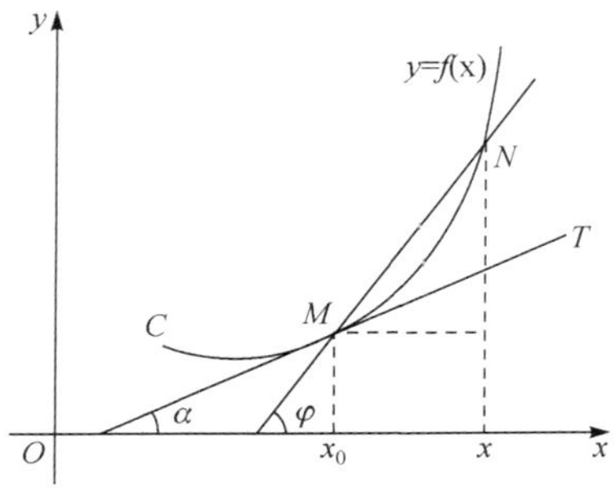


图 5-1

3. 函数变化率问题

上述两个问题的具体背景不同. 然而,从数学的角度看,它们却有共同之处. 即对给定的函数 $y=f(x)$ 及定点 $x_0$,计算极限

$$\lim_{\Delta x\to 0}\frac{\Delta y}{\Delta x}=\lim_{\Delta x\to 0}\frac{f(x_0+\Delta x)-f(x_0)}{\Delta x}.$$

同时,还有许多自然现象和大量的实际问题,如电流强度、线密度、经济增长率、能源消耗率、气体分子的扩散率等,都导致相同形式的极限问题. 今后,称

$$D_{x_0}^f(\Delta x)=\frac{\Delta y}{\Delta x}=\frac{f(x_0+\Delta x)-f(x_0)}{\Delta x}$$

为函数 $y=f(x)$ 在点 $x_0$ 处的差商,它表示当自变量 $x$ 从 $x_0$ 变化到 $x_0+\Delta x$ 时,函数 $y=f(x)$ 的平均变化率. 而称极限

$$\lim_{\Delta x\to 0}D_{x_0}^f(\Delta x)$$

为函数 $y=f(x)$ 在 $x_0$ 点的导数,它表示函数 $y=f(x)$ 在点 $x_0$ 的变化率,反映了函数 $y=f(x)$ 在点 $x_0$ 附近随自变量 $x$ 的变化而变化的快慢程度.

### 5.1.2　导数定义

**定义 5.1.1**　设函数 $y=f(x)$ 在 $x_0$ 点的某一邻域内有定义,于是差商

$$D_{x_0}^f(\Delta x)=\frac{\Delta y}{\Delta x}=\frac{f(x_0+\Delta x)-f(x_0)}{\Delta x},\quad \Delta x\in \mathring{U}(0)$$

有意义. 如果极限 $\lim\limits_{\Delta x\to 0}D_{x_0}^f(\Delta x)$ 存在,则称函数 $y=f(x)$ 在 $x_0$ 点可导,并称此极限为函数 $y=f(x)$ 在 $x_0$ 点的导数,记为 $y'|_{x=x_0}$,即

$$y'|_{x=x_0}=\lim_{\Delta x\to 0}\frac{\Delta y}{\Delta x}=\lim_{\Delta x\to 0}\frac{f(x_0+\Delta x)-f(x_0)}{\Delta x},\tag{5.1.1}$$

也记为 $f'(x_0)$,$\left.\frac{\mathrm{d}y}{\mathrm{d}x}\right|_{x=x_0}$ 或 $\left.\frac{\mathrm{d}f(x)}{\mathrm{d}x}\right|_{x=x_0}$ 等.

如果极限$\lim\limits_{\Delta x\to 0}\dfrac{\Delta y}{\Delta x}$不存在，则称函数 $y=f(x)$在点 $x_0$ 不可导．如果不可导的原因是$\lim\limits_{\Delta x\to 0}\dfrac{\Delta y}{\Delta x}=\infty$，但 $y=f(x)$在点 $x_0$ 连续，为了方便起见，也称函数 $y=f(x)$在 $x_0$ 点的导数为无穷大.

注意到 $\Delta x=x-x_0$，所以式(5.1.1)也可写为

$$y'|_{x=x_0}=\lim_{x\to x_0}\frac{f(x)-f(x_0)}{x-x_0},\tag{5.1.2}$$

如果用某个记号，例如，$h$ 代替 $\Delta x$，则式(5.1.1)也可写为

$$y'|_{x=x_0}=\lim_{h\to 0}\frac{f(x_0+h)-f(x_0)}{h},\tag{5.1.3}$$

如果需要计算 $y=f(x)$在任意点 $x$ 处的导数，可用公式

$$f'(x)=\lim_{h\to 0}\frac{f(x+h)-f(x)}{h}\tag{5.1.4}$$

及相应的变形形式. 特别地，

$$f'(0)=\lim_{x\to 0}\frac{f(x)-f(0)}{x},$$

又若 $f(0)=0$，则

$$f'(0)=\lim_{x\to 0}\frac{f(x)}{x}.$$

例如，重要极限$\lim\limits_{x\to 0}\dfrac{\sin x}{x}=1$ 就说明$(\sin x)'|_{x=0}=1$.

按照导数定义，前面所述的变速直线运动在 $t_0$ 时刻的瞬时速度 $v(t_0)=s'(t_0)$；曲线 $y=f(x)$在$(x_0,f(x_0))$点的切线斜率为 $f'(x_0)$.

**例 5.1.1** 求函数 $f(x)=x^2$ 在 $x_0=1$ 点的导数 $f'(1)$.

**解** 因为 $\Delta y=f(1+\Delta x)-f(1)=(1+\Delta x)^2-1^2=2\Delta x+(\Delta x)^2$，所以

$$f'(1)=\lim_{\Delta x\to 0}\frac{\Delta y}{\Delta x}=\lim_{\Delta x\to 0}(2+\Delta x)=2.$$ □

**例 5.1.2** 证明函数 $f(x)=\begin{cases}x\sin\dfrac{1}{x}, & x\neq 0,\\ 0, & x=0\end{cases}$ 及 $g(x)=\sqrt[3]{x^2}$在 $x=0$ 点不可导.

**证明** 因为

$$\lim_{x\to 0}\frac{f(x)-f(0)}{x}=\lim_{x\to 0}\frac{x\sin\dfrac{1}{x}}{x}=\lim_{x\to 0}\sin\frac{1}{x}$$

不存在，所以该函数在 $x=0$ 点不可导.

而对于 $g(x)=\sqrt[3]{x^2}$，由于

$$\lim_{x\to 0}\frac{g(x)-g(0)}{x-0}=\lim_{x\to 0}\frac{\sqrt[3]{x^2}}{x}=\lim_{x\to 0}\frac{1}{\sqrt[3]{x}}=\infty,$$

所以函数 $g(x)=\sqrt[3]{x^2}$ 在 $x=0$ 点不可导. □

由第 3 章函数的极限性质可知差商的极限 $\lim\limits_{\Delta x\to 0}D_{x_0}^f(\Delta x)$ 存在的充分必要条件是 $\lim\limits_{\Delta x\to 0^-}D_{x_0}^f(\Delta x)$ 及 $\lim\limits_{\Delta x\to 0^+}D_{x_0}^f(\Delta x)$ 存在并且相等，为今后叙述方便，我们引入左、右导数的概念.

若极限

$$f'_-(x_0):=\lim_{\Delta x\to 0^-}\frac{f(x_0+\Delta x)-f(x_0)}{\Delta x}$$

存在，则称其为函数 $y=f(x)$ 在点 $x_0$ 的左导数. 同理，若极限

$$f'_+(x_0):=\lim_{\Delta x\to 0^+}\frac{f(x_0+\Delta x)-f(x_0)}{\Delta x}$$

存在，则称其为函数 $y=f(x)$ 在点 $x_0$ 的右导数. 于是，“$f'(x_0)$ 存在当且仅当 $f'_-(x_0)$ 及 $f'_+(x_0)$ 都存在并且相等”这一结论常被用于判定分段函数在分段点处是否可导. 同时，假设 $f(x)$ 在区间 $I$ 上有定义，如果 $x_0$ 是 $I$ 的左(右)端点，那么只要 $f(x)$ 在 $x_0$ 点存在右(左)导数，就称 $f(x)$ 在 $x_0$ 点可导，并称其在 $x_0$ 点的右(左)导数为 $f(x)$ 在 $x_0$ 点导数.

**例 5.1.3** 证明函数 $f(x)=|x|$ 在 $x=0$ 点不可导.

**解** 由于

$$f(x)=|x|=\begin{cases}x, & x\geqslant 0,\\ -x, & x<0,\end{cases}$$

所以

$$f'_-(0)=\lim_{\Delta x\to 0^-}\frac{f(0+\Delta x)-f(0)}{\Delta x}=\lim_{\Delta x\to 0^-}\frac{-\Delta x}{\Delta x}=-1,$$

$$f'_+(0)=\lim_{\Delta x\to 0^+}\frac{f(0+\Delta x)-f(0)}{\Delta x}=\lim_{\Delta x\to 0^+}\frac{\Delta x}{\Delta x}=1.$$

因为 $f'_-(0)\neq f'_+(0)$，所以 $f'(0)$ 不存在，即函数 $f(x)=|x|$ 在 $x=0$ 点不可导. □

有时利用导数概念，还可以求出一些特殊形式的极限.

**例 5.1.4** 设 $f'(x_0)$ 存在，求极限 $\lim\limits_{h\to 0}\dfrac{f(x_0+h)-f(x_0-h)}{h}$.

**解** 注意到 $f'(x_0)=\lim\limits_{h\to 0}\dfrac{f(x_0+h)-f(x_0)}{h}$，所以

$$\begin{aligned}&\lim_{h\to 0}\frac{f(x_0+h)-f(x_0-h)}{h}\\=&\lim_{h\to 0}\frac{f(x_0+h)-f(x_0)-[f(x_0-h)-f(x_0)]}{h}\\=&\lim_{h\to 0}\frac{f(x_0+h)-f(x_0)}{h}+\lim_{h\to 0}\frac{f(x_0-h)-f(x_0)}{-h}\\=&f'(x_0)+f'(x_0)\\=&2f'(x_0).\end{aligned}$$

□

### 5.1.3 可导与连续的关系

例 5.1.2 及例 5.1.3 均说明函数连续时不一定可导. 但相反的情形却是正确的,即如果 $f(x)$在 $x_0$ 点可导,则 $f(x)$在 $x_0$ 点连续. 因为当 $f'(x_0)$存在时,

$$\lim_{\Delta x\to 0}\Delta y=\lim_{\Delta x\to 0}\frac{\Delta y}{\Delta x}\cdot\Delta x=f'(x_0)\cdot\lim_{\Delta x\to 0}\Delta x=0.$$

也容易知道,只要 $f(x)$在 $x_0$ 点的左、右导数都存在,就可保证 $f(x)$在 $x_0$ 点连续.

**例 5.1.5** 设

$$f(x)=\begin{cases}x^2, & x\leqslant 1,\\ ax+b, & x>1,\end{cases}$$

试确定常数 $a,b$,使 $f(x)$在 $x=1$ 点可导.

**解** 为使 $f(x)$在 $x=1$ 点可导,应先保证 $f(x)$在点 $x=1$ 处连续. 注意到

$$f(1)=1,\quad \lim_{x\to 1^-}f(x)=\lim_{x\to 1^-}x^2=1,\quad \lim_{x\to 1^+}f(x)=\lim_{x\to 1^+}(ax+b)=a+b,$$

所以 $a+b=1$. 进而由

$$f'_-(1)=\lim_{x\to 1^-}\frac{f(x)-f(1)}{x-1}=\lim_{x\to 1^-}\frac{x^2-1}{x-1}=2$$

与

$$f'_+(1)=\lim_{x\to 1^+}\frac{f(x)-f(1)}{x-1}=\lim_{x\to 1^+}\frac{ax+b-1}{x-1}=\lim_{x\to 1^+}\frac{ax+1-a-1}{x-1}=a$$

相等,得 $a=2$. 所以 $a=2,b=-1$. □

**例 5.1.6** 证明 $f(x)=x^2D(x)$仅在 $x=0$ 点可导.

**证明** 因为

$$\lim_{x\to 0}\frac{f(x)-f(0)}{x-0}=\lim_{x\to 0}\frac{x^2D(x)}{x}=\lim_{x\to 0}xD(x)=0,$$

所以 $f(x)=x^2D(x)$在 $x=0$ 点可导,并且 $f'(0)=0$.

任取 $x_0\in\mathbb{R}$ ,$x_0\neq 0$. 按照例 4.1.4 的记号,$\lim\limits_{n\to\infty}r_n^2D(r_n)=x_0^2$,$\lim\limits_{n\to\infty}q_n^2D(q_n)=0$,

所以 $\lim\limits_{x\to x_0}x^2D(x)$ 不存在，因此，在任意点 $x\neq 0$ 处 $f(x)=x^2D(x)$ 不连续，所以不可导. □

**注 5.1.1**　在 $\mathbb{R}$ 内，处处连续但处处不可导的函数是存在的. 例如

$$f(x)=\sum_{n=0}^{\infty}b^n\cos(a^n\pi x),$$

其中 $a$ 是奇整数，$0<b<1$，并且满足条件 $ab>1+\frac{3}{2}\pi$. 其证明需要用到级数理论，这里暂且略去.

### 5.1.4　导数的几何意义

由函数导数的定义容易知道，函数 $y=f(x)$ 在 $x_0$ 点的导数 $f'(x_0)$ 在几何上表示曲线 $y=f(x)$ 在点 $M(x_0,f(x_0))$ 的切线斜率，即

$$f'(x_0)=\tan\alpha,$$

其中 $\alpha$ 是切线的倾角.

根据导数的几何意义，曲线 $y=f(x)$ 在切点 $M(x_0,f(x_0))$ 处的切线方程为

$$y-f(x_0)=f'(x_0)(x-x_0).$$

因为过切点 $M(x_0,f(x_0))$，且与切线垂直的直线就是曲线 $y=f(x)$ 在 $M$ 处的法线，所以若 $f'(x_0)\neq 0$，则法线的斜率为 $-\frac{1}{f'(x_0)}$，从而法线方程为

$$y-f(x_0)=-\frac{1}{f'(x_0)}(x-x_0).$$

若 $f'(x_0)=0$，则曲线 $y=f(x)$ 在点 $M(x_0,f(x_0))$ 的切线是平行于 $x$ 轴的直线 $y=f(x_0)$，而法线是平行于 $y$ 轴的直线 $x=x_0$；若函数 $y=f(x)$ 在 $x_0$ 点连续，而 $f'(x_0)=\infty$ 时，曲线 $y=f(x)$ 在 $M(x_0,f(x_0))$ 点的切线是平行于 $y$ 轴的直线 $x=x_0$，而法线是平行于 $x$ 轴的直线 $y=f(x_0)$.

**例 5.1.7**　证明圆上任意点处的切线与过该点沿半径方向的直线垂直.

**证明**　考虑函数 $f(x)=\sqrt{R^2-x^2}$ 及点 $x_0=0$，则

$$f'(0)=\lim_{x\to 0}\frac{f(x)-f(0)}{x}=\lim_{x\to 0}\frac{\sqrt{R^2-x^2}-R}{x}$$

$$=\lim_{x\to 0}\frac{-x^2}{x(\sqrt{R^2-x^2}+R)}=\lim_{x\to 0}\frac{-x}{\sqrt{R^2-x^2}+R}=0.$$

所以圆上任意点处的切线与过该点沿半径方向的直线垂直. □

**例 5.1.8**　求曲线 $y=\frac{1}{x}$ 在 $(1,1)$ 点的切线和法线方程.

**解** 由于 $y'=-\frac{1}{x^2}$,所以(1,1)点切线斜率为 $k_1=y'|_{x=1}=-1$,法线斜率为 $k_2=1$. 因此切线方程为 $y=2-x$;法线方程为 $y=x$.

### 5.1.5 导函数

先考虑一个例子.

**例 5.1.9** 求函数 $f(x)=\frac{1}{x}$ 在任意点 $x\neq 0$ 处的导数.

**解** 由导数定义知对任意一点 $x\neq 0$,有

$$f'(x)=\lim_{h\to 0}\frac{f(x+h)-f(x)}{h}=\lim_{h\to 0}\frac{\frac{1}{x+h}-\frac{1}{x}}{h}=-\lim_{h\to 0}\frac{1}{x(x+h)}=-\frac{1}{x^2}.\qquad\square$$

例 5.1.9 告诉我们,如果函数 $y=f(x)$ 在区间 $I$ 内每一点都可导,那么对于每一点 $x\in I$,都对应着 $y=f(x)$ 的一个确定的导数值 $f'(x)$,这样构成的函数称为 $y=f(x)$ 的导函数,记作 $y',f'(x),\frac{\mathrm{d}y}{\mathrm{d}x}$ 或 $\frac{\mathrm{d}f(x)}{\mathrm{d}x}$ 等. 通常在不至于发生混淆的情形下,导函数也简称为导数. 今后说"求函数 $f(x)$ 的导数"就是指求 $f(x)$ 的导函数. 例 5.1.9 所陈述的事实可记为 $\left(\frac{1}{x}\right)'=-\frac{1}{x^2}$. 显然如果导函数 $f'(x)$ 存在,那么 $f(x)$ 在 $x_0$ 点的导数 $f'(x_0)$ 就是 $f(x)$ 的导函数 $f'(x)$ 在 $x_0$ 点的函数值,即

$$f'(x_0)=f'(x)|_{x=x_0}.$$

**例 5.1.10** 证明

(1) $(C)'=0$,其中 $C$ 为固定的常数;

(2) $(x^n)'=nx^{n-1}$,其中 $n$ 为正整数;

(3) $(\sin x)'=\cos x$;

(4) $(\cos x)'=-\sin x$;

(5) $(\log_a x)'=\frac{1}{x\ln a}$,特别地,$(\ln x)'=\frac{1}{x}$.

**证明** (1) 对于 $f(x)=C$,因为 $f(x+h)-f(x)=C-C=0$,所以

$$f'(x)=\lim_{h\to 0}\frac{f(x+h)-f(x)}{h}=\lim_{h\to 0}\frac{0}{h}=0.$$

(2) 对于 $f(x)=x^n$,由公式

$$a^n-b^n=(a-b)(a^{n-1}+a^{n-2}b+\cdots+ab^{n-2}+b^{n-1})$$

可得

$$\begin{aligned}f(x+h)-f(x)&=(x+h)^n-x^n\\&=h[(x+h)^{n-1}+(x+h)^{n-2}x+\cdots+(x+h)x^{n-2}+x^{n-1}],\end{aligned}$$

所以

$$f'(x)=\lim_{h\to 0}\frac{f(x+h)-f(x)}{h}$$

$$=\lim_{h\to 0}[(x+h)^{n-1}+(x+h)^{n-2}x+\cdots+(x+h)x^{n-2}+x^{n-1}]=nx^{n-1}.$$

(3) 对于 $f(x)=\sin x$,

$$f'(x)=\lim_{h\to 0}\frac{f(x+h)-f(x)}{h}=\lim_{h\to 0}\frac{\sin(x+h)-\sin x}{h}$$

$$=\lim_{h\to 0}\frac{2\cos\left(x+\frac{h}{2}\right)\sin\frac{h}{2}}{h}=\cos x\cdot\lim_{h\to 0}\frac{\sin\frac{h}{2}}{\frac{h}{2}}=\cos x.$$

(4) 对于 $f(x)=\cos x$,

$$f'(x)=\lim_{h\to 0}\frac{f(x+h)-f(x)}{h}=\lim_{h\to 0}\frac{\cos(x+h)-\cos x}{h}$$

$$=\lim_{h\to 0}\frac{-2\sin\left(x+\frac{h}{2}\right)\sin\frac{h}{2}}{h}=-\sin x\cdot\lim_{h\to 0}\frac{\sin\frac{h}{2}}{\frac{h}{2}}=-\sin x.$$

(5) 对于 $f(x)=\log_a x$,

$$f'(x)=\lim_{h\to 0}\frac{f(x+h)-f(x)}{h}=\lim_{h\to 0}\frac{\log_a(x+h)-\log_a x}{h}$$

$$=\lim_{h\to 0}\frac{\log_a\left(1+\frac{h}{x}\right)}{h}=\frac{1}{x}\lim_{h\to 0}\log_a\left(1+\frac{h}{x}\right)^{\frac{x}{h}}$$

$$=\frac{1}{x}\log_a \mathrm{e}=\frac{1}{x\ln a}.$$

□

# 5.2　导数运算法则

## 5.2.1　导数的四则运算法则

**定理 5.2.1**　设函数 $u=u(x)$，$v=v(x)$ 都在 $x$ 点可导，则它们的和 $u(x)+v(x)$、差 $u(x)-v(x)$、积 $u(x)v(x)$ 及商 $\frac{u(x)}{v(x)}$ $(v(x)\neq 0)$ 也在 $x$ 点可导，并且

(1) $[u(x)+v(x)]'=u'(x)+v'(x)$;

(2) $[u(x)-v(x)]'=u'(x)-v'(x)$;

(3) $[u(x)v(x)]'=u'(x)v(x)+u(x)v'(x)$;

(4) $\left[\dfrac{u(x)}{v(x)}\right]'=\dfrac{u'(x)v(x)-u(x)v'(x)}{[v(x)]^2}$.

**证明** 对于 $f(x)=u(x)+v(x)$,

$$\begin{aligned}f'(x)&=\lim_{h\to0}\frac{f(x+h)-f(x)}{h}\\&=\lim_{h\to0}\frac{u(x+h)+v(x+h)-u(x)-v(x)}{h}\\&=\lim_{h\to0}\frac{u(x+h)-u(x)+v(x+h)-v(x)}{h}\\&=\lim_{h\to0}\frac{u(x+h)-u(x)}{h}+\lim_{h\to0}\frac{v(x+h)-v(x)}{h}\\&=u'(x)+v'(x),\end{aligned}$$

所以(1)成立. 同理可证(2)成立.

对于 $g(x)=u(x)v(x)$,由于

$$\begin{aligned}g(x+h)-g(x)&=u(x+h)v(x+h)-u(x)v(x)\\&=[u(x+h)-u(x)]v(x+h)+u(x)[v(x+h)-v(x)],\end{aligned}$$

于是,由导数定义及可导必连续知

$$\begin{aligned}g'(x)&=\lim_{h\to0}\frac{g(x+h)-g(x)}{h}\\&=\lim_{h\to0}\frac{[u(x+h)-u(x)]v(x+h)+u(x)[v(x+h)-v(x)]}{h}\\&=v(x)\lim_{h\to0}\frac{u(x+h)-u(x)}{h}+u(x)\lim_{h\to0}\frac{v(x+h)-v(x)}{h}\\&=u'(x)v(x)+u(x)v'(x).\end{aligned}$$

所以(3)成立. 关于(4),只要证明 $\left(\dfrac{1}{v(x)}\right)'=-\dfrac{v'(x)}{v^2(x)}$,从而由(3)知结论正确. 假设 $\varphi(x)=\dfrac{1}{v(x)}$,因为 $v(x)$ 在 $x$ 点可导,所以 $v(x)$ 在 $x$ 点连续,而 $v(x)\neq0$,所以当 $|h|$ 很小时,$v(x+h)\neq0$,于是

$$\begin{aligned}\varphi'(x)&=\lim_{h\to0}\frac{\varphi(x+h)-\varphi(x)}{h}=\lim_{h\to0}\frac{\dfrac{1}{v(x+h)}-\dfrac{1}{v(x)}}{h}\\&=-\lim_{h\to0}\frac{v(x+h)-v(x)}{h}\frac{1}{v(x)v(x+h)}=-\frac{v'(x)}{v^2(x)}.\end{aligned}$$

□

**注 5.2.1** 利用定理 5.2.1 容易得到下列运算公式:

(1) $[kf(x)]'=kf'(x)$,其中 $k$ 为常数;

(2) $\left(\sum_{i=1}^{n} f_i(x)\right)' = \sum_{i=1}^{n} f'_i(x)$;

(3) $\left(\prod_{i=1}^{n} f_i(x)\right)' = \sum_{j=1}^{n}\left(\prod_{i=1,i\neq j}^{n} f_i(x)\right) f'_j(x)$.

**例 5.2.1**　已知 $y=x^5+\sin x+\cos\dfrac{\pi}{4}$,求 $y'$.

**解**　$y'=\left(x^5+\sin x+\cos\dfrac{\pi}{4}\right)'=(x^5)'+(\sin x)'+\left(\cos\dfrac{\pi}{4}\right)'=5x^4+\cos x$. □

**例 5.2.2**　已知 $f(x)=(x+\cos x)\ln x$,求 $f'(x)$.

**解**

$$\begin{aligned} f'(x)&=(x+\cos x)'\ln x+(x+\cos x)(\ln x)' \\ &=(1-\sin x)\ln x+(x+\cos x)\frac{1}{x} \\ &=(1-\sin x)\ln x+\frac{1}{x}\cos x+1. \end{aligned}$$ □

**例 5.2.3**　证明 $(\tan x)'=\sec^2 x$, $(\cot x)'=-\csc^2 x$, $(\sec x)'=\sec x\tan x$,以及 $(\csc x)'=-\csc x\cot x$.

**证明**

$$\begin{aligned} (\tan x)'&=\left(\frac{\sin x}{\cos x}\right)'=\frac{(\sin x)'\cos x-\sin x(\cos x)'}{\cos^2 x} \\ &=\frac{\cos^2 x+\sin^2 x}{\cos^2 x}=\frac{1}{\cos^2 x}=\sec^2 x. \end{aligned}$$

$$(\sec x)'=\left(\frac{1}{\cos x}\right)'=-\frac{(\cos x)'}{\cos^2 x}=\frac{\sin x}{\cos^2 x}=\sec x\tan x.$$

用类似方法容易证明 $(\cot x)'=-\csc^2 x$ 及 $(\csc x)'=-\csc x\cot x$. □

### 5.2.2　反函数求导法则

**定理 5.2.2**　设函数 $x=f^{-1}(y)$ 在某区间 $I_y$ 内严格单调、可导,且 $[f^{-1}(y)]'\neq 0$. 则它的反函数 $y=f(x)$ 在区间 $I_x=\{x\mid x=f^{-1}(y), y\in I_y\}$ 内也可导,并且

$$f'(x)=\frac{1}{[f^{-1}(y)]'},\quad 即\quad \frac{\mathrm{d}y}{\mathrm{d}x}=\frac{1}{\dfrac{\mathrm{d}x}{\mathrm{d}y}}. \tag{5.2.1}$$

**证明**　由于 $x=f^{-1}(y)$ 在区间 $I_y$ 内严格单调、可导,从而连续,且 $[f^{-1}(y)]'\neq 0$,所以 $x=f^{-1}(y)$ 的反函数 $y=f(x)$ 存在,且在 $I_x$ 内也严格单调、连续. 任取 $x\in I_x$,给 $x$ 以增量 $\Delta x(\Delta x\neq 0, x+\Delta x\in I_x)$,由 $y=f(x)$ 的严格单调性可知

$$\Delta y=f(x+\Delta x)-f(x)\neq 0,$$

于是有

$$\frac{\Delta y}{\Delta x}=\frac{1}{\frac{\Delta x}{\Delta y}}.$$

由 $y=f(x)$ 的连续性可知，当 $\Delta x\to 0$ 时，必有 $\Delta y\to 0$. 再由假设 $x=f^{-1}(y)$ 可导，且 $[f^{-1}(y)]'\neq 0$，从而有

$$f'(x)=\lim_{\Delta x\to 0}\frac{\Delta y}{\Delta x}=\frac{1}{\lim\limits_{\Delta y\to 0}\frac{\Delta x}{\Delta y}}=\frac{1}{[f^{-1}(y)]'},$$

即

$$f'(x)=\frac{1}{[f^{-1}(y)]'}.$$ □

上述结果可以简单地叙述为：反函数的导数等于直接函数导数的倒数.

**例 5.2.4** 证明：

(1) $(\arcsin x)'=\frac{1}{\sqrt{1-x^2}}$；

(2) $(\arccos x)'=-\frac{1}{\sqrt{1-x^2}}$；

(3) $(\arctan x)'=\frac{1}{1+x^2}$；

(4) $(\operatorname{arccot} x)'=-\frac{1}{1+x^2}$；

(5) $(a^x)'=a^x\ln a$，特别地，$(\mathrm{e}^x)'=\mathrm{e}^x$.

**证明** (1) 函数 $y=\arcsin x\,(x\in[-1,1])$ 是函数 $x=\sin y\left(y\in\left[-\frac{\pi}{2},\frac{\pi}{2}\right]\right)$ 的反函数. 函数 $x=\sin y$ 在开区间 $\left(-\frac{\pi}{2},\frac{\pi}{2}\right)$ 内严格单调、可导，且

$$(\sin y)'=\cos y>0.$$

所以，由式(5.2.1)，函数 $y=\arcsin x$ 在对应区间 $(-1,1)$ 内可导，并且

$$(\arcsin x)'=\frac{1}{(\sin y)'}=\frac{1}{\cos y}.$$

但当 $-\frac{\pi}{2}<y<\frac{\pi}{2}$ 时，$\cos y>0$，所以 $\cos y=\sqrt{1-\sin^2 y}=\sqrt{1-x^2}$，即

$$(\arcsin x)'=\frac{1}{\sqrt{1-x^2}}.$$

(2) 与(1)同理可证.

(3) 函数 $y=\arctan x(x\in(-\infty,+\infty))$是函数 $x=\tan y\left(y\in\left(-\frac{\pi}{2},\frac{\pi}{2}\right)\right)$的反函数. 函数 $x=\tan y$ 在开区间$\left(-\frac{\pi}{2},\frac{\pi}{2}\right)$内单调、可导,并且

$$(\tan y)'=\sec^2 y>0.$$

所以,由式(5.2.1),函数 $y=\arctan x$ 在对应区间$(-\infty,+\infty)$内可导,并且

$$(\arctan x)'=\frac{1}{(\tan y)'}=\frac{1}{\sec^2 y}.$$

但$\sec^2 y=1+\tan^2 y=1+x^2$,所以

$$(\arctan x)'=\frac{1}{1+x^2}.$$

(4) 与(3)同理可证.

(5) 函数 $y=a^x(x\in(-\infty,+\infty))$是函数 $x=\log_a y(y\in(0,+\infty))$的反函数. $x=\log_a y$ 在开区间$(0,+\infty)$内单调、可导,并且

$$(\log_a y)'=\frac{1}{y\ln a}\neq 0.$$

所以,由式(5.2.1),函数 $y=a^x$ 在对应区间$(-\infty,+\infty)$内可导,并且

$$(a^x)'=\frac{1}{(\log_a y)'}=y\ln a=a^x\ln a.$$

### 5.2.3 复合函数求导法则

**定理 5.2.3**(链式法则) 设函数 $u=\varphi(x)$在 $x$ 点可导,而函数 $y=f(u)$在对应的 $u=\varphi(x)$点也可导,则复合函数 $y=f[\varphi(x)]$在 $x$ 点可导,且其导数为

$$\frac{dy}{dx}=\frac{dy}{du}\cdot\frac{du}{dx},\quad 即\quad \{f[\varphi(x)]\}'=f'[\varphi(x)]\cdot\varphi'(x). \tag{5.2.2}$$

**证明** 由于函数 $y=f(u)$在 $u$ 点可导,因此

$$\lim_{\Delta u\to 0}\frac{\Delta y}{\Delta u}=f'(u)$$

存在,于是根据极限与无穷小的关系有

$$\frac{\Delta y}{\Delta u}=f'(u)+\alpha,$$

其中 $\alpha$ 是 $\Delta u\to 0$ 时的无穷小,上式中 $\Delta u\neq 0$. 用 $\Delta u$ 乘上式两边,得

$$\Delta y=f'(u)\Delta u+\alpha\Delta u. \tag{5.2.3}$$

当 $\Delta u=0$ 时,规定 $\alpha=0$,这时因 $\Delta y=f(u+\Delta u)-f(u)=0$,而式(5.2.3)右端也为零,故式(5.2.3)对 $\Delta u=0$ 也成立. 用 $\Delta x\neq 0$ 除式(5.2.3)两边,得

$$\frac{\Delta y}{\Delta x}=f'(u)\frac{\Delta u}{\Delta x}+\alpha\frac{\Delta u}{\Delta x},$$

于是

$$\lim_{\Delta x\to 0}\frac{\Delta y}{\Delta x}=\lim_{\Delta x\to 0}\left[f'(u)\frac{\Delta u}{\Delta x}+\alpha\frac{\Delta u}{\Delta x}\right].$$

根据函数在某点可导必连续知道，$u=\varphi(x)$在 $x$ 点连续，所以当 $\Delta x\to 0$ 时，$\Delta u\to 0$，从而

$$\lim_{\Delta x\to 0}\alpha=\lim_{\Delta u\to 0}\alpha=0.$$

又因为 $u=\varphi(x)$在 $x$ 点可导，所以有

$$\lim_{\Delta x\to 0}\frac{\Delta u}{\Delta x}=\varphi'(x),$$

故

$$\lim_{\Delta x\to 0}\frac{\Delta y}{\Delta x}=f'(u)\cdot\varphi'(x),$$

即

$$\frac{dy}{dx}=\frac{dy}{du}\cdot\frac{du}{dx}.$$

复合函数的求导法则又可简述为：复合函数的导数等于函数对中间变量的导数与中间变量对自变量的导数的乘积，通常称为链式法则.

**注 5.2.2** $f'[\varphi(x)]$与$\{f[\varphi(x)]\}'$不同，前者是函数 $f[\varphi(x)]$对变量$u=\varphi(x)$求导，后者是函数 $f[\varphi(x)]$对变量 $x$ 求导.

复合函数的求导法则可以推广到有限个函数复合的复合函数上去，如

$$(f\{g[h(x)]\})'=f'\{g[h(x)]\}\cdot g'[h(x)]\cdot h'(x).$$

5.1 节中，利用导数定义证明了对于任意正整数 $n$，$(x^n)'=nx^{n-1}$. 事实上这一公式对任意的实数 $\mu$ 也是正确的，即$(x^\mu)'=\mu x^{\mu-1}$. 我们给出当 $x>0$ 时的证明：因为 $x^\mu=e^{\ln x^\mu}=e^{\mu\ln x}$可以看成 $y=e^u$ 与 $u=\mu\ln x$ 的复合函数，于是由式(5.2.2)知

$$(x^\mu)'=\frac{dy}{du}\cdot\frac{du}{dx}=e^u\cdot\frac{\mu}{x}=e^{\mu\ln x}\cdot\frac{\mu}{x}=x^\mu\cdot\frac{\mu}{x}=\mu x^{\mu-1}.$$

利用此公式，可以方便地计算任何幂函数的导数.

至此，已经推导了所有基本初等函数的导数公式，结合导数的四则运算、反函数求导及复合函数求导法则，我们就能够计算任何一个初等函数的导数. 基本初等函数的导数公式总结如下：

(1) $(c)'=0$；

(2) $(x^\mu)'=\mu x^{\mu-1}$；

(3) $(\sin x)'=\cos x$；

(4) $(\cos x)'=-\sin x$;

(5) $(\tan x)'=\sec^2 x$;

(6) $(\cot x)'=-\csc^2 x$;

(7) $(\sec x)'=\sec x\cdot\tan x$;

(8) $(\csc x)'=-\csc x\cdot\cot x$;

(9) $(a^x)'=a^x\ln a$ ;

(10) $(e^x)'=e^x$;

(11) $(\log_a x)'=\dfrac{1}{x\ln a}$ ;

(12) $(\ln x)'=\dfrac{1}{x}$;

(13) $(\arcsin x)'=\dfrac{1}{\sqrt{1-x^2}}$;

(14) $(\arccos x)'=-\dfrac{1}{\sqrt{1-x^2}}$;

(15) $(\arctan x)'=\dfrac{1}{1+x^2}$;

(16) $(\text{arccot}\, x)'=-\dfrac{1}{1+x^2}$.

**例 5.2.5**　设 $y=\sqrt[3]{1-3x^2}$,求$\dfrac{dy}{dx}$.

**解**　$y=\sqrt[3]{1-3x^2}$可看成由 $y=\sqrt[3]{u}=u^{\frac{1}{3}}$ 与 $u=1-3x^2$ 复合而成,所以

$$\frac{dy}{dx}=\frac{dy}{du}\cdot\frac{du}{dx}=\frac{1}{3}u^{-\frac{2}{3}}\cdot(-6x)=-2x\,(1-3x^2)^{-\frac{2}{3}}.\quad\square$$

**例 5.2.6**　设 $y=e^{x^2}$,求$\dfrac{dy}{dx}$.

**解**　$y=e^{x^2}$可看成由 $y=e^u$ 与 $u=x^2$ 复合而成,所以

$$\frac{dy}{dx}=\frac{dy}{du}\cdot\frac{du}{dx}=e^u\cdot 2x=2xe^{x^2}.\quad\square$$

从上面两个例子可以看出,应用复合函数求导的链式法则时,关键是将所给函数分解成若干个比较简单的函数的复合,而这些简单函数的导数我们已经求得,从而应用复合函数求导的链式法则就可求出所给函数的导数.

当对复合函数的分解比较熟练后,可以不必写出中间变量,而采用下列例题的书写方式,从外到里层层求导

**例 5.2.7**　设 $y=\ln\sin e^x$,求 $y'$.

**解** $$y'=(\ln\sin e^x)'=\frac{1}{\sin e^x}\cdot(\sin e^x)'$$
$$=\frac{1}{\sin e^x}\cos e^x\cdot(e^x)'$$
$$=\frac{1}{\sin e^x}\cos e^x\cdot e^x$$
$$=e^x\cot e^x.$$ □

**例 5.2.8** 设 $y=\ln|x|$，求 $y'$.

**解** 因为
$$y=\begin{cases}\ln x, & x>0,\\ \ln(-x), & x<0,\end{cases}$$
所以，当 $x>0$ 时，$y'=\frac{1}{x}$；当 $x<0$ 时，$y'=\frac{1}{-x}\cdot(-x)'=\frac{1}{x}$. 因此
$$(\ln|x|)'=\frac{1}{x}.$$ □

**例 5.2.9** 设 $y=\arctan\frac{1+x}{1-x}$，求 $y'$.

**解** $$y'=\frac{1}{1+\left(\frac{1+x}{1-x}\right)^2}\cdot\left(\frac{1+x}{1-x}\right)'$$
$$=\frac{(1-x)^2}{2+2x^2}\cdot\frac{(1-x)-(1+x)\cdot(-1)}{(1-x)^2}$$
$$=\frac{1}{1+x^2}.$$ □

**例 5.2.10** 设 $y=\ln\frac{\sqrt{1+x^2}}{\sqrt[3]{2+x^2}}$，求 $y'$.

**解** 因为 $y=\frac{1}{2}\ln(1+x^2)-\frac{1}{3}\ln(2+x^2)$，所以
$$y'=\frac{1}{2}\cdot\frac{(1+x^2)'}{1+x^2}-\frac{1}{3}\cdot\frac{(2+x^2)'}{2+x^2}$$
$$=\frac{1}{2}\cdot\frac{2x}{1+x^2}-\frac{1}{3}\cdot\frac{2x}{2+x^2}$$
$$=\frac{x^3+4x}{3(1+x^2)(2+x^2)}.$$ □

**例 5.2.11** 设 $y=f(e^x)$，其中 $f(u)$ 可导，求 $\frac{dy}{dx}$.

**解** $\frac{dy}{dx}=f'(e^x)\cdot(e^x)'=e^x f'(e^x)$. □

**例 5.2.12** 求函数

$$f(x)=\begin{cases}e^{x^2}-1, & x<0,\\ x\cos x, & x\geqslant 0\end{cases}$$

的导数.

**解** 求分段函数的导数时,在每一段内的函数的导数一般用求导法则,但在分段点处的导数要用左、右导数的定义.

当 $x<0$ 时,$f(x)=e^{x^2}-1$,$f'(x)=2xe^{x^2}$;

当 $x>0$ 时,$f(x)=x\cos x$, $f'(x)=\cos x-x\sin x$;

当 $x=0$ 时,

$$\lim_{x\to 0^-}\frac{f(x)-f(0)}{x}=\lim_{x\to 0^-}\frac{e^{x^2}-1}{x}=\lim_{x\to 0^-}\frac{x^2}{x}=0,\quad 即\ f'_-(0)=0,$$

$$\lim_{x\to 0^+}\frac{f(x)-f(0)}{x}=\lim_{x\to 0^+}\frac{x\cos x}{x}=\lim_{x\to 0^+}\cos x=1,\quad 即\ f'_+(0)=1.$$

所以 $f(x)$在 $x=0$ 不可导. 因此

$$f'(x)=\begin{cases}2xe^{x^2}, & x<0,\\ \cos x-x\sin x, & x>0.\end{cases}$$ □

**例 5.2.13** 证明下列双曲函数及其反函数的导数公式:

(1) $(\mathrm{sh}x)'=\mathrm{ch}x$;

(2) $(\mathrm{ch}x)'=\mathrm{sh}x$;

(3) $(\mathrm{th}x)'=\frac{1}{\mathrm{ch}^2 x}$;

(4) $(\mathrm{cth}x)'=\frac{1}{\mathrm{sh}^2 x}$;

(5) $(\mathrm{arsh}x)'=\frac{1}{\sqrt{1+x^2}}$;

(6) $(\mathrm{arch}x)'=\frac{1}{\sqrt{x^2-1}}$;

(7) $(\mathrm{arth}x)'=\frac{1}{1-x^2}$;

(8) $(\mathrm{arcth}x)'=\frac{1}{x^2-1}$.

**证明** (1)与(2)显然,下面给出(3)及(7)的证明,其余的结论读者可作为练习自证.

(3) 注意到 $\mathrm{th}x=\frac{\mathrm{sh}x}{\mathrm{ch}x}=\frac{e^x-e^{-x}}{e^x+e^{-x}}$,可以利用$\frac{e^x-e^{-x}}{e^x+e^{-x}}$求导,也可以利用(1),(2)

的结论. 因为 $\text{th}x=\dfrac{\text{sh}x}{\text{ch}x}$,所以利用商的求导公式及$\text{ch}^2x-\text{sh}^2x=1$得

$$(\text{th}x)'=\frac{(\text{sh}x)'\text{ch}x-\text{sh}x\,(\text{ch}x)'}{\text{ch}^2x}=\frac{\text{ch}^2x-\text{sh}^2x}{\text{ch}^2x}=\frac{1}{\text{ch}^2x}.$$

(7) 因为 $\text{arth}x=\dfrac{1}{2}\ln\dfrac{1+x}{1-x}$,所以

$$(\text{arth}x)'=\frac{1}{2}[\ln(1+x)-\ln(1-x)]'=\frac{1}{2}\left(\frac{1}{1+x}+\frac{1}{1-x}\right)=\frac{1}{1-x^2}.$$

也可以利用反函数求导公式:记 $y=\text{arth}x$,那么 $x=\text{th}y$,所以

$$\frac{\mathrm{d}}{\mathrm{d}x}\text{arth}x=\frac{1}{\dfrac{\mathrm{d}}{\mathrm{d}y}\text{th}y}=\frac{1}{\dfrac{1}{\text{ch}^2y}}=\text{ch}^2y,$$

注意到 $x^2=\text{th}^2y=\dfrac{\text{sh}^2y}{\text{ch}^2y}=\dfrac{\text{ch}^2y-1}{\text{ch}^2y}=1-\dfrac{1}{\text{ch}^2y}$,所以 $\text{ch}^2y=\dfrac{1}{1-x^2}$,因此也有 $(\text{arth}x)'=\dfrac{1}{1-x^2}$. □

**例 5.2.14** 求幂指函数 $u(x)^{v(x)}$ 的导数,其中 $u(x),v(x)$可导并且 $u(x)>0$.

**解** 因为 $u(x)^{v(x)}=\mathrm{e}^{\ln u(x)^{v(x)}}=\mathrm{e}^{v(x)\ln u(x)}$,所以按照复合函数求导法则,有

$$\begin{aligned}(u(x)^{v(x)})'&=\mathrm{e}^{v(x)\ln u(x)}\cdot[v(x)\ln u(x)]'\\&=u(x)^{v(x)}\left[v'(x)\ln u(x)+\frac{v(x)}{u(x)}u'(x)\right]\\&=v'(x)u(x)^{v(x)}\ln u(x)+v(x)u(x)^{v(x)-1}u'(x).\end{aligned}$$ □

从上式看出,$u(x)^{v(x)}$ 的导数由两部分构成,其中一部分是将 $u(x)$视为常数,即利用指数函数求导公式得 $v'(x)u(x)^{v(x)}\ln u(x)$;另一部分是将 $v(x)$视为常数,即利用幂函数求导公式得 $v(x)u(x)^{v(x)-1}u'(x)$. 这样看似乎有助于公式的记忆.

## 5.3 高阶导数

### 5.3.1 高阶导数的定义

在许多问题中,不仅会碰到函数的导数,而且还需要知道导数的导数. 例如,我们已经知道物体作变速直线运动时,速度 $v(t)$是位置函数 $s=s(t)$对时间 $t$ 的导数,即

$$v(t)=s'(t),$$

而加速度 $a(t)$又是速度 $v(t)$对时间 $t$ 的导数,即

$$a(t)=v'(t)=[s'(t)]'.$$

一般地,函数 $y=f(x)$的导函数 $y'=f'(x)$仍然是 $x$ 的函数. 如果 $y'=f'(x)$

也是可导的，则称 $y=f(x)$ 二阶可导，并称 $y'=f'(x)$ 的导数为函数 $y=f(x)$ 的二阶导数，记作 $y''$ 或者 $f''(x)$，即

$$f''(x)=\lim_{\Delta x\to 0}\frac{\Delta y'}{\Delta x}=\lim_{\Delta x\to 0}\frac{f'(x+\Delta x)-f'(x)}{\Delta x}.$$

同理，有 $n$ 阶可导与 $n$ 阶导数的概念，即

$$y^{(n)}=f^{(n)}(x)=[f^{(n-1)}(x)]',\quad n=2,3,\cdots.$$

今后称二阶及二阶以上的导数为高阶导数，也称通常的导数为一阶导数，为了方便，也称函数本身为它的零阶导数，即 $f^{(0)}(x):=f(x)$，这样记号 $f^{(n)}(x)$ 就对一切自然数都有意义了. 当然，像一阶导数一样，高阶导数也可以采用其他的记号，如 $\frac{\mathrm{d}^n y}{\mathrm{d}x^n}$ 或 $\frac{\mathrm{d}^n f}{\mathrm{d}x^n}$ 等.

按定义，变速直线运动的加速度就是位移函数 $s=s(t)$ 对时间 $t$ 的二阶导数，即 $a(t)=s''(t)$.

### 5.3.2 高阶导数的计算

**例 5.3.1** 验证函数 $y=c_1\mathrm{e}^{\lambda x}+c_2\mathrm{e}^{-\lambda x}$ 满足关系式 $y''-\lambda^2 y=0$，其中 $c_1,c_2,\lambda$ 均为常数.

**解** 因为

$$y'=\lambda c_1\mathrm{e}^{\lambda x}-\lambda c_2\mathrm{e}^{-\lambda x},\quad y''=\lambda^2 c_1\mathrm{e}^{\lambda x}+\lambda^2 c_2\mathrm{e}^{-\lambda x},$$

所以 $y''=\lambda^2(c_1\mathrm{e}^{\lambda x}+c_2\mathrm{e}^{-\lambda x})=\lambda^2 y$，即 $y''-\lambda^2 y=0$. □

**例 5.3.2** 设函数 $y=f(x)$ 二阶可导，求 $y=f(x^2)$ 的二阶导数.

**解** $y=f(x^2)$ 由 $y=f(u)$ 与 $u=x^2$ 复合而成，根据复合函数求导法则，有

$$y'=f'(x^2)(x^2)'=2xf'(x^2),$$

再求导，得

$$y''=(2x)'f'(x^2)+2x[f'(x^2)]'=2f'(x^2)+2xf''(x^2)\cdot(x^2)'=2f'(x^2)+4x^2f''(x^2).$$

□

下面介绍一些常见的初等函数的 $n$ 阶导数.

**例 5.3.3** 证明

(1) $(a^x)^{(n)}=a^x(\ln a)^n$，特别地，$(\mathrm{e}^x)^{(n)}=\mathrm{e}^x$；

(2) $(\sin x)^{(n)}=\sin\left(x+\frac{n}{2}\pi\right)$；

(3) $(\cos x)^{(n)}=\cos\left(x+\frac{n}{2}\pi\right)$；

(4) $(x^\mu)^{(n)}=\mu(\mu-1)(\mu-2)\cdots(\mu-n+1)x^{\mu-n}$，并且当 $\mu=k$ 为正整数时，如果 $n<k$，则 $(x^k)^{(n)}=k(k-1)(k-2)\cdots(k-n+1)x^{k-n}$；如果 $n=k$，则 $(x^k)^{(n)}=n!$；

如果 $n>k$，则 $(x^k)^{(n)}=0$.

**证明** (1) 令 $y=a^x$，那么 $y'=a^x\ln a$，$y''=a^x(\ln a)^2$，根据以上规律可以归纳推出 $y^{(n)}=a^x(\ln a)^n$. 下面用数学归纳法证明：当 $n=1$ 时显然成立；假设 $n=k$ 时成立；那么当 $n=k+1$ 时，

$$y^{(k+1)}=[y^{(k)}]'=[a^x(\ln a)^k]'=(\ln a)^k(a^x)'=(\ln a)^k a^x\ln a=a^x(\ln a)^{k+1},$$

所以结论正确.

以下证明中略去了用数学归纳法证明的部分.

(2) 设 $y=\sin x$，那么

$$y'=\cos x=\sin\left(x+\frac{\pi}{2}\right),$$

$$y''=\cos\left(x+\frac{\pi}{2}\right)=\sin\left(x+2\cdot\frac{\pi}{2}\right),$$

$$y'''=\cos\left(x+2\cdot\frac{\pi}{2}\right)=\sin\left(x+3\cdot\frac{\pi}{2}\right),\cdots,$$

一般地，

$$y^{(n)}=\sin\left(x+n\cdot\frac{\pi}{2}\right).$$

(3) 与(2)同理可证.

(4) 设 $y=x^\mu$，那么 $y'=\mu x^{\mu-1}$，$y''=\mu(\mu-1)x^{\mu-2}$，$y'''=\mu(\mu-1)(\mu-2)x^{\mu-3}$，一般地，$y^{(n)}=\mu(\mu-1)(\mu-2)\cdots(\mu-n+1)x^{\mu-n}$. □

**例 5.3.4** 设 $y=\dfrac{1}{1+x}$，求 $y^{(n)}$.

**解** $y'=-\dfrac{1}{(1+x)^2}$，$y''=(-1)^2\dfrac{1\cdot 2}{(1+x)^3}$，$y'''=(-1)^3\dfrac{1\cdot 2\cdot 3}{(1+x)^4}$，一般地，

$$y^{(n)}=(-1)^n\frac{n!}{(1+x)^{n+1}},$$

即

$$\left(\frac{1}{1+x}\right)^{(n)}=(-1)^n\frac{n!}{(1+x)^{n+1}}.$$ □

用类似方法，可得

$$\left(\frac{1}{1-x}\right)^{(n)}=\frac{n!}{(1-x)^{n+1}}.$$

又因为 $[\ln(1+x)]'=\dfrac{1}{1+x}$，所以

$$[\ln(1+x)]^{(n)}=\left(\frac{1}{1+x}\right)^{(n-1)}=(-1)^{n-1}\frac{(n-1)!}{(1+x)^n}.$$

如果函数 $u=u(x)$，$v=v(x)$ 均 $n$ 阶可导，则显然有

$$(ku)^{(n)}=ku^{(n)}, \quad (u\pm v)^{(n)}=u^{(n)}\pm v^{(n)},$$

其中 $k$ 为常数. 注意到

$$(uv)'=u'v+uv',$$
$$(uv)''=u''v+2u'v'+uv'',$$
$$(uv)'''=u'''v+3u''v+3u'v''+uv''',$$

用数学归纳法可以证明

$$(uv)^{(n)}=\sum_{k=0}^{n}C_n^k u^{(n-k)}v^{(k)}.$$

上式称为莱布尼茨公式. 使用时只要将二项式公式

$$(u+v)^n=\sum_{k=0}^{n}C_n^k u^{n-k}v^k$$

中的 $k$ 次幂换成 $k$ 阶导数即可.

**例 5.3.5**　设 $y=x^2e^x$,求 $y^{(30)}$.

**解**　令 $u=e^x, v=x^2$,则 $u^{(k)}=e^x, k=1,2,\cdots,30, v'=2x, v''=2, v^{(k)}=0, k=3, 4,\cdots,30$,代入莱布尼茨公式得

$$(uv)^{(30)}=\sum_{k=0}^{30}C_{30}^k u^{(n-k)}v^{(k)}=e^x\sum_{k=0}^{30}C_{30}^k v^{(k)}=e^x\sum_{k=0}^{2}C_{30}^k v^{(k)}=(x^2+60x+870)e^x. \quad \square$$

一般来讲,高阶导数的计算有两种方法. 一种是直接法,即利用高阶导数的定义和导数的运算法则;另一种是间接法,即对函数进行适当恒等变形,然后利用一些常见的高阶导数公式进行计算.

常见的高阶导数公式如下:

(1) $(a^x)^{(n)}=a^x(\ln a)^n$;

(2) $(e^{ax})^{(n)}=a^n e^{ax}$;

(3) $[\sin(ax+b)]^{(n)}=a^n\sin\left(ax+b+n\cdot\dfrac{\pi}{2}\right)$;

(4) $[\cos(ax+b)]^{(n)}=a^n\cos\left(ax+b+n\cdot\dfrac{\pi}{2}\right)$;

(5) $\left(\dfrac{1}{ax+b}\right)^{(n)}=(-1)^n\dfrac{a^n n!}{(ax+b)^{n+1}}$;

(6) $[\ln(ax+b)]^{(n)}=(-1)^{n-1}\dfrac{a^n(n-1)!}{(ax+b)^n}$.

**例 5.3.6**　设 $y=\dfrac{x^2+1}{x^2-1}$,求 $y^{(n)}$.

**解**　因为

$$y=\frac{x^2-1+2}{x^2-1}=1+\frac{2}{x^2-1}=1+\frac{1}{x-1}-\frac{1}{x+1},$$

所以

$$
\begin{aligned}
y^{(n)} &= \left(\frac{1}{x-1}\right)^{(n)} - \left(\frac{1}{x+1}\right)^{(n)} \\
&= (-1)^n \frac{n!}{(x-1)^{n+1}} - (-1)^n \frac{n!}{(x+1)^{n+1}} \\
&= (-1)^n n! \left[\frac{1}{(x-1)^{n+1}} - \frac{1}{(x+1)^{n+1}}\right].
\end{aligned}
$$
□

# 5.4 隐函数求导与参数方程求导

## 5.4.1 隐函数求导

函数 $y=f(x)$ 可以表示为 $y-f(x)=0$,那么给定一个二元方程

$$F(x,y)=0,$$

是否可以唯一确定一个函数 $y=y(x)$,使得 $F(x,y(x))=0$? 回答显然是否定的. 但是增加某些限制条件时,结论就有可能成立. 例如,$F(x,y)=x^2+y^2-1$,则由 $F(x,y)=0$ 得 $y=\sqrt{1-x^2}$ 及 $y=-\sqrt{1-x^2}$. 但如果限制 $y\geqslant 0$,就得到唯一的函数 $y=\sqrt{1-x^2}$,它满足 $F(x,\sqrt{1-x^2})=0, x\in[0,1]$. 如果由 $F(x,y)=0$ 确定了一种函数关系 $y=y(x)$,我们就称 $y=y(x)$ 是由方程 $F(x,y)=0$ 确定的隐函数. 对应地,也称一般的函数 $y=f(x)$ 是显函数. 如果能从 $F(x,y)=0$ 中解出 $y=y(x)$,通常称此隐函数可以显化. 我们的问题是假设方程 $F(x,y)=0$ 确定了一个隐函数(隐函数的存在性将在第 19 章中详细讨论)$y=y(x)$,但 $y=y(x)$ 不能显化,或者不进行显化,如何直接从 $F(x,y)=0$ 出发,求隐函数 $y=y(x)$ 的导数?

事实上,由于已经假设方程 $F(x,y)=0$ 确定了一个隐函数,所以变量 $y$ 是变量 $x$ 的函数,即 $y=y(x)$,因而通常求隐函数导数的做法是将 $y$ 视为 $x$ 的函数,在方程 $F(x,y)=0$ 两边关于 $x$ 求导数,最终将 $y'$ 从求完导数的关系式中解出即可. 应该注意的是,一般来说,显函数的导数只与 $x$ 有关,而隐函数的导数除了与 $x$ 有关外,还与 $y$ 有关. 下面通过具体例子说明隐函数 $y=y(x)$ 的求导方法.

**例 5.4.1** 求由方程 $y+\sin y+x=0$ 所确定的隐函数的导数 $\frac{\mathrm{d}y}{\mathrm{d}x}$.

**解** 方程两边分别对自变量 $x$ 求导,注意到 $y$ 是 $x$ 的函数,则

$$\frac{\mathrm{d}y}{\mathrm{d}x}+\cos y\frac{\mathrm{d}y}{\mathrm{d}x}+1=0,$$

解得

$$\frac{\mathrm{d}y}{\mathrm{d}x}=-\frac{1}{1+\cos y}.$$

在这个结果中，分母中的 $y$ 是由方程 $y+\sin y+x=0$ 所确定的隐函数. □

**例 5.4.2** 求由方程 $xy-e^x+e^y=0$ 所确定的隐函数在 $x=0$ 处的导数 $\left.\frac{dy}{dx}\right|_{x=0}$.

**解** 方程两边对 $x$ 求导，得

$$y+xy'-e^x+e^yy'=0,$$

解得

$$y'=\frac{e^x-y}{x+e^y}.$$

当 $x=0$ 时，由方程 $xy-e^x+e^y=0$ 知 $y=0$，所以

$$\left.\frac{dy}{dx}\right|_{x=0}=y'\Big|_{\substack{x=0\\y=0}}=1.$$ □

当然，在例 5.4.2 中，也可以将 $x=0$ 及 $y=0$ 代入 $y+xy'-e^x+e^yy'=0$ 中得 $-1+y'|_{x=0}=0$，于是 $y'|_{x=0}=1$，这样应该更简便一些.

**例 5.4.3** 求椭圆 $\frac{x^2}{4}+\frac{y^2}{3}=1$ 在 $\left(1,\frac{3}{2}\right)$ 点的切线方程.

**解** 对椭圆方程两边关于 $x$ 求导，得

$$\frac{x}{2}+\frac{2}{3}yy'=0,$$

解得

$$y'=-\frac{3x}{4y}.$$

因而所求切线的斜率为

$$k=\left.\frac{dy}{dx}\right|_{x=1}=-\frac{3x}{4y}\Big|_{\substack{x=1\\y=\frac{3}{2}}}=-\frac{1}{2}.$$

于是所求的切线方程为

$$y-\frac{3}{2}=-\frac{1}{2}(x-1),$$

即 $y=-\frac{1}{2}x+2$. □

对幂指函数 $y=u(x)^{v(x)}$，在 5.3 节利用复合函数求导法则得到了它的导数公式. 而利用隐函数求导方法，也可以求出它的导数. 因为 $y=u(x)^{v(x)}$，两边取对数得到 $\ln y=v(x)\ln u(x)$，进而两边对 $x$ 求导，得

$$\frac{1}{y}y'=[v(x)\ln u(x)]'=v'(x)\ln u(x)+\frac{v(x)}{u(x)}u'(x),$$

所以

$$y'=v'(x)u(x)^{v(x)}\ln u(x)+v(x)u(x)^{v(x)-1}u'(x).$$

这种方法称为对数求导法. 由于$(\ln|x|)'=\dfrac{1}{x}$,应用对数求导法解题时,往往直接取对数,而不讨论其适用区间.

**例 5.4.4** 求函数 $y=\dfrac{\sqrt{x+2}(3-x)^3}{(x+1)^5}$的导数.

**解** 在函数两边取对数,得

$$\ln y=\frac{1}{2}\ln(x+2)+3\ln(3-x)-5\ln(x+1),$$

上式两边对 $x$ 求导,得

$$\frac{1}{y}y'=\frac{1}{2}\frac{1}{x+2}+3\cdot\frac{-1}{3-x}-5\cdot\frac{1}{x+1},$$

于是

$$\begin{aligned}y'&=y\left[\frac{1}{2(x+2)}-\frac{3}{3-x}-\frac{5}{x+1}\right]\\&=\frac{\sqrt{x+2}(3-x)^3}{(x+1)^5}\left[\frac{1}{2(x+2)}-\frac{3}{3-x}-\frac{5}{x+1}\right].\end{aligned}$$

□

下面举例说明隐函数高阶导数的求法.

**例 5.4.5** 求由方程 $y=xe^y+1$ 所确定的隐函数的二阶导数 $y''$.

**解** 原方程两边对 $x$ 求导,得

$$y'=e^y+xe^yy',$$

解得

$$y'=\frac{e^y}{1-xe^y}.$$

对上式再求导,得

$$\begin{aligned}y''&=\left(\frac{e^y}{1-xe^y}\right)'\\&=\frac{(e^y)'(1-xe^y)-e^y(1-xe^y)'}{(1-xe^y)^2}\\&=\frac{e^yy'(1-xe^y)+e^y(e^y+xe^yy')}{(1-xe^y)^2}\\&=\frac{e^y(y'+e^y)}{(1-xe^y)^2}.\end{aligned}$$

将 $y'=\dfrac{e^y}{1-xe^y}$代入上式,得

$$y''=\frac{e^{2y}(2-xe^{y})}{(1-xe^{y})^{3}}.$$

本题还可以用如下方法求解.

将方程 $y=xe^{y}+1$ 两边对 $x$ 求导,得

$$y'=e^{y}+xe^{y}y', \tag{5.4.1}$$

上式两边再对 $x$ 求导,得

$$y''=e^{y}y'+[e^{y}y'+xe^{y}(y')^{2}+xe^{y}y''], \tag{5.4.2}$$

由式(5.4.1)求出 $y'=\dfrac{e^{y}}{1-xe^{y}}$,代入式(5.4.2)得

$$y''=\frac{e^{2y}(2-xe^{y})}{(1-xe^{y})^{3}}.$$ □

### 5.4.2 参数方程求导

在力学中研究物体的运动轨迹时,经常要用到参数方程. 例如,将物体以初速度 $v_0$,仰角 $\alpha$ 抛射出去. 如果空气阻力略去不计,则抛射体的运动轨迹可表示为

$$\begin{cases} x=v_0t\cos\alpha, \\ y=v_0t\sin\alpha-\dfrac{1}{2}gt^{2}, \end{cases} \tag{5.4.3}$$

这里 $t$ 是物体运动的时间,$g$ 是重力加速度,$x,y$ 是运动中物体在铅直平面上的位置的横坐标与纵坐标.

在式(5.4.3)中,$x,y$ 都与 $t$ 存在函数关系,如果把对应于同一个 $t$ 值的 $y$ 与 $x$ 的值看成作是对应的,这样就得到 $y$ 与 $x$ 之间的函数关系. 例如,消去参数 $t$,就有

$$y=x\tan\alpha-\frac{g\sec^{2}\alpha}{2v_0^{2}}x^{2}.$$

这是参数方程(5.4.3)所确定的函数的显式表示.

一般地,若参数方程

$$\begin{cases} x=\varphi(t), \\ y=\psi(t) \end{cases} \tag{5.4.4}$$

确定了 $y$ 与 $x$ 间的函数关系,这种函数称为由参数方程所确定的函数.

在实际问题中,需要计算由参数方程(5.4.4)所确定的函数的导数. 但从式(5.4.4)中消去 $t$ 有时很困难,甚至不可能. 因此,希望能直接从参数方程(5.4.4)求出所确定的函数的导数. 为此,假定 $x=\varphi(t)$,$y=\psi(t)$都可导,且 $\varphi'(t)\neq0$,$x=\varphi(t)$的反函数为 $t=\varphi^{-1}(x)$,考虑 $y=\psi(t)$,$t=\varphi^{-1}(x)$,将 $t$ 看成中间变量,利用复合函数的求导法及反函数的求导法,则有

$$\frac{dy}{dx}=\frac{dy}{dt}\frac{dt}{dx}=\frac{dy}{dt}\frac{1}{\frac{dx}{dt}}=\psi'(t)\cdot\frac{1}{\varphi'(t)}=\frac{\psi'(t)}{\varphi'(t)}, \tag{5.4.5}$$

上式也可写成

$$\frac{dy}{dx}=\frac{\frac{dy}{dt}}{\frac{dx}{dt}}. \tag{5.4.6}$$

公式(5.4.5)就是由参数方程(5.4.4)所确定的函数的求导公式.

**例 5.4.6** 已知椭圆的参数方程为$\begin{cases}x=a\cos t,\\ y=b\sin t,\end{cases}$求该椭圆在点$\left(\frac{\sqrt{2}}{2}a,\frac{\sqrt{2}}{2}b\right)$处的切线斜率.

**解** 因为$\frac{dy}{dx}=\frac{\frac{dy}{dt}}{\frac{dx}{dt}}=\frac{b\cos t}{-a\sin t}=-\frac{b}{a}\cot t$,而椭圆上点$\left(\frac{\sqrt{2}}{2}a,\frac{\sqrt{2}}{2}b\right)$对应的参数$t=\frac{\pi}{4}$,所以该点的切线切线斜率为

$$\left.\frac{dy}{dx}\right|_{t=\frac{\pi}{4}}=-\frac{b}{a}\cot\frac{\pi}{4}=-\frac{b}{a}.$$ □

关于求由参数方程$\begin{cases}x=\varphi(t),\\ y=\psi(t)\end{cases}$所确定的函数 $y=y(x)$ 的二阶导数可以这样考虑:

如果已求得$\frac{dy}{dx}=\frac{\psi'(t)}{\varphi'(t)}:=\phi(t)$,那么 $y'=y'(x)$是由参数方程$\begin{cases}x=\varphi(t)\\ y'=\phi(t)\end{cases}$所确定的函数,所以按照求一阶导数的方法,

$$y''=y''(x)=\frac{dy'}{dx}=\frac{\frac{dy'}{dt}}{\frac{dx}{dt}}=\frac{\phi'(t)}{\varphi'(t)},$$

所以,一般地有

$$y^{(n)}(x)=\frac{\frac{dy^{(n-1)}}{dt}}{\frac{dx}{dt}}=\frac{1}{\varphi'(t)}\frac{dy^{(n-1)}}{dt}.$$

**例 5.4.7** 已知摆线的参数方程为$\begin{cases}x=a(t-\sin t),\\ y=a(1-\cos t),\end{cases}$求$\frac{d^2y}{dx^2}$.

**解**　因为

$$y'=\frac{\frac{\mathrm{d}y}{\mathrm{d}t}}{\frac{\mathrm{d}x}{\mathrm{d}t}}=\frac{a\sin t}{a(1-\cos t)}=\cot\frac{t}{2},$$

所以

$$\frac{\mathrm{d}^2y}{\mathrm{d}x^2}=\frac{\frac{\mathrm{d}y'}{\mathrm{d}t}}{\frac{\mathrm{d}x}{\mathrm{d}t}}=\frac{-\frac{1}{2}\csc^2\frac{t}{2}}{a(1-\cos t)}=-\frac{1}{a(1-\cos t)^2}.$$ □

# 习　题　5

## A. 导数概念

**一、判断题**(正确打√并给出证明,错误打×并给出反例)

1. 如果曲线 $y=f(x)$在$(x_0,f(x_0))$点有切线,则 $f'(x_0)$存在.　(　　)
2. 可导函数的反函数仍为可导函数.　(　　)
3. 在$\mathbb{R}$上连续但在$\mathbb{R}$上每一点都不可导的函数是存在的.　(　　)
4. 若 $f(x)>g(x)$,并且 $f(x),g(x)$可导,则 $f'(x)>g'(x)$.　(　　)
5. 可导函数的导函数是连续函数.　(　　)

**二、填空题**(将正确答案填在横线之上)

1. 若 $f(x)$在 $x_0$ 处可导,则$\lim\limits_{h\to 0}\frac{f(x_0+h)-f(x_0-h)}{h}=$__________.

2. 已知 $k\in\mathbb{N}$,$f(x)=x(x-1)(x-2)\cdots(x-k)$,则 $f'(0)=$__________.

3. 当 $a=$__________时,曲线 $y=ax^2$ 与曲线 $y=\ln x$ 相切.

4. 已知 $f(x)$在$\mathbb{R}$内有定义,并且对任意的 $x_1,x_2\in\mathbb{R}$,都有 $|f(x_1)-f(x_2)|\leqslant|x_1-x_2|^2$,则 $f'(x)=$__________.

5. 设 $f(x)$满足$\lim\limits_{x\to 0}\frac{f(1)-f(1-2x)}{x}=-1$,则曲线 $y=f(x)$在点$(1,f(1))$处的切线方程为__________.

**三、单项选择题**(将正确答案的选项字母填入括号内)

1. 函数 $f(x)=(x^2-x-2)|x^3-x|$的不可导点的个数为(　　).

(A) 3;　　(B) 2;　　(C) 1;　　(D) 0.

2. 若函数 $f(x)$在点 $x_0$ 处可导,则$|f(x)|$在点 $x_0$ 处(　　).

(A) 可导;　　(B) 不可导;　　(C) 连续但未必可导;　　(D) 不连续.

3. 设函数

$$f(x)=\begin{cases}\frac{1}{(x-1)^\lambda}\cos\frac{1}{x-1}, & x>1,\\ 0, & x\leqslant 1,\end{cases}$$

若 $f'(1)$存在，则必有(　　).

(A) $\lambda<-1$；　(B) $-1\leqslant\lambda<0$；　(C) $0\leqslant\lambda<1$；　(D) $\lambda\geqslant 1$.

4. 下列结论不正确的是(　　).

(A) 周期函数的导函数仍为周期函数；　(B) 偶函数的导函数为奇函数；

(C) 有界函数的导函数仍为有界函数；　(D) 奇函数的导函数为偶函数.

5. 函数 $f(x)=x|x|$在点 $x=0$(　　).

(A) 可导；　(B) 不可导；　(C) 连续但未必可导；　(D) 不连续.

**四、计算题**

1. 设 $\varphi(x)$在 $x=a$ 处连续，$f(x)=(x-a)\varphi(x)$，求 $f'(a)$.

2. 若曲线 $y=x^2+ax+b$ 在点$(0,b)$处的切线方程为 $y=2x+1$，求 $a,b$.

3. 已知 $f(a)\neq 0$，$f'(a)$存在，求极限$\lim\limits_{n\to\infty}\left[\dfrac{f\left(a+\dfrac{1}{n}\right)}{f(a)}\right]^n$.

4. 设

$$f(x)=\begin{cases}x^2, & x\geqslant 3,\\ ax+b, & x<3,\end{cases}$$

求 $a,b$ 使得 $f'(3)$存在.

5. 如果$\lim\limits_{x\to 0}\dfrac{f(x)}{x}=a$ 存在，并且 $f(x)$在 $x=0$ 点连续，求 $f'(0)$.

**五、证明题**

1. 设函数 $f(x)$在点 $x=0$ 可导，且 $F(x)=f(x)(1+\sin|x|)$，证明 $f(0)=0$ 是 $F(x)$在点 $x=0$可导的充分必要条件.

2. 证明曲线 $xy=1$ 上任一点$(x,y)$处的切线与 $x$ 轴和 $y$ 轴构成的三角形面积为常数.

3. 证明函数

$$f(x)=\begin{cases}\dfrac{\sqrt{1+x}-1}{\sqrt{x}}, & x>0,\\ 0, & x\leqslant 0\end{cases}$$

在点 $x=0$ 处连续，但不可导.

4. 已知在$U(0;\delta)$内，$|f(x)|\leqslant|g(x)|$，如果 $g(0)=g'(0)=0$，证明 $f(0)=f'(0)=0$.

5. 证明函数

$$f(x)=\begin{cases}x^2, & x\in\mathbb{R}\setminus\mathbb{Q},\\ 0, & x\in\mathbb{Q}\end{cases}$$

仅在点 $x=0$ 处可导.

6. 如果 $f(x)$，$g(x)$都在 $x=a$ 点可导，并且 $g'(a)\neq 0$，则当 $f(a)=g(a)=0$ 时，$\lim\limits_{x\to a}\dfrac{f(x)}{g(x)}=\dfrac{f'(a)}{g'(a)}$，并给出这一结论的具体应用.

7. 设 $f(x)$在 $x=a$ 点可导，证明$|f(x)|$在 $x=a$ 点不可导的一个充分条件是 $f(a)=0$ 而 $f'(a)\neq 0$.

8. 已知 $f'(x_0)$存在，并且 $a_n<x_0<b_n$，$n=1,2,\cdots$，同时$\lim\limits_{n\to\infty}a_n=\lim\limits_{n\to\infty}b_n=x_0$，证明

$$\lim_{n\to\infty}\frac{f(b_n)-f(a_n)}{b_n-a_n}=f'(x_0).$$

9. 设 $f(x)$在$[a,b]$上可导，证明 $f'(x)$在$[a,b]$上连续的充分必要条件是$\forall\varepsilon>0$，$\exists\delta>0$，当$0<|h|<\delta$时，对一切 $x\in[a,b]$，都有$\left|\dfrac{f(x+h)-f(x)}{h}-f'(x)\right|<\varepsilon$.

## B. 导数运算法则

**一、判断题**(正确打√并给出证明，错误打×并给出反例)

1. 初等函数在其定义区间内都是可导函数.　(　　)

2. 若 $f(x)$与 $g(x)$都在 $x_0$ 点不可导，则 $f[g(x)]$必定在 $x_0$ 点不可导.　(　　)

3. 若 $f(x)$与 $f(x)g(x)$都在点 $x_0$ 处可导，则 $g(x)$在点 $x_0$ 处一定可导.　(　　)

4. 如果 $f(x)$可导，并且 $\lim\limits_{x\to+\infty}f(x)$存在，则 $\lim\limits_{x\to+\infty}f'(x)$也存在.　(　　)

5. 对任意变量 $x,y$，恒有$\dfrac{\mathrm{d}y}{\mathrm{d}x}\cdot\dfrac{\mathrm{d}x}{\mathrm{d}y}=1$.　(　　)

**二、填空题**(将正确答案填在横线之上)

1. 已知 $f(x)$可导，并且 $f(x+2)=f(3x)$，则 $f'(3)=$____________.

2. 记曲线 $y=f(x)=x^n$ 在$(1,1)$点的切线与 $x$ 轴交点的横坐标为 $x_n$，则$\lim\limits_{n\to\infty}f(x_n)=$____________.

3. 设 $y=f\left(\dfrac{3x-2}{5x+2}\right)$，若 $f'(x)=\arctan x^2$，则$y'|_{x=0}=$____________.

4. 如果 $u(x)$，$v(x)$都可导，并且 $y=u(x)^{v(x)}$，则 $y'=$____________.

5. 已知 $y=f(x)=3x^2+\mathrm{e}^x$，则$\left.\left(\dfrac{\mathrm{d}}{\mathrm{d}x}f^{-1}(x)\right)\right|_{x=3+\mathrm{e}}=$____________.

**三、单项选择题**(将正确答案的选项字母填入括号内)

1. 下述说法正确的是(　　).

(A) $f(x)$，$g(x)$中至少其一不可导时，$f(x)+g(x)$不可导；

(B) $f(x)$，$g(x)$均不可导时，$f(x)+g(x)$不可导；

(C) $f(x)$，$g(x)$只有其一不可导时，$f(x)g(x)$不可导；

(D) $f(x)$，$g(x)$均不可导时，$f(x)g(x)$有可能可导.

2. 若

$$f(x)=\begin{cases}\dfrac{1-ax}{x^2}, & x\neq 0,\\[2mm] \dfrac{1}{2}, & x=0,\end{cases}$$

则(　　).

(A) $f'(0)=0$；　(B) $f'(0)$不存在；　(C) $f'(0)=\dfrac{1}{2}$；　(D) $f'(0)=\infty$.

3. 设 $f(x)$，$g(x)$均在$(-\infty,+\infty)$内可导，且 $f(x)g(x)=1$，则$\dfrac{f'(x)}{f(x)}+\dfrac{g'(x)}{g(x)}=$(　　).

(A) 0； (B) 1； (C) $-1$； (D) 不能确定.

4. 如果复合函数 $f[g(x)]$在 $x$ 处可导,则其导数为( ).

(A) $\{f[g(x)]\}'$； (B) $f'[g(x)]g'(x)$； (C) $f'[g'(x)]$； (D) $f'[g'(x')]$.

5. 如果 $f(x)$可导,则下列函数中不一定可导的是( ).

(A) $f^2(x)$； (B) $f(x^2)$； (C) $f(2x)$； (D) $f\left(\frac{2}{x}\right)$.

**四、计算题**

1. 求下列函数的导数.

(1) $y=x\arctan x-\ln\sqrt{\frac{a-x}{a+x}}$；

(2) $y=\sin[\cos^2(\tan 3x)]$；

(3) $y=\frac{\sin x}{x^2}\ln\frac{1}{x}$；

(4) $y=\sqrt[3]{x}\sin x+a^x e^x$；

(5) $y=x\log_2 x+\ln 2$；

(6) $y=\tan a^x+\arctan x^a$；

(7) $y=x\ln x+\frac{1}{\sqrt{x}}$；

(8) $y=\sqrt{x+\sqrt{x+\sqrt{x}}}$；

(9) $y=x\arcsin\frac{x}{2}+\sqrt{4-x^2}$；

(10) $y=x^{x^x}$.

2. 在下列各题中,设 $f(u)$为可导函数,求$\frac{dy}{dx}$.

(1) $y=f(\sin^2 x)+\sin f^2(x)$；

(2) $y=f(e^x)e^{f(x)}$；

(3) $y=f\{f[f(x)]\}$.

3. 设 $f(x)$可导,且 $f'(x)=\sin^2[\sin(x+1)]$,$f(0)=4$,求 $f(x)$的反函数 $f^{-1}(x)$当自变量取 4 时的导数值.

4. 设 $f(1-x)=xe^{-x}$,求 $f'(x)$.

5. 设

$$f(x)=\begin{cases}\frac{e^{x^2}-1}{x^2}, & x\neq 0,\\ 0, & x=0,\end{cases}$$

求 $f'(x)$.

6. 设 $x>0$,可导函数 $f(x)$满足 $f(x)+2f\left(\frac{1}{x}\right)=\frac{3}{x}$,求 $f'(x)$.

**五、证明题**

1. 设 $f(x)$,$g(x)$是定义在$(-\infty,+\infty)$内的函数,且满足 $f(0)=0$,$g(0)=1$,$f'(0)=1$,

$g'(0)=0$，$f(x_1+x_2)=f(x_1)g(x_2)+f(x_2)g(x_1)$，试证 $f(x)$在$(-\infty,+\infty)$内可导，且$f'(x)=g(x)$.

2. 如果 $f(x)$为可导函数，并且当 $x=1$ 时，$\frac{\mathrm{d}}{\mathrm{d}x}f(x^2)=\frac{\mathrm{d}}{\mathrm{d}x}f^2(x)$，$f(1)\neq1$，证明 $f'(1)=0$.

## C. 高阶导数

**一、判断题**(正确打√并给出证明，错误打×并给出反例)

1. 如果

$$f(x)=\begin{cases}\mathrm{e}^{-\frac{1}{x^2}}, & x\neq0,\\ 0, & x=0,\end{cases}$$

则 $f^{(n)}(0)=0$，$n=1,2,\cdots$.　(　　)

2. 如果 $f''(x_0)$存在，则 $f'(x)$在 $x_0$ 的某个邻域内存在.　(　　)

3. 如果 $y''=y'$，则 $y'''=y''$.　(　　)

4. $k$ 次多项式的 $n$ 阶导数是 $k-n$ 次多项式.　(　　)

5. 如果 $f(x)$，$g(x)$仅一阶可导，则 $f(x)+g(x)$不可能二阶可导.　(　　)

**二、填空题**(将正确答案填在横线之上)

1. 设 $y=\cos x^2$，则$\left(\frac{\mathrm{d}y}{\mathrm{d}x}\right)^2=$\_\_\_\_\_\_\_\_\_\_；$\frac{\mathrm{d}^2y}{\mathrm{d}x^2}=$__________.

2. 设 $f(x)=x\mathrm{e}^{ax}$，则 $f^{(n)}(x)=$__________.

3. 设 $f(x)=(2x+3)^{20}$，则 $f^{(20)}(x)=$__________.

4. 设函数 $y=y(x)$由参数方程$\begin{cases}x=\varphi(t),\\ y=\psi(t)\end{cases}$确定，则当 $\varphi(t)$，$\psi(t)$满足\_\_\_\_\_\_\_\_\_\_条件时，$\frac{\mathrm{d}^2y}{\mathrm{d}x^2}$存在.

5. 已知 $y=\mathrm{e}^{\sqrt{x}}$，则 $4xy''+2y'-y=$__________.

**三、单项选择题**(将正确答案的选项字母填入括号内)

1. 设 $f(x)$在$(-\infty,+\infty)$内为奇函数且在$(0,+\infty)$内有 $f'(x)>0$，$f''(x)>0$，则 $f(x)$在$(-\infty,0)$内满足条件(　　).

(A) $f'(x)<0$ 且 $f''(x)<0$；　(B) $f'(x)<0$ 且 $f''(x)>0$；
(C) $f'(x)>0$ 且 $f''(x)<0$；　(D) $f'(x)>0$ 且 $f''(x)>0$.

2. 设函数 $y=f(x)$的导数 $f'(x)$与二阶导数 $f''(x)$都存在且均不为零，其反函数为 $x=\varphi(y)$，则 $\varphi''(y)=$(　　).

(A) $\frac{1}{f''(x)}$；　(B) $-\frac{f''(x)}{[f'(x)]^2}$；　(C) $\frac{[f'(x)]^2}{f''(x)}$；　(D) $-\frac{f''(x)}{[f'(x)]^3}$.

3. 设 $f(x)=3x^2+x^2|x|$，则使 $f^{(n)}(0)$存在的最高阶数 $n=$(　　).

(A) 0；　(B) 1；　(C) 2；　(D) 3.

4. 设

$$f(x)=\begin{cases} x^3\sin\dfrac{1}{x}, & x\neq 0, \\ 0, & x=0, \end{cases}$$

则下列结论不正确的是(  ).

(A) $f(x)$在 $x=0$ 点连续；(B) $f(x)$在 $x=0$ 点可导；

(C) $f(x)$在 $x=0$ 点具有连续的导数；(D) $f(x)$在 $x=0$ 点具有二阶导数.

5. $(\ln x)^{(n)}=$(  ).

(A) $\dfrac{(n-1)!}{x^n}$；(B) $-\dfrac{(n-1)!}{x^n}$；(C) $\dfrac{(-1)^n(n-1)!}{x^n}$；(D) $\dfrac{(-1)^{n-1}(n-1)!}{x^n}$.

**四、计算题**

1. 已知函数

$$f(x)=\begin{cases} ax^2+bx+c, & x<0, \\ \ln(1+x), & x\geqslant 0 \end{cases}$$

在点 $x=0$ 处有二阶导数,试确定参数 $a,b,c$ 的值.

2. 求由$\begin{cases} x=\mathrm{e}^t+\sin t, \\ y=\mathrm{e}^t+\cos t \end{cases}$所确定的函数 $y=y(x)$的二阶导数$\dfrac{\mathrm{d}^2y}{\mathrm{d}x^2}$.

3. 作变量代换 $x=\ln t$ 简化方程$\dfrac{\mathrm{d}^2y}{\mathrm{d}x^2}-\dfrac{\mathrm{d}y}{\mathrm{d}x}+\mathrm{e}^{2x}y=0$.

4. 设函数 $f(u)$二阶可导,求函数 $y=f(a^x)+a^{f(x)}$的二阶导数$\dfrac{\mathrm{d}^2y}{\mathrm{d}x^2}$.

5. 求由方程 $x^2+y^2+xy+x+y=-\dfrac{1}{4}$所确定的隐函数 $y=y(x)$当 $y=0$ 时的二阶导数$\left.\dfrac{\mathrm{d}^2y}{\mathrm{d}x^2}\right|_{y=0}$.

# 第6章 微　　分

本章主要介绍函数微分的概念与计算，以及高阶微分等知识，它们与函数的导数密切相关，共同构成了一元函数微分学的主要内容.

## 6.1 微分概念

在第5章中，我们学习了函数的导数. 如果函数 $y=f(x)$ 在 $x_0$ 点可导，那么

$$\lim_{\Delta x\to 0}\frac{\Delta y}{\Delta x}=\lim_{\Delta x\to 0}\frac{f(x_0+\Delta x)-f(x_0)}{\Delta x}=f'(x_0),$$

利用极限的性质，上式等价于

$$\frac{f(x_0+\Delta x)-f(x_0)}{\Delta x}=f'(x_0)+\alpha,$$

其中 $\alpha$ 是一个当 $\Delta x\to 0$ 时的无穷小量. 进一步上式又可以写为

$$f(x_0+\Delta x)-f(x_0)=f'(x_0)\Delta x+o(\Delta x), \tag{6.1.1}$$

以及

$$f(x_0+\Delta x)=f'(x_0)\Delta x+f(x_0)+o(\Delta x). \tag{6.1.2}$$

式(6.1.1)说明当 $f'(x_0)\neq 0$ 时，函数的增量可以用线性函数 $f'(x_0)\Delta x$ 近似，因为 $f'(x_0)\Delta x$ 是 $\Delta x$ 的同阶无穷小量，而 $o(\Delta x)$ 是 $\Delta x$ 的高阶无穷小量. 同理，当 $f'(x_0)\neq 0$时，式(6.1.2)反映出函数 $f(x_0+\Delta x)$ 可以用直线 $f'(x_0)\Delta x+f(x_0)$ 近似，即所谓的局部以直代曲. 它们在实际应用中或者对数学本身而言，都是非常有用的.

**定义 6.1.1** 设函数 $y=f(x)$ 在 $U(x_0)$ 内有定义，如果存在不依赖于 $\Delta x$ 的常数 $A$ 使得

$$\Delta y=f(x_0+\Delta x)-f(x_0)=A\Delta x+o(\Delta x) \tag{6.1.3}$$

对任意的 $x_0+\Delta x\in U(x_0)$ 成立，则称函数 $y=f(x)$ 在 $x_0$ 点可微分或者称是可微的，而称 $A\Delta x$ 为函数 $y=f(x)$ 在 $x_0$ 点相应于自变量增量 $\Delta x$ 的微分，记作 $\mathrm{d}y|_{x=x_0}$，即

$$\mathrm{d}y|_{x=x_0}=A\Delta x. \tag{6.1.4}$$

由式(6.1.2)知，如果函数 $y=f(x)$ 在 $x_0$ 点可导，那么它在 $x_0$ 点可微. 事实上，其相反的情形也是成立的，即如果函数 $y=f(x)$ 在 $x_0$ 可微，那么它在 $x_0$ 点可导，并且常数 $A=f'(x_0)$，证明如下：

设函数 $y=f(x)$ 在点 $x_0$ 处可微，则按定义有

$$\Delta y=A\Delta x+o(\Delta x).$$

上式两边除以 $\Delta x$，得

$$\frac{\Delta y}{\Delta x}=A+\frac{o(\Delta x)}{\Delta x}.$$

于是，当 $\Delta x\to 0$ 时，有

$$f'(x_0)=\lim_{\Delta x\to 0}\frac{\Delta y}{\Delta x}=\lim_{\Delta x\to 0}\left[A+\frac{o(\Delta x)}{\Delta x}\right]=A,$$

即 $f(x)$ 在点 $x_0$ 可导，且 $A=f'(x_0)$.

因此，函数 $y=f(x)$ 在 $x_0$ 点的微分 $\mathrm{d}y|_{x=x_0}=f'(x_0)\Delta x$.

**例 6.1.1** 求函数 $y=x^2$ 在 $x=x_0$ 处的微分 $\mathrm{d}y|_{x=x_0}$，并与相应的函数增量 $\Delta y$ 进行比较，同时给出误差的图形描述.

**解** 因为 $y'=2x$，所以

$$\mathrm{d}y|_{x=x_0}=2x_0\Delta x,$$

而

$$\Delta y=(x_0+\Delta x)^2-x_0^2=2x_0\Delta x+(\Delta x)^2,$$

所以

$$|\mathrm{d}y|_{x=x_0}-\Delta y|=(\Delta x)^2,$$

即当 $\Delta x\to 0$ 时 $|\mathrm{d}y|_{x=x_0}-\Delta y|$ 与 $(\Delta x)^2$ 趋于零的快慢程度一致. 函数 $y=x^2$ 可以看成正方形的面积公式. 而 $\Delta y=(x_0+\Delta x)^2-x_0^2$ 反映了当正方形的边长从 $x_0$ 变化到 $x_0+\Delta x$ 时其面积的改变量，从图 6-1 中可以看出 $\Delta y$, $\mathrm{d}y|_{x=x_0}$ 及 $(\Delta x)^2$ 的大小关系.

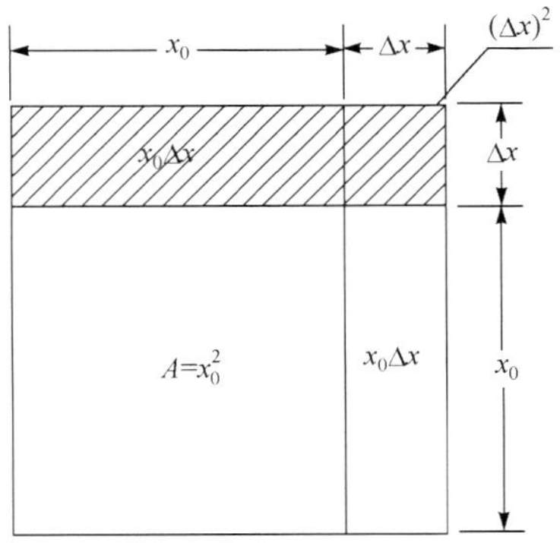


图 6-1 □

对于函数的微分，容易知道

(1) 函数 $y=f(x)$ 在 $x_0$ 点的微分 $\mathrm{d}y$ 是自变量增量 $\Delta x$ 的线性函数；

(2) $\Delta y-\mathrm{d}y$ 当 $\Delta x\to 0$ 时是比 $\Delta x$ 高阶的无穷小；

(3) 当 $A\neq 0$ 时，$\mathrm{d}y$ 与 $\Delta y$ 当 $\Delta x\to 0$ 时是等价无穷小. 事实上

$$\lim_{\Delta x\to 0}\frac{\Delta y}{\mathrm{d}y}=\lim_{\Delta x\to 0}\frac{A\Delta x+o(\Delta x)}{A\Delta x}=\lim_{\Delta x\to 0}\left[1+\frac{o(\Delta x)}{A\Delta x}\right]=1,$$

于是

$$\Delta y-\mathrm{d}y=o(\mathrm{d}y).$$

因此，当 $A\neq 0$ 时，称 $\mathrm{d}y$ 是 $\Delta y$ 的主部，又因 $\mathrm{d}y$ 是 $\Delta x$ 的线性函数，由此，称 $\mathrm{d}y$ 是 $\Delta y$ 的线性主部，从而，当 $|\Delta x|$ 很小时，有近似公式

$$\Delta y\approx \mathrm{d}y. \tag{6.1.5}$$

在几何上可以这样看，在曲线 $y=f(x)$ 上取定点 $M(x_0,y_0)$，当自变量有微小增量 $\Delta x$ 时，就得到曲线上另一点 $N(x_0+\Delta x,y_0+\Delta y)$. 由图 6-2 可知，

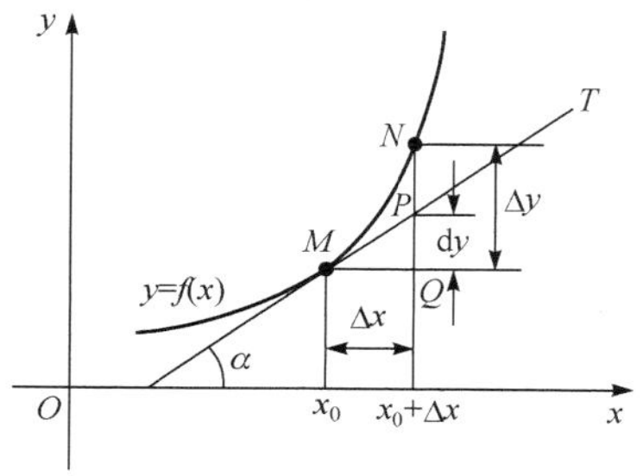


图 6-2

$$MQ=\Delta x,\quad QN=\Delta y.$$

过点 $M$ 作曲线的切线，设倾角为 $\alpha$，则

$$\tan\alpha=\frac{QP}{MQ},$$

即 $\mathrm{d}y=QP=MQ\tan\alpha=f'(x_0)\Delta x$. 由此可见，对可微函数 $y=f(x)$ 而言，$\Delta y$ 是曲线 $y=f(x)$ 上点 $M$ 的纵坐标的增量，$\mathrm{d}y$ 是曲线 $y=f(x)$ 在点 $M$ 处的切线上点的纵坐标的相应增量. 当 $|\Delta x|$ 很小时，$|\Delta y-\mathrm{d}y|$ 比 $|\Delta x|$ 小得多，因此，在点 $M$ 的附近，可以用一次函数线性近似 $f(x)$. 通常情形下，如果函数 $y=f(x)$ 在点 $x_0$ 处的导数 $f'(x_0)\neq 0$，且 $|\Delta x|$ 很小时，有近似公式

$$\Delta y\approx \mathrm{d}y=f'(x_0)\Delta x, \tag{6.1.6}$$

或者

$$f(x_0+\Delta x)\approx f(x_0)+f'(x_0)\Delta x. \tag{6.1.7}$$

如果令 $x=x_0+\Delta x$，就有

$$f(x)\approx f(x_0)+f'(x_0)(x-x_0). \tag{6.1.8}$$

特别当 $x_0=0$，$|x|$ 很小时，就得到

$$f(x)\approx f(0)+f'(0)x. \tag{6.1.9}$$

利用式(6.1.7)，式(6.1.8)及式(6.1.9)，可以作一些近似计算.

**例 6.1.2**　求 $\sqrt{2}$ 的近似值.

**解**　令 $f(x)=\sqrt{x}$，由于 $f(x)$ 在 $x_0$ 的导数为 $\dfrac{1}{2\sqrt{x_0}}$，所以由式(6.1.7)可知

$$\sqrt{x_0+\Delta x}\approx\sqrt{x_0}+\frac{1}{2\sqrt{x_0}}\Delta x,$$

取 $x_0=1.4^2=1.96,\Delta x=0.04$,那么由上式可得

$$\sqrt{2}\approx 1.4+\frac{1}{2\times 1.4}\times 0.04=1.414.$$ □

**例 6.1.3** 求 $\sin 46°$ 的近似值.

**解** 将46°化成弧度,得

$$46°=\frac{\pi}{4}+\frac{\pi}{180}.$$

取 $x_0=\frac{\pi}{4},\Delta x=\frac{\pi}{180}$,由近似公式(6.1.7)得

$$\begin{aligned}\sin 46°&\approx\sin\frac{\pi}{4}+(\sin x)'\big|_{x=\frac{\pi}{4}}\cdot\frac{\pi}{180}\\&=\sin\frac{\pi}{4}+\cos\frac{\pi}{4}\cdot\frac{\pi}{180}\approx 0.7194.\end{aligned}$$ □

**例 6.1.4** 证明当 $|x|$ 充分小时,有

(1) $\sin x\approx x$;

(2) $\tan x\approx x$;

(3) $\ln(1+x)\approx x$;

(4) $e^x\approx 1+x$;

(5) $\sqrt[n]{1+x}\approx 1+\frac{1}{n}x$.

**证明** 我们只给出(5)的证明,其余的结论同理可证,请读者自己完成.

设 $f(x)=\sqrt[n]{1+x}$,因为 $f(0)=1$,$f(x)$ 在 $x=0$ 点可导,并且 $f'(0)=\frac{1}{n}$,所以由公式 $f(x)\approx f(0)+f'(0)x$ 得 $\sqrt[n]{1+x}\approx 1+\frac{1}{n}x$. □

如果函数 $f(x)$ 在区间 $I$ 内任意点 $x$ 处都是可微的,我们就称 $f(x)$ 在区间 $I$ 内任意点 $x$ 处的微分为函数 $f(x)$ 的微分,记为 $dy$ 或 $df(x)$,即

$$dy=f'(x)\Delta x.$$

例如,函数 $y=\sin x$ 的微分为

$$dy=(\sin x)'\Delta x=\cos x\Delta x;$$

函数 $y=e^x$ 的微分为

$$dy=(e^x)'\Delta x=e^x\Delta x.$$

由于求微分的问题归结为求导数的问题,因此,求导数与求微分的方法统称为微分法.通常我们规定:自变量的微分等于自变量的增量,即 $dx=\Delta x$,所以

$$\mathrm{d}y=f'(x)\mathrm{d}x.$$

从而有

$$\frac{\mathrm{d}y}{\mathrm{d}x}=f'(x),$$

即函数的导数等于函数的微分与自变量的微分的商,因此,导数也称为“微商”.

下面再给出两个例子,以加深读者对微分概念的理解.

**例 6.1.5**　利用微分定义直接证明 $y=f(x)=|x|$ 在 $x_0=0$ 点不可微.

**证明**　假设 $f(x)$ 在 $x_0=0$ 点可微,那么存在常数 $A$ 使得

$$\Delta y=f(x_0+\Delta x)-f(x_0)=|\Delta x|=A\Delta x+o(\Delta x),$$

于是

$$\frac{|\Delta x|}{\Delta x}=A+\frac{o(\Delta x)}{\Delta x},$$

则由 $\Delta x\to 0^-$ 得 $A=-1$;而由 $\Delta x\to 0^+$ 得 $A=1$,矛盾. □

**例 6.1.6**　指出下列推导之错误.

如果 $f(x)$ 在 $x_0$ 点满足条件 $\Delta y=2\Delta x+\sin\Delta x$,则 $f(x)$ 在 $x_0$ 点不可微,因为当 $\Delta x\to 0$ 时,$\sin\Delta x\neq o(\Delta x)$.

**解**　等式 $\Delta y=2\Delta x+\sin\Delta x$ 只能说明 $f(x)$ 在 $x_0$ 点的微分不等于 $2\Delta x$. 要证明 $f(x)$ 在 $x_0$ 点不可微,必须证明对任意常数 $A$,$\Delta y=A\Delta x+o(\Delta x)$ 都不成立. 事实上由 $\Delta y=2\Delta x+\sin\Delta x$ 知 $\Delta y=3\Delta x+(\sin\Delta x-\Delta x)$,而当 $\Delta x\to 0$ 时,

$$\sin\Delta x-\Delta x=o(\Delta x),$$

所以 $f(x)$ 在 $x_0$ 点是可微的,并且其微分为 $3\Delta x$. □

# 6.2　微分计算

## 6.2.1　基本初等函数的微分公式

根据可导与可微的等价性及其 $\mathrm{d}y=f'(x)\mathrm{d}x$,由基本初等函数的导数公式可得基本初等函数的微分公式如下:

(1) $\mathrm{d}(c)=0$;

(2) $\mathrm{d}(x^\mu)=\mu x^{\mu-1}\mathrm{d}x$;

(3) $\mathrm{d}(\sin x)=\cos x\mathrm{d}x$;

(4) $\mathrm{d}(\cos x)=-\sin x\mathrm{d}x$;

(5) $\mathrm{d}(\tan x)=\sec^2 x\mathrm{d}x$;

(6) $\mathrm{d}(\cot x)=-\csc^2 x\mathrm{d}x$;

(7) $\mathrm{d}(\sec x)=\sec x\cdot\tan x\mathrm{d}x$;

(8) $d(\csc x)=-\csc x\cdot\cot x\mathrm{d}x$;

(9) $d(a^x)=a^x\ln a\mathrm{d}x$;

(10) $d(e^x)=e^x\mathrm{d}x$;

(11) $d(\log_a x)=\frac{1}{x\ln a}\mathrm{d}x$;

(12) $d(\ln x)=\frac{1}{x}\mathrm{d}x$;

(13) $d(\arcsin x)=\frac{1}{\sqrt{1-x^2}}\mathrm{d}x$;

(14) $d(\arccos x)=-\frac{1}{\sqrt{1-x^2}}\mathrm{d}x$;

(15) $d(\arctan x)=\frac{1}{1+x^2}\mathrm{d}x$;

(16) $d(\mathrm{arccot}x)=-\frac{1}{1+x^2}\mathrm{d}x$.

### 6.2.2 微分的四则运算法则

由导数的四则运算可知,如果函数 $u=u(x)$ 及 $v=v(x)$ 均可微,则它们的和 $u+v$、差 $u-v$、积 $uv$ 及商 $\frac{u}{v}(v\neq 0)$ 也可微,并且

(1) $d(u+v)=du+dv$;

(2) $d(u-v)=du-dv$;

(3) $d(uv)=vdu+udv$;

(4) $d\left(\frac{u}{v}\right)=\frac{vdu-udv}{v^2}(v\neq 0)$.

**例 6.2.1** 求函数 $y=x^2e^x$ 的微分.

**解** 因为

$$y'=2xe^x+x^2e^x=(x^2+2x)e^x,$$

所以

$$dy=y'dx=(x^2+2x)e^x dx,$$

或者

$$dy=e^x d(x^2)+x^2 d(e^x)=e^x\cdot 2xdx+x^2\cdot e^x dx=(x^2+2x)e^x dx.$$ □

**例 6.2.2** 求函数 $y=\frac{\sin x}{x}$ 的微分.

**解** 因为

$$y'=\left(\frac{\sin x}{x}\right)'=\frac{x\cos x-\sin x}{x^2},$$

所以

$$dy=y'dx=\frac{x\cos x-\sin x}{x^2}dx,$$

或者

$$dy=d\left(\frac{\sin x}{x}\right)=\frac{xd(\sin x)-\sin x dx}{x^2}$$

$$=\frac{x\cos x dx-\sin x dx}{x^2}=\frac{x\cos x-\sin x}{x^2}dx. \quad \square$$

### 6.2.3 复合函数的微分法则

由导数的复合运算法则可知，如果函数 $y=f(u)$ 及 $u=\varphi(x)$ 均可微，则复合函数 $y=f[\varphi(x)]$ 也可微，并且复合函数的微分

$$dy=f'[\varphi(x)]\varphi'(x)dx.$$

由于 $du=\varphi'(x)dx$，所以复合函数 $y=f[\varphi(x)]$ 的微分公式也可写成

$$dy=f'(u)du.$$

由此可见，无论 $u$ 是自变量还是中间变量，微分形式 $dy=f'(u)du$ 保持不变，这一性质称为一阶微分形式不变性.

**例 6.2.3** 设 $y=\sin(2x+1)$，求 $dy$.

**解** 利用一阶微分形式不变性，可得

$$dy=\cos(2x+1)d(2x+1)=2\cos(2x+1)dx. \quad \square$$

**例 6.2.4** 设 $y=\ln\sin\sqrt{x}$，求 $dy$.

**解** 利用一阶微分形式不变性，可得

$$dy=\frac{1}{\sin\sqrt{x}}d(\sin\sqrt{x})=\frac{1}{\sin\sqrt{x}}\cos\sqrt{x}d(\sqrt{x})$$

$$=\frac{\cos\sqrt{x}}{\sin\sqrt{x}}\cdot\frac{1}{2\sqrt{x}}dx=\frac{\cot\sqrt{x}}{2\sqrt{x}}dx. \quad \square$$

**例 6.2.5** 利用微分法求函数 $y=e^{\sin^2\frac{1}{x}}$ 的导数.

**解** 因为

$$dy=d\left(e^{\sin^2\frac{1}{x}}\right)=e^{\sin^2\frac{1}{x}}d\left(\sin^2\frac{1}{x}\right)$$

$$=e^{\sin^2\frac{1}{x}}\cdot 2\sin\frac{1}{x}d\left(\sin\frac{1}{x}\right)=2e^{\sin^2\frac{1}{x}}\sin\frac{1}{x}\cdot\cos\frac{1}{x}d\left(\frac{1}{x}\right)$$

$$=2\mathrm{e}^{\sin^2\frac{1}{x}}\sin\frac{1}{x}\cos\frac{1}{x}\left(-\frac{1}{x^2}\right)\mathrm{d}x=-\frac{1}{x^2}\mathrm{e}^{\sin^2\frac{1}{x}}\sin\frac{2}{x}\mathrm{d}x,$$

所以

$$\frac{\mathrm{d}y}{\mathrm{d}x}=-\frac{1}{x^2}\mathrm{e}^{\sin^2\frac{1}{x}}\sin\frac{2}{x}.$$

□

**例 6.2.6** 在下列等式的括号内填入适当的函数,使等式成立.

(1) $\mathrm{d}(\quad)=x\mathrm{d}x$;

(2) $\mathrm{d}(\quad)=\cos\omega t\mathrm{d}t$;

(3) $\mathrm{d}(\sin x^2)=(\quad)\mathrm{d}\sqrt{x}$.

**解** (1) 因为 $\mathrm{d}(x^2)=2x\mathrm{d}x$,所以

$$x\mathrm{d}x=\frac{1}{2}\mathrm{d}(x^2)=\mathrm{d}\left(\frac{x^2}{2}\right)=\mathrm{d}\left(\frac{x^2}{2}+C\right),$$

即 $\mathrm{d}\left(\frac{x^2}{2}+C\right)=x\mathrm{d}x$.

(2) 因为 $\mathrm{d}(\sin\omega t)=\omega\cos\omega t\mathrm{d}t$,所以

$$\cos\omega t\mathrm{d}t=\frac{1}{\omega}\mathrm{d}(\sin\omega t)=\mathrm{d}\left(\frac{1}{\omega}\sin\omega t+C\right),$$

即 $\mathrm{d}\left(\frac{1}{\omega}\sin\omega t+C\right)=\cos\omega t\mathrm{d}t$.

(3) 因为$\dfrac{\mathrm{d}(\sin x^2)}{\mathrm{d}\sqrt{x}}=\dfrac{2x\cos x^2\mathrm{d}x}{\frac{1}{2\sqrt{x}}\mathrm{d}x}=4x^{\frac{3}{2}}\cos x^2$,所以

$$\mathrm{d}(\sin x^2)=\left(4x^{\frac{3}{2}}\cos x^2\right)\mathrm{d}\sqrt{x}.$$

□

## 6.3 高阶微分

对于函数 $y=f(x)$,类似于高阶导数,我们可以定义高阶微分.例如,二阶微分定义为

$$\mathrm{d}^2y=\mathrm{d}(\mathrm{d}y)=\mathrm{d}[f'(x)\mathrm{d}x]=\mathrm{d}[f'(x)]\mathrm{d}x=f''(x)\mathrm{d}x^2,$$

其中 $x$ 是自变量. 三阶微分定义为

$$\mathrm{d}^3y=\mathrm{d}(\mathrm{d}^2y)=f'''(x)\mathrm{d}x^3.$$

一般地,定义 $n$ 阶微分为

$$\mathrm{d}^{(n)}y=\mathrm{d}(\mathrm{d}^{n-1}y)=f^{(n)}(x)\mathrm{d}x^n.$$

由此可见

$$\frac{d^n y}{dx^n}=f^{(n)}(x),$$

这也就是我们之所以记 $n$ 阶导数为 $\frac{d^n y}{dx^n}$ 的原因. 但是,对于复合函数我们就不能得出这一公式了. 因为当 $y=f(u)$ 中 $u$ 是自变量 $x$ 的函数 $u=g(x)$ 时,由一阶微分形式不变性可得

$$dy=f'(u)du,$$

但是,由于 $u$ 不是自变量,故 $du$ 将依赖于自变量 $x$,事实上

$$du=g'(x)dx,$$

因此有

$$d^2 y=d[f'(u)du]=[df'(u)]du+f'(u)d(du)=f''(u)du^2+f'(u)d^2 u.$$

当 $u$ 是自变量 $x$ 时,$d^2 x=0$,上式又回到前面导出的公式

$$d^2 y=f''(x)dx^2.$$

这一事实说明高阶微分不具有形式不变性. 这是高阶微分与一阶微分之间的一个重要差别.

考虑一个例子. 设 $y=x^2$,那么,当 $x$ 是自变量时,由定义立即可求得

$$dy=2xdx,$$

$$d^2 y=2dx^2.$$

但是当 $x$ 不是自变量,而是另一变量 $t$ 的函数时,例如,设 $x=t^2$,于是 $y=t^4$. 因而

$$dy=4t^3 dt,$$

$$d^2 y=12t^2 dt^2.$$

由此可看出,对于 $d^2 y$,如果从 $d^2 y=2dx^2$ 出发仍然以 $x=t^2$ 代入,则得

$$d^2 y=2dx^2=2\,(2tdt)^2=8t^2 dt^2,$$

而不是 $12t^2 dt^2$,这是什么原因呢? 因为 $x$ 不是自变量,$dx$ 是 $t$ 的函数,此时 $d^2 x\neq 0$,应为

$$d^2 y=2dx^2+2xd^2 x,$$

而 $d^2 x=d(2tdt)=2dt^2$,代入上式,得

$$d^2 y=2\,(2tdt)^2+2t^2(2dt^2)=12t^2 dt^2.$$

这才得到了上面已求出的正确答案.

我们提醒读者注意区别以下这几种记号的不同意义:$(dx)^2$ 表示 $x$ 微分的平方,有时也简记为 $dx^2$;而 $d(x^2)$ 是 $x^2$ 的微分,即 $2xdx$;$d^2 x$ 是 $x$ 的二阶微分,即 $d(dx)$,注意勿使混淆.

# 习 题 6

**一、判断题**(正确打√并给出证明,错误打×并给出反例)

1. 如果 $f'(0)=2$,则 $y=2x$ 就是 $f(x)$ 在 $x=0$ 点的微分. ( )
2. 函数的微分就是函数的导数. ( )
3. 设 $y=f(x)$ 可微并且 $\Delta y\neq0$,则 $\Delta x\to0$ 时,$dy-\Delta y$ 是 $\Delta y$ 的高阶无穷小. ( )
4. 如果函数 $y=f(x)$ 可微,则 $\Delta x\to0$ 时,可以用 $dy$ 近似 $\Delta y$. ( )
5. 函数 $y=f(x)$ 具有二阶微分的充分必要条件是 $y=f(x)$ 具有二阶导数. ( )

**二、填空题**(将正确答案填在横线之上)

1. 如果 $dy=dx$,则 $d^2y=$____________.
2. d____________ $=\dfrac{1}{\sqrt{x}}dx$.
3. 设 $y=e^{\sqrt{\sin2x}}$,则 $dy=$____________ $d(\sin2x)$.
4. 设 $y=\sqrt{f\left[\varphi^2\left(\dfrac{1}{x}\right)\right]}$,且 $f(x)$,$\varphi(x)$ 均可微,则 $\Delta y=$____________;$dy=$____________.
5. 设函数 $y=f(x)$ 可导,且 $f'(x)=\dfrac{1}{x^2+1}$,则 $df\left(\dfrac{1}{x}\right)=$____________.

**三、单项选择题**(将正确答案的选项字母填入括号内)

1. 设 $y=f(u)$ 是可微函数,而 $u$ 是 $x$ 的可微函数,则 $dy=$( ).

(A) $f'(u)udx$; (B) $f'(u)du$; (C) $f'(u)dx$; (D) $f'(u)u'du$.

2. 如果 $f'(x_0)\neq0$,则当 $\Delta x\to0$ 时,$dy$( ).

(A) 是 $\Delta x$ 的线性函数; (B) 当 $\Delta x\to0$ 时是 $\Delta x$ 的同阶无穷小;

(C) 当 $\Delta x\to0$ 时是 $\Delta x$ 的高阶无穷小; (D) 当 $\Delta x\to0$ 时是 $\Delta x$ 的等阶无穷小.

3. 下列结论正确的是( ).

(A) $d^2y=(dy)^2$,$d^2x=(dx)^2$; (B) $d^2y=d(dy)$,$d^2x=(dx)^2$;

(C) $d^2y=dy^2$,$d^2x=dx^2$; (D) $d^2y=d(dy)$,$d^2x=d(dx)$.

4. 下列结论正确的是( ).

(A) $dy=0$ 是因为 $dx=0$; (B) $dy=0$ 是因为 $\Delta x=0$;

(C) $dy=0$ 是因为 $f'(x)=0$; (D) $dy\neq0$.

5. 下列结论错误的是( ).

(A) 函数的微分是 $\Delta x$ 的线性函数;

(B) 函数的微分是过原点且与切线平行的直线;

(C) 函数的微分不可能等于函数的增量;

(D) 函数的微分等于函数的增量与 $\Delta x$ 的高阶无穷小之和.

**四、计算题**

1. 求下列函数的一、二阶微分:

(1) $y=\dfrac{1}{x}+\sqrt{x}$；

(2) $y=x^2\sin x$；

(3) $y=\dfrac{x}{\sqrt{1+x^2}}$；

(4) $y=\ln\dfrac{1}{x^2-1}$.

2. 分别标出下图中 $y=f(x)$在点 $x_0$ 处的 $\mathrm{d}y$,$\Delta y$ 及其 $\Delta y-\mathrm{d}y$,并说明其正负.

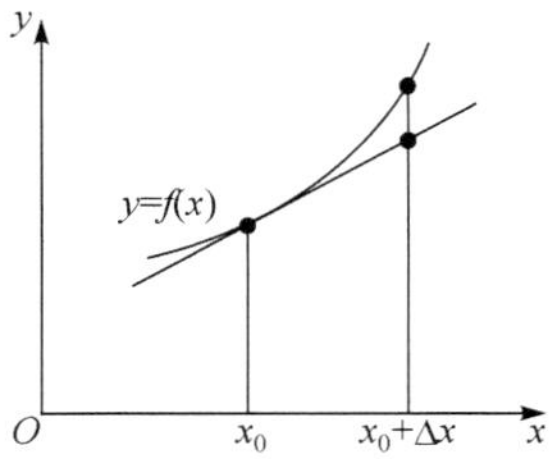


(a)

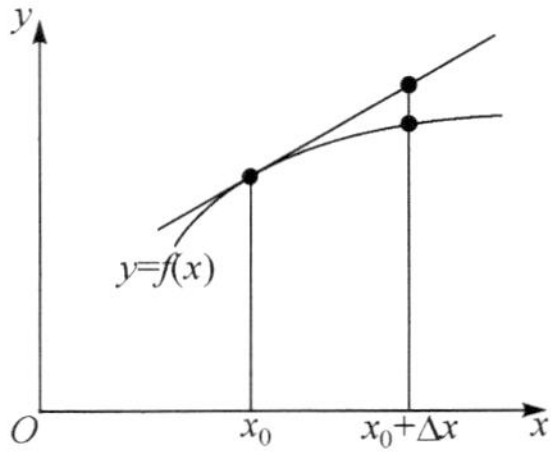


(b)

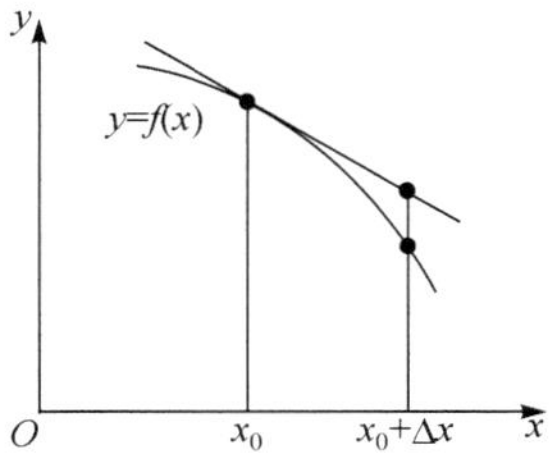


(c)

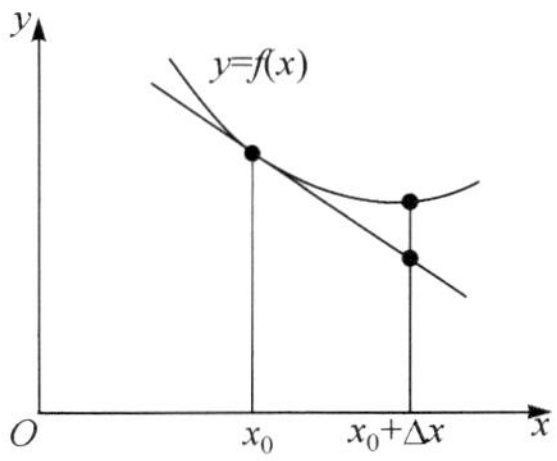


(d)

3. 计算下列各式的近似值：

(1) $\sin 29°$；

(2) $\dfrac{1}{\sqrt{99.5}}$；

(3) $\ln 1.05$.

**五、证明题**

利用微分证明：当$|x|$很小时，$\dfrac{1}{1+x^2}\approx 1-x^2$.

# 第 7 章　微分中值定理与泰勒公式

微分中值定理是微分学的理论基础. 泰勒(Taylor)公式是微分学中的强有力工具. 它们揭示了函数值与导数值之间的定量关系,为利用导数研究函数搭建了桥梁,起到了连接两者的纽带作用.

## 7.1　罗尔中值定理

首先介绍著名的费马(Fermat)引理.

**定理 7.1.1**　已知函数 $f(x)$在开区间$(a,b)$内 $x_0$ 点取得最大值或者最小值,若 $f(x)$在 $x_0$ 点可导,则 $f'(x_0)=0$.

**证明**　不妨只证 $f(x)$在 $x_0$ 点取得最大值的情形,最小值情形同理可证. 由于 $f(x)$在 $x_0$ 点取得最大值,所以当 $x\in(a,b)$时,$f(x)\leqslant f(x_0)$. 而 $x_0$ 属于开区间$(a,b)$,因此,只要$|\Delta x|$充分小,就有 $x_0+\Delta x\in(a,b)$,所以 $f(x_0+\Delta x)-f(x_0)\leqslant 0$. 又 $f'(x_0)$存在,于是

$$f'(x_0)=\lim_{\Delta x\to 0^+}\frac{f(x_0+\Delta x)-f(x_0)}{\Delta x}\leqslant 0\leqslant \lim_{\Delta x\to 0^-}\frac{f(x_0+\Delta x)-f(x_0)}{\Delta x}=f'(x_0),$$

所以 $f'(x_0)=0$. □

**注 7.1.1**　(1) 费马引理的本质条件是 $x_0$ 属于开区间$(a,b)$内.

(2) 费马引理的逆不成立,即如果 $f'(x_0)=0$,不能说明 $f(x)$在 $x_0$ 点取得最大值或者最小值. 例如,对于函数 $f(x)=x^3$ 有 $f'(0)=0$,但 $f(x)=x^3$ 在 $x_0=0$ 点既没有取得最大值,也没有取得最小值.

(3) 今后称满足 $f'(x)=0$ 的点 $x_0$ 为函数 $f(x)$的驻点或者稳定点,或者更近代的数学名称——临界点. 临界点理论,或者变分方法是现代分析数学的一个重要分支,它在证明各类方程解的存在性方面起着十分重要的作用.

利用费马引理,我们得到如下结论.

**定理 7.1.2**(罗尔(Rolle)中值定理)　若函数 $f(x)$在闭区间$[a,b]$上连续,在开区间$(a,b)$内可导,且 $f(a)=f(b)$,则至少存在一点 $\xi\in(a,b)$使得 $f'(\xi)=0$.

**证明**　由于 $f(x)$在$[a,b]$上连续,所以 $f(x)$在$[a,b]$上有最大值和最小值. 设

$$x_1,x_2\in[a,b],\quad f(x_1)=\min_{x\in[a,b]}f(x):=m,\quad f(x_2)=\max_{x\in[a,b]}f(x_2):=M.$$

若 $M=m$,则 $f(x)$是常函数,显然对任意 $\xi\in(a,b)$,都有 $f'(\xi)=0$.

若 $M\neq m$,则由条件 $f(a)=f(b)$知 $x_1,x_2$ 中至少有一点属于开区间$(a,b)$,所

以由引理 7.1.1 知存在 $\xi\in(a,b)$ 使得 $f'(\xi)=0$. □

**例 7.1.1**　若常数 $a_0,a_1,\cdots a_n$ 满足 $\frac{a_0}{n+1}+\frac{a_1}{n}+\cdots+\frac{a_{n+1}}{2}+a_n=0$,证明代数方程 $a_0x^n+a_1x^{n-1}+\cdots+a_{n-1}x+a_n=0$ 必有实根.

**证明**　令 $f(x)=\frac{a_0}{n+1}x^{n+1}+\frac{a_1}{n}x^n+\cdots+\frac{a_{n-1}}{2}x^2+a_nx$,则 $f(x)$ 在 $[0,1]$ 上连续,在 $(0,1)$ 内可导,$f(0)=0=f(1)$. 于是,由罗尔定理知必存在 $\xi\in(0,1)$,使得 $f'(\xi)=0$,而 $f'(\xi)=a_0\xi^n+a_1\xi^{n-1}+\cdots+a_{n-1}\xi+a_n$,所以 $\xi$ 是该方程的一个根. □

**例 7.1.2**　若 $f(x)$ 在 $[0,1]$ 上连续,在 $(0,1)$ 内可导,$f(0)=0$,$f(1)=\frac{1}{2}$,证明存在 $\xi\in(0,1)$ 使得 $f'(\xi)=\xi$.

**证明**　令 $F(x)=f(x)-\frac{1}{2}x^2$, $x\in[0,1]$. 由已知条件知 $F(x)$ 在 $[0,1]$ 上连续,在 $(0,1)$ 内可导,并且 $F(0)=0=F(1)$,于是,由罗尔定理知必存在 $\xi\in(0,1)$,使得 $F'(\xi)=0$,而 $F'(\xi)=f'(\xi)-\xi$,所以存在 $\xi\in(0,1)$ 使得 $f'(\xi)=\xi$. □

**例 7.1.3**　若 $f(x)$ 及 $g(x)$ 在 $[a,b]$ 上二阶可导,并且 $g''(x)\neq0$,$f(a)=f(b)=g(a)=g(b)=0$,证明

(1) 在 $(a,b)$ 内,$g(x)\neq0$.

(2) 存在 $\xi\in(a,b)$ 使得 $\frac{f(\xi)}{g(\xi)}=\frac{f''(\xi)}{g''(\xi)}$.

**证明**　(1) 如果存在 $c\in(a,b)$,使得 $g(c)=0$,则由 $g(a)=g(b)=0$ 知存在 $\xi_1\in(a,c)$ 及 $\xi_2\in(c,b)$,使得 $g'(\xi_1)=g'(\xi_2)=0$,从而存在 $\xi_3\in(\xi_1,\xi_2)$ 使得 $g''(\xi_3)=0$,这与在 $[a,b]$ 上 $g''(x)\neq0$ 矛盾,所以在 $(a,b)$ 内,$g(x)\neq0$.

(2) 令 $\varphi(x)=f(x)g'(x)-f'(x)g(x)$,$x\in[a,b]$. 那么 $\varphi(x)$ 在 $[a,b]$ 上连续,在 $(a,b)$ 内可导,并且 $\varphi(a)=0=\varphi(b)$. 于是由罗尔定理知存在 $\xi\in(a,b)$ 使得 $\varphi'(\xi)=0$,即 $f(\xi)g''(\xi)=f''(\xi)g(\xi)$. 注意到在 $(a,b)$ 内 $g(x)\neq0$,$g''(x)\neq0$,从而得 $\frac{f(\xi)}{g(\xi)}=\frac{f''(\xi)}{g''(\xi)}$. □

## 7.2　拉格朗日中值定理

罗尔中值定理的结论表明,在一定的条件下,曲线 $y=f(x)$ 上存在具有切线平行于水平割线的点. 认识到这一点,当 $f(a)\neq f(b)$ 时,罗尔中值定理的结论应该修正为 $f'(\xi)=\frac{f(b)-f(a)}{b-a}$.

**定理 7.2.1** (拉格朗日(Lagrange)中值定理)　若函数 $f(x)$ 在闭区间 $[a,b]$ 上

连续,在开区间$(a,b)$内可导,则至少存在一点$\xi\in(a,b)$使得

$$f'(\xi)=\frac{f(b)-f(a)}{b-a}. \tag{7.2.1}$$

**证明** 令$F(x)=f(x)-f(a)-\dfrac{f(b)-f(a)}{b-a}(x-a),x\in[a,b]$,则$F(x)$在$[a,b]$上连续,在$(a,b)$内可导,且$F(a)=F(b)$. 于是,由罗尔定理可知,必存在$\xi\in(a,b)$,使得$F'(\xi)=0$. 而$F'(\xi)=f'(\xi)-\dfrac{f(b)-f(a)}{b-a}$,于是

$$f'(\xi)=\frac{f(b)-f(a)}{b-a}.$$

□

**注 7.2.1** 也可以构造其他的辅助函数证明拉格朗日中值定理. 例如,令$F(x)=f(x)-\dfrac{f(b)-f(a)}{b-a}x,x\in[a,b]$. 关于通过构造辅助函数证明某些结论的方法,读者只有多思考、多感悟,多练习才能领会其中的奥妙.

拉格朗日中值定理的结论还有一些其他的表达形式. 例如,

$$f(b)-f(a)=f'(\xi)(b-a),$$

或者

$$f(b)=f(a)+f'(\xi)(b-a).$$

而且当$a>b$时,结论也显然成立. 进一步,令$x=a,\Delta x=b-a$,又有

$$\Delta y=f(x+\Delta x)-f(x)=f'(\xi)\Delta x. \tag{7.2.2}$$

与函数可微分的式子$\Delta y=f(x+\Delta x)-f(x)=f'(x)\Delta x+o(\Delta x)$相比较,式(7.2.2)去掉了高阶无穷小$o(\Delta x)$,因此,通常也称式(7.2.2)为有限增量公式,拉格朗日中值定理也被称为有限增量定理. 当记$\xi=x+\theta\Delta x,0<\theta<1$时,式(7.2.2)又可以写作

$$\Delta y=f'(x+\theta\Delta x)\Delta x. \tag{7.2.3}$$

第6章学习了函数的导数,得到结论:若$f(x)\equiv C,x\in[a,b]$,$C$为常数,则$f'(x)=0,\forall x\in[a,b]$. 那么,此结论的逆命题如何呢? 回答是肯定的.

**定理 7.2.2** 若$f(x)$在$[a,b]$上连续,并且在$(a,b)$内$f'(x)=0$,则$f(x)\equiv C$,$x\in[a,b]$,其中$C$为常数.

**证明** 在区间$[a,b]$上任取两点$x_1,x_2$,并且$x_1<x_2$. 则$f(x)$在区间$[x_1,x_2]$上满足定理7.2.1的所有条件. 于是必存在$\xi\in(x_1,x_2)$,使得

$$f(x_2)-f(x_1)=f'(\xi)(x_2-x_1),$$

又由$f'(x)=0$知$f'(\xi)=0$,所以$f(x_2)=f(x_1)$. 由$x_1,x_2$的任意性可知$[a,b]$上任意两个不同点的函数值均相等,记为$C$,于是$f(x)\equiv C,x\in[a,b]$. □

**推论 7.2.1** 若函数$f(x)$和$g(x)$在$[a,b]$上连续并且在$(a,b)$内$f'(x)=$

$g'(x)$，则在$[a,b]$上，$f(x)$与$g(x)$至多相差一个常数.

拉格朗日中值定理在整个微分学中占有重要地位，应用也非常广泛.

**例 7.2.1** 证明当$x\in(-\infty,1)$时，$\arctan\dfrac{1+x}{1-x}-\arctan x=\dfrac{\pi}{4}$.

**证明** $\forall A>0$，在区间$(-A,1)$内考虑$f(x)=\arctan\dfrac{1+x}{1-x}$与$g(x)=\arctan x$. 注意到$f'(x)=\dfrac{1}{1+x^2}$，$g'(x)=\dfrac{1}{1+x^2}$，即$f'(x)=g'(x)$. 这表明对$x\in(-A,1)$，存在某个常数$C$使得$f(x)=g(x)+C$. 又由于$0\in(-A,1)$，所以$f(0)=g(0)+C$，于是$C=\dfrac{\pi}{4}$，所以$f(x)-g(x)=\dfrac{\pi}{4}$，从而结论成立. □

**例 7.2.2** 若$0<\alpha<\beta<\dfrac{\pi}{2}$，证明$\dfrac{\beta-\alpha}{\cos^2\alpha}<\tan\beta-\tan\alpha<\dfrac{\beta-\alpha}{\cos^2\beta}$.

**证明** 因为$y=\tan x$在$[\alpha,\beta]$上连续，在$(\alpha,\beta)$内可导，所以由拉格朗日中值定理知存在$\xi\in(\alpha,\beta)$，使得

$$\tan\beta-\tan\alpha=\frac{\beta-\alpha}{\cos^2\xi}.$$

由于在$\left(0,\dfrac{\pi}{2}\right)$上$\cos x$单调递减，从而当$0<\alpha<\beta<\dfrac{\pi}{2}$，

$$\cos^2\alpha>\cos^2\xi>\cos^2\beta>0,$$

所以$\dfrac{\beta-\alpha}{\cos^2\alpha}<\tan\beta-\tan\alpha<\dfrac{\beta-\alpha}{\cos^2\beta}$. □

如果存在常数$L>0$，使得对$(a,b)$内的任意两点$x,y$，都有$|f(x)-f(y)|\leqslant L|x-y|$，则称函数$f(x)$在$(a,b)$内满足利普希茨(Lipschitz)条件.

**例 7.2.3** 如果$f(x)$在$(a,b)$内可导，并且导函数$f'(x)$在$(a,b)$内有界，则$f(x)$在$(a,b)$内满足利普希茨条件.

**证明** 设$|f'(x)|\leqslant L$，$x\in(a,b)$，则对$(a,b)$内的任意两点$x,y$，由拉格朗日中值定理知必存在介于$x,y$之间的$\xi$，使得$f(x)-f(y)=f'(\xi)(x-y)$，所以$|f(x)-f(y)|\leqslant L|x-y|$，所以$f(x)$在$(a,b)$内满足李普希茨条件. □

**注 7.2.2** 利普希茨条件是数学上常用的一种条件. 例如，当$f(x)$在$(a,b)$内连续时，不能推得$f(x)$在$(a,b)$内一致连续，但如果$f(x)$在$(a,b)$内满足利普希茨条件，则$f(x)$在$(a,b)$内一致连续. 通俗地说，利普希茨条件介于条件连续与可导之间，即它比连续条件强，而比可导条件弱.

下面利用费马引理和拉格朗日中值定理给出导函数的若干性质.

**例 7.2.4**（导数极限定理） 如果$f(x)$在$\mathring{U}(x_0)$内可导，在$x_0$点连续，

$\lim\limits_{x\to x_0}f'(x)=A$,那么 $f(x)$在 $x_0$ 点也可导,并且 $f'(x_0)=A$.

**证明** 只要 $|\Delta x|>0$ 并且充分小,则由假设条件知 $f(x)$在以 $x_0$ 及 $x_0+\Delta x$ 为端点的闭区间上连续、开区间内可导,所以由拉格朗日中值定理得

$$\frac{f(x_0+\Delta x)-f(x_0)}{\Delta x}=f'(\xi),$$

其中 $\xi$ 介于 $x_0$ 与 $x_0+\Delta x$ 之间. 于是,注意到当 $\Delta x\to 0$ 时,$\xi\to x_0$,因此

$$f'(x_0)=\lim_{\Delta x\to 0}\frac{f(x_0+\Delta x)-f(x_0)}{\Delta x}=\lim_{\Delta x\to 0}f'(\xi)=\lim_{\xi\to x_0}f'(\xi)=A.$$ □

**例 7.2.5**(导函数无第一类间断点) 如果函数 $f(x)$在$(a,b)$内可导,那么 $f'(x)$在$(a,b)$内无第一类间断点.

**证明** 用反证法. 假设 $x_0\in(a,b)$是 $f'(x)$的第一类间断点,则 $f'(x_0+0)$与 $f'(x_0-0)$都存在. 于是,由例 7.2.4 知

$$f'(x_0-0)=f'_-(x_0);\quad f'(x_0+0)=f'_+(x_0).$$

而 $f(x)$在 $x_0$ 可导,因此$\lim\limits_{x\to x_0}f'(x)=f'(x_0)$,这与 $x_0$ 是 $f'(x)$的间断点矛盾. □

**例 7.2.6**(达布(Darboux)导函数介值定理) 设函数 $f(x)$在$[a,b]$上可导,且 $f'(a)\neq f'(b)$,则

(1) 如果 $f'(a)f'(b)<0$,那么存在 $\xi\in(a,b)$使得 $f'(\xi)=0$;

(2) 对介于 $f'(a)$与 $f'(b)$之间任何实数 $\eta$,存在 $\xi\in(a,b)$,使得 $f'(\xi)=\eta$.

**证明** (1) 不妨假设 $f'(a)>0$,$f'(b)<0$.

由于 $f(x)$在$[a,b]$上可导,所以 $f(x)$在$[a,b]$上连续,从而 $f(x)$在$[a,b]$上存在最大值. 而

$$f'(a)=\lim_{x\to a^+}\frac{f(x)-f(a)}{x-a}>0,\quad f'(b)=\lim_{x\to b^-}\frac{f(x)-f(b)}{x-b}<0,$$

根据极限的局部保号性定理,存在 $\delta>0$,使得

$$\frac{f(x)-f(a)}{x-a}>0,\ a<x<a+\delta;\quad \frac{f(x)-f(b)}{x-b}<0,\ b-\delta<x<b,$$

于是,存在 $a_1\in(a,a+\delta)$,$b_1\in(b-\delta,b)$,使得 $f(a_1)>f(a)$,$f(b_1)>f(b)$,所以 $f(x)$在$[a,b]$上的最大值不在区间$[a,b]$的端点取到,故 $f(x)$必在某点 $\xi\in(a,b)$取得最大值,从而由费马引理知 $f'(\xi)=0$.

(2) 不妨设 $f'(a)<\eta<f'(b)$. 令

$$F(x)=\eta x-f(x),\quad x\in[a,b].$$

因为 $F(x)$在$[a,b]$上可导,$F'(a)>0$,$F'(b)<0$,从而由(1)知存在 $\xi\in(a,b)$,使$F'(\xi)=0$,即 $f'(\xi)=\eta$. □

**注 7.2.3** 达布导函数介值定理并不需要导函数连续的条件,这与连续函数的介值定理不同. 结合例 7.2.5 与例 7.2.6,说明并不是任何一个函数都可以成为

某个函数的导函数,导函数本身具有某些自身的特性.

## 7.3　柯西中值定理

如果曲线 $C$ 的方程由参数形式

$$\begin{cases} X=f(x), \\ Y=g(x), \end{cases} \quad a\leqslant x\leqslant b$$

给出,易知曲线 $C$ 上对应参数 $x=\xi$ 点处的切线斜率为$\dfrac{f'(\xi)}{g'(\xi)}$,而连接曲线 $C$ 两个端点(对应着参数 $x=a$ 及 $x=b$)的割线斜率为$\dfrac{f(b)-f(a)}{g(b)-g(a)}$,这时拉格朗日中值定理的结论就变形为$\dfrac{f'(\xi)}{g'(\xi)}=\dfrac{f(b)-f(a)}{g(b)-g(a)}$.

**定理 7.3.1** (柯西中值定理)　若函数 $f(x)$ 与 $g(x)$ 均在闭区间 $[a,b]$ 上连续,在开区间 $(a,b)$ 内均可导,且 $g'(x)$ 在 $(a,b)$ 内恒不为 0,则在 $(a,b)$ 内至少存在一点 $\xi$,使得$\dfrac{f'(\xi)}{g'(\xi)}=\dfrac{f(b)-f(a)}{g(b)-g(a)}$.

**证明**　首先,证明 $g(a)\neq g(b)$. 若不然,由罗尔中值定理,必存在 $\xi\in(a,b)$,使得 $g'(\xi)=0$,这与已知条件 $g'(x)$ 在 $(a,b)$ 内恒不为 0 矛盾.

其次,令 $\varphi(x)=[f(b)-f(a)]g(x)-[g(b)-g(a)]f(x)$,则 $\varphi(x)$ 在 $[a,b]$ 上连续,在 $(a,b)$ 内可导,且 $\varphi(a)=\varphi(b)$,由罗尔定理,必存在 $\xi\in(a,b)$,使得 $\varphi'(\xi)=0$,于是

$$\frac{f'(\xi)}{g'(\xi)}=\frac{f(b)-f(a)}{g(b)-g(a)}.$$

□

**推论 7.3.1**　若 $f(x)$ 与 $g(x)$ 均在 $[a,b]$ 上连续,在 $(a,b)$ 内可导,则必存在 $\xi\in(a,b)$,使得 $f'(\xi)[g(b)-g(a)]=g'(\xi)[f(b)-f(a)]$.

在柯西中值定理中,取 $g(x)=x$,则 $f'(\xi)=\dfrac{f(b)-f(a)}{b-a}$,这正是拉格朗日中值定理的结论,如进一步再假设 $f(a)=f(b)$,则得到罗尔中值定理. 所以本章介绍的罗尔中值定理、拉格朗日中值定理以及柯西中值定理,前一个都是后一个的特殊情形. 当然后一个也都是前一个的推广形式,它们统称为“微分中值定理”. 对于在闭区间 $[a,b]$ 上连续,在开区间 $(a,b)$ 内可导的函数,微分中值定理给出函数在 $[a,b]$ 上的增量与开区间 $(a,b)$ 内某点 $\xi$ 处导数值的定量关系. 此处关于 $\xi$ 只给出了存在性,并不一定唯一,也没有具体指明 $\xi$ 的确切位置(所谓“中值”只是意味着 $\xi$ 位于 $(a,b)$ 内,并不表明 $\xi$ 是 $(a,b)$ 的中点),但通常情形下,并不影响它们的应用.

# 7.4 洛必达法则

## 7.4.1 $\frac{0}{0}$型或$\frac{\infty}{\infty}$型未定式

如果$\lim\limits_{P} f(x)=0(\infty)$，并且$\lim\limits_{P} g(x)=0(\infty)$，则称极限$\lim\limits_{P}\frac{f(x)}{g(x)}$为$\frac{0}{0}\left(\frac{\infty}{\infty}\right)$型未定式. 利用柯西中值定理，在一定的条件下，可以给出这类极限的一种计算方法，通常称为洛必达(L'Hospital)法则. 它事实上是第 2 章中求数列极限的斯托尔茨公式的连续形式.

**定理 7.4.1** 若

(1) $\lim\limits_{x\to a}\frac{f(x)}{g(x)}$为$\frac{0}{0}$型未定式；

(2) $f(x)$与 $g(x)$均在 $a$ 点的某去心邻域内可导，且 $g'(x)\neq 0$；

(3) $\lim\limits_{x\to a}\frac{f'(x)}{g'(x)}=A$($A$ 为常数或无穷大)，

则

$$\lim_{x\to a}\frac{f(x)}{g(x)}=\lim_{x\to a}\frac{f'(x)}{g'(x)}=A.$$

**证明** 引进两个新的函数

$$F(x)=\begin{cases}f(x), & x\neq a,\\ 0, & x=a\end{cases} \quad 及 \quad G(x)=\begin{cases}g(x), & x\neq a,\\ 0, & x=a,\end{cases}$$

那么$\lim\limits_{x\to a}F(x)=\lim\limits_{x\to a}f(x)=0=F(a)$，$\lim\limits_{x\to a}G(x)=\lim\limits_{x\to a}g(x)=0=G(a)$，所以 $F(x)$及 $G(x)$均在 $x=a$ 点连续. 在 $a$ 点的邻域内取一点 $x$，于是，$F(x)$与 $G(x)$在以 $a$ 及 $x$ 为端点的区间上满足柯西中值定理的条件，所以在 $x$ 与 $a$ 之间至少存在一点 $\xi$，使得

$$\frac{f(x)}{g(x)}=\frac{F(x)-F(a)}{G(x)-G(a)}=\frac{F'(\xi)}{G'(\xi)}=\frac{f'(\xi)}{g'(\xi)},$$

而当 $x\to a$时，有 $\xi\to a$，所以

$$\lim_{x\to a}\frac{f(x)}{g(x)}=\lim_{\xi\to a}\frac{f'(\xi)}{g'(\xi)}=\lim_{x\to a}\frac{f'(x)}{g'(x)}=A. \qquad \square$$

稍作一些变化，可以证明以下结论.

**定理 7.4.2** 若

(1) $\lim\limits_{x\to a}\frac{f(x)}{g(x)}$为$\frac{\infty}{\infty}$型未定式；

(2) $f(x)$与 $g(x)$均在 $a$ 点的某去心邻域内可导，且 $g'(x)\neq 0$；

(3) $\lim\limits_{x\to a}\dfrac{f'(x)}{g'(x)}=A$($A$ 为常数或无穷大),

则

$$\lim_{x\to a}\frac{f(x)}{g(x)}=\lim_{x\to a}\frac{f'(x)}{g'(x)}=A.$$ □

**注 7.4.1**　可以证明,只要$\lim\limits_{P}\dfrac{f(x)}{g(x)}$为$\dfrac{0}{0}$或者$\dfrac{\infty}{\infty}$,对任意的极限过程 $P$,上述结论都是正确的. 特别地,只要$\lim\limits_{P}g(x)=\infty$,上述结论也是正确的.

**注 7.4.2**　对$\dfrac{0}{0}$型或者$\dfrac{\infty}{\infty}$型极限,只要符合使用洛必达法则的条件就可以继续使用,直到求出结果或不满足条件为止.

**例 7.4.1**　求极限$\lim\limits_{x\to 0}\dfrac{e^x+e^{-x}-2}{1-\cos 2x}$.

**解**　此极限为$\dfrac{0}{0}$型未定式,由洛必达法则,有

$$\lim_{x\to 0}\frac{e^x+e^{-x}-2}{1-\cos 2x}=\lim_{x\to 0}\frac{e^x-e^{-x}}{2\sin 2x}=\lim_{x\to 0}\frac{e^x+e^{-x}}{4\cos 2x}=\frac{1}{2}.$$ □

**例 7.4.2**　求极限 $\lim\limits_{x\to 0^+}\dfrac{\sqrt{x}}{1-e^{2\sqrt{x}}}$.

**解**　此极限为$\dfrac{0}{0}$型未定式,由洛必达法则,有

$$\lim_{x\to 0^+}\frac{\sqrt{x}}{1-e^{2\sqrt{x}}}=\lim_{x\to 0^+}\frac{\dfrac{1}{2\sqrt{x}}}{\dfrac{-e^{2\sqrt{x}}}{\sqrt{x}}}=\lim_{x\to 0^+}\frac{1}{-2e^{2\sqrt{x}}}=-\frac{1}{2}.$$ □

**例 7.4.3**　求极限 $\lim\limits_{x\to +\infty}\dfrac{\ln x}{\sqrt{x}}$.

**解**　此极限为$\dfrac{\infty}{\infty}$型未定式,由洛必达法则,有

$$\lim_{x\to +\infty}\frac{\ln x}{\sqrt{x}}=\lim_{x\to +\infty}\frac{\dfrac{1}{x}}{\dfrac{1}{2\sqrt{x}}}=\lim_{x\to +\infty}\frac{2}{\sqrt{x}}=0.$$ □

**注 7.4.3**　利用洛必达法则,可以比较出对数函数、幂函数以及指数函数趋于$\infty$的“速度”. 例如,当 $x\to +\infty$时,$a^x\gg x^a\gg \log_a x$.

**例 7.4.4** 求极限 $\lim\limits_{x\to+\infty}\frac{e^x}{x^n}$,其中常数 $n\in\mathbb{N}$.

**证明** 此极限为$\frac{\infty}{\infty}$型未定式,由洛必达法则,有

$$\lim_{x\to+\infty}\frac{e^x}{x^n}=\lim_{x\to+\infty}\frac{e^x}{nx^{n-1}}=\lim_{x\to+\infty}\frac{e^x}{n(n-1)x^{n-2}}=\cdots=\lim_{x\to+\infty}\frac{e^x}{n!}=+\infty.$$ □

### 7.4.2 其他未定式

1. $0\cdot\infty$型未定式

对于此类未定式,可先变形,即

$$0\cdot\infty=\frac{0}{\frac{1}{\infty}}=\frac{0}{0}\quad 或者\quad 0\cdot\infty=\frac{\infty}{\frac{1}{0}}=\frac{\infty}{\infty},$$

然后再利用洛必达法则.

**例 7.4.5** 求极限 $\lim\limits_{x\to0^+}x^2\ln x$.

**解** 此极限为 $0\cdot\infty$型未定式,于是

$$\lim_{x\to0^+}x^2\ln x=\lim_{x\to0^+}\frac{\ln x}{\frac{1}{x^2}}=\lim_{x\to0^+}\frac{\frac{1}{x}}{\frac{-2}{x^3}}=\lim_{x\to0^+}\frac{x^3}{-2x}=\lim_{x\to0^+}\frac{x^2}{-2}=0.$$ □

2. $\infty-\infty$型未定式

对于此类未定式,可以通过通分的方式,化为$\frac{0}{0}$型或$\frac{\infty}{\infty}$型.

**例 7.4.6** 求极限$\lim\limits_{x\to0}\left(\cot x-\frac{1}{x}\right)$.

**解** 此极限为$\infty-\infty$型未定式,于是

$$\begin{aligned}\lim_{x\to0}\left(\cot x-\frac{1}{x}\right)&=\lim_{x\to0}\frac{x\cos x-\sin x}{x\sin x}\\&=\lim_{x\to0}\frac{\cos x-x\sin x-\cos x}{\sin x+x\cos x}\\&=\lim_{x\to0}\frac{-\sin x}{\frac{\sin x}{x}+\cos x}=0.\end{aligned}$$ □

3. $\infty^0,0^0,1^\infty$型未定式

对于幂指类型的未定式,可以通过取对数的方式,将其化为 $0\cdot\infty$型,进而转

化为$\frac{0}{0}$型或$\frac{\infty}{\infty}$型，再用洛必达法则求极限.

**例 7.4.7**　求极限 $\lim\limits_{x\to+\infty} x^{\frac{1}{x}}$.

**解**　此极限为$\infty^0$ 型未定式，于是

$$\lim_{x\to+\infty} x^{\frac{1}{x}}=\lim_{x\to+\infty} \mathrm{e}^{\frac{1}{x}\ln x}=\mathrm{e}^{\lim\limits_{x\to+\infty}\frac{1}{x}\ln x},$$

而 $\lim\limits_{x\to+\infty}\dfrac{\ln x}{x}=\lim\limits_{x\to+\infty}\dfrac{\frac{1}{x}}{1}=0$，所以 $\lim\limits_{x\to+\infty} x^{\frac{1}{x}}=\mathrm{e}^0=1$. □

**例 7.4.8**　求极限 $\lim\limits_{x\to0^+} x^{\sin x}$.

**解**　此极限为 $0^0$ 型未定式，由于 $\lim\limits_{x\to0^+} x^{\sin x}=\lim\limits_{x\to0^+}\mathrm{e}^{\sin x\ln x}=\mathrm{e}^{\lim\limits_{x\to0^+}\sin x\ln x}$，而

$$\lim_{x\to0^+}\sin x\ln x=\lim_{x\to0^+}\frac{\ln x}{\frac{1}{\sin x}}=\lim_{x\to0^+}\frac{\frac{1}{x}}{\frac{-\cos x}{\sin^2 x}}=\lim_{x\to0^+}\left(-\frac{1}{x}\cdot\frac{\sin^2 x}{\cos x}\right)=0,$$

所以 $\lim\limits_{x\to0^+} x^{\sin x}=\mathrm{e}^0=1$. □

**例 7.4.9**　求极限$\lim\limits_{x\to\frac{\pi}{4}}\tan x^{\tan 2x}$.

**解**　此极限为 $1^\infty$型未定式. 由于$\lim\limits_{x\to\frac{\pi}{4}}\tan x^{\tan 2x}=\lim\limits_{x\to\frac{\pi}{4}}\mathrm{e}^{\tan 2x\ln(\tan x)}=\mathrm{e}^{\lim\limits_{x\to\frac{\pi}{4}}\frac{\ln(\tan x)}{\cot 2x}}$，而

$$\lim_{x\to\frac{\pi}{4}}\frac{\ln(\tan x)}{\cot 2x}=\lim_{x\to\frac{\pi}{4}}\frac{\cot x\cdot\sec^2 x}{-2\csc^2 2x}=\lim_{x\to\frac{\pi}{4}}\frac{-\sin^2 2x}{2\tan x\cos^2 x}=-1,$$

所以$\lim\limits_{x\to\frac{\pi}{4}}\tan x^{\tan 2x}=\dfrac{1}{\mathrm{e}}$. □

**例 7.4.10**　求数列极限$\lim\limits_{n\to\infty}\left(1+\dfrac{1}{n}-\dfrac{1}{n^2}\right)^n$.

**解**　因为函数极限

$$\lim_{x\to+\infty}\left(1+\frac{1}{x}-\frac{1}{x^2}\right)^x=\lim_{x\to0^+}(1+x-x^2)^{\frac{1}{x}}=\lim_{x\to0^+}\mathrm{e}^{\frac{1}{x}\ln(1+x-x^2)},$$

而 $\lim\limits_{x\to0^+}\dfrac{\ln(1+x-x^2)}{x}=\lim\limits_{x\to0^+}\dfrac{1-2x}{1+x-x^2}=1$，所以$\lim\limits_{n\to\infty}\left(1+\dfrac{1}{n}-\dfrac{1}{n^2}\right)^n=\mathrm{e}$. □

**注 7.4.4**　当$\lim\limits_{P}\dfrac{f'(x)}{g'(x)}$不存在时，$\lim\limits_{P}\dfrac{f(x)}{g(x)}$仍有可能存在，此时洛必达法则失

去效用,应改用其他方法求极限. 例如,$\lim\limits_{x\to+\infty}\dfrac{x+\sin x}{x+\cos x}=\lim\limits_{x\to+\infty}\dfrac{1+\dfrac{\sin x}{x}}{1+\dfrac{\cos x}{x}}=1$,然而分子及分母分别求导后的极限 $\lim\limits_{x\to+\infty}\dfrac{1+\cos x}{1-\sin x}$ 却不存在.

**注 7.4.5** 洛必达法则有时也未必是最简明的方法. 求极限时,还应该考虑题目的具体特点,并结合其他方法. 例如,

$$\lim_{x\to0}\frac{x^{100}(\mathrm{e}^x-1)}{\tan^{101}x}=\lim_{x\to0}\frac{x^{100}}{\tan^{100}x}\cdot\lim_{x\to0}\frac{\mathrm{e}^x-1}{\tan x}=\lim_{x\to0}\frac{\mathrm{e}^x-1}{x}=\lim_{x\to0}\mathrm{e}^x=1,$$

如果直接用洛必达法则,可能会很复杂,甚至得不到最终结论.

## 7.5 泰勒公式

若 $f(x)$ 在 $x_0$ 点可微分,则有公式

$$f(x)-f(x_0)=f'(x_0)(x-x_0)+o(x-x_0). \tag{7.5.1}$$

特别地,如果 $f'(x_0)\neq0$,$|x-x_0|$ 充分小,就有近似公式

$$f(x)\approx f(x_0)+f'(x_0)(x-x_0).$$

若要提高近似程度,一个直观的想法就是增加 $x-x_0$ 的次数,即用 $n(\geqslant2)$ 次多项式

$$p_n(x)=a_0+a_1(x-x_0)+a_2(x-x_0)^2+\cdots+a_n(x-x_0)^n \tag{7.5.2}$$

取代一次多项式

$$p_1(x)=f(x_0)+f'(x_0)(x-x_0) \tag{7.5.3}$$

来近似 $f(x)$,此乃本节要介绍的泰勒公式. 事实上它不但可以提高近似程度,还能给出误差估计,从而达到满意的近似程度. 由于当 $n=1$ 时,

$$p_1(x_0)=f(x_0),\quad p_1'(x_0)=f'(x_0),$$

所以当 $n\geqslant2$ 时,我们自然希望

$$p_n(x_0)=f(x_0),$$
$$p_n'(x_0)=f'(x_0),$$
$$p_n''(x_0)=f''(x_0),$$
$$\cdots\cdots$$
$$p_n^{(n)}(x_0)=f^{(n)}(x_0).$$

将式(7.5.2)两端对 $x$ 求各阶导数,然后分别代入以上等式,可得

$$a_0=f(x_0),\quad 1\cdot a_1=f'(x_0),\quad 2!\cdot a_2=f''(x_0),\cdots,\quad n!\cdot a_n=f^{(n)}(x_0).$$

从而

$$a_0=f(x_0),\quad a_1=f'(x_0),\quad a_2=\frac{1}{2!}f''(x_0),\cdots,\quad a_n=\frac{1}{n!}f^{(n)}(x_0).$$

将求得的系数 $a_0,a_1,\cdots,a_n$ 代回到式(7.5.2)，就有

$$p_n(x)=f(x_0)+f'(x_0)(x-x_0)+\frac{f''(x_0)}{2!}(x-x_0)^2+\cdots+\frac{f^{(n)}(x_0)}{n!}(x-x_0)^n. \tag{7.5.4}$$

于是，按照式(7.5.1)，我们希望得到

$$f(x)=f(x_0)+f'(x_0)(x-x_0)+\frac{f''(x_0)}{2!}(x-x_0)^2+\cdots+\frac{f^{(n)}(x_0)}{n!}(x-x_0)^n+o((x-x_0)^n). \tag{7.5.5}$$

**定理 7.5.1**　若函数 $f(x)$ 在 $U(x_0)$ 内有定义，在 $x_0$ 点 $n(\geqslant 1)$ 阶可导，则当 $x\in U(x_0)$ 时，式(7.5.5)成立.

**证明**　由于 $f(x)$ 在点 $x_0$ 有直到 $n$ 阶导数，不妨记

$$f(x)=\sum_{k=0}^{n}\frac{f^{(k)}(x_0)}{k!}(x-x_0)^k+R_n(x-x_0),$$

其中 $R_n(x-x_0)$ 表示用 $n$ 次多项式 $\sum\limits_{k=0}^{n}\frac{f^{(k)}(x_0)}{k!}(x-x_0)^k$ 近似 $f(x)$ 时所产生的误差. 因为 $f(x)$ 在 $x_0$ 点 $n$ 阶可导，所以 $f(x)$ 在 $x_0$ 点的某邻域 $U(x_0,\delta)$ 内 $n-1$ 阶可导，从而 $f(x)$ 在 $U(x_0,\delta)$ 内 $n-2$ 阶导函数连续. 所以

$$\begin{aligned}R_n^{(k)}(0)&=\left[f^{(k)}(x)-\sum_{m=k}^{n}\frac{f^{(m)}(x_0)}{(m-k)!}(x-x_0)^{m-k}\right]\Bigg|_{x=x_0}\\&=f^{(k)}(x_0)-f^{(k)}(x_0)=0,\end{aligned}$$

其中 $k=0,1,\cdots,n-1$，于是连续使用 $n-1$ 次洛必达法则，则有

$$\begin{aligned}\lim_{x\to x_0}\frac{R_n(x-x_0)}{(x-x_0)^n}&=\lim_{x\to x_0}\frac{R_n'(x-x_0)}{n(x-x_0)^{n-1}}=\cdots=\lim_{x\to x_0}\frac{R_n^{(n-1)}(x-x_0)}{n!\,(x-x_0)}\\&=\frac{1}{n!}\lim_{x\to x_0}\left[\frac{f^{(n-1)}(x)-f^{(n-1)}(x_0)}{x-x_0}-f^{(n)}(x_0)\right]=0,\end{aligned}$$

所以 $R_n(x-x_0)=o((x-x_0)^n)$. □

通常称式(7.5.5)为带有佩亚诺(Peano)型余项的泰勒公式.

一个显然的问题是，是否还有其他的 $n$ 次多项式，例如，

$$q_n(x)=b_0+b_1(x-x_0)+\cdots+b_n(x-x_0)^n,$$

也能够满足要求 $f(x)=q_n(x)+o((x-x_0)^n)$？下面的结论告诉我们，这样的多项式是唯一的.

**定理 7.5.2**　如果在 $x_0$ 附近

$$f(x)=a_0+a_1(x-x_0)+\cdots+a_n(x-x_0)^n+o((x-x_0)^n),$$

并且

$$f(x)=b_0+b_1(x-x_0)+\cdots+b_n(x-x_0)^n+o((x-x_0)^n),$$

那么 $a_i=b_i,i=1,2,\cdots,n$.

**证明** 由假设条件得

$$\begin{aligned}&a_0+a_1(x-x_0)+\cdots+a_n(x-x_0)^n+o((x-x_0)^n)\\=&b_0+b_1(x-x_0)+\cdots+b_n(x-x_0)^n+o((x-x_0)^n),\end{aligned}\tag{7.5.6}$$

在式(7.5.6)两端令 $x\to x_0$,有 $a_0=b_0$. 消去 $x_0$ 和 $b_0$,两端同除以 $x-x_0$,则有

$$\begin{aligned}a_1&+a_2(x-x_0)+\cdots+a_n(x-x_0)^{n-1}+o((x-x_0)^{n-1})=b_1+b_2(x-x_0)\\&+\cdots+b_n(x-x_0)^{n-1}+o((x-x_0)^{n-1}),\end{aligned}$$

再令 $x\to x_0$,可得 $a_1=b_1$. 重复类似的做法,依次可得 $a_2=b_2,\cdots,a_n=b_n$. 所以 $a_i=b_i,i=1,2,\cdots,n$. □

在一定的条件下,可以给出式(7.5.5)中 $o((x-x_0)^n)$的估计式.

**定理 7.5.3** 若 $f(x)$在 $U(x_0)$内具有 $n+1$ 阶导数,则对任何 $x\in\mathring{U}(x_0)$,都存在 $\xi$ 介于 $x$ 和 $x_0$ 之间,使得

$$f(x)=\sum_{k=0}^{n}\frac{f^{(k)}(x_0)}{k!}(x-x_0)^k+\frac{f^{(n+1)}(\xi)}{(n+1)!}(x-x_0)^{n+1}.\tag{7.5.7}$$

**证明** 记

$$\varphi(t)=f(x)-\sum_{k=0}^{n}\frac{f^{(k)}(t)}{k!}(x-t)^k,$$

于是 $\varphi(t)$在$[x_0,x]$或$[x,x_0]$上可导,且 $\varphi(x_0)=R_n(x-x_0)$,$\varphi(x)=0$,同时,

$$\begin{aligned}\varphi'(t)&=-f'(t)-\sum_{k=1}^{n}\frac{1}{k!}\left[f^{(k+1)}(t)(x-t)^k-kf^{(k)}(t)(x-t)^{k-1}\right]\\&=-\sum_{k=0}^{n}\frac{f^{(k+1)}(t)}{k!}(x-t)^k+\sum_{k=1}^{n}\frac{f^{(k)}(t)}{(k-1)!}(x-t)^{k-1}\\&=-\frac{f^{(n+1)}(t)}{n!}(x-t)^n.\end{aligned}$$

再令 $\psi(t)=(x-t)^{n+1}$,于是 $\psi(x_0)=(x-x_0)^{n+1}$,$\psi(x)=0$,由柯西中值定理可得,存在 $\xi$ 介于 $x$ 和 $x_0$ 之间,使得

$$\frac{R_n(x-x_0)}{(x-x_0)^{n+1}}=\frac{\varphi(x_0)-\varphi(x)}{\psi(x_0)-\psi(x)}=\frac{\varphi'(\xi)}{\psi'(\xi)}=\frac{-\dfrac{1}{n!}f^{(n+1)}(\xi)(x-\xi)^n}{-(n+1)(x-\xi)^n}=\frac{f^{(n+1)}(\xi)}{(n+1)!},$$

于是 $R_n(x-x_0)=\dfrac{f^{(n+1)}(\xi)}{(n+1)!}(x-x_0)^{n+1}$. □

通常称式(7.5.7)为带有拉格朗日型余项的泰勒公式.

特别地,当 $x_0=0$ 时,式(7.5.5)变为

$$f(x)=\sum_{k=0}^{n}\frac{f^{(k)}(0)}{k!}x^k+o(x^n);\tag{7.5.8}$$

式(7.5.7)变为

$$f(x)=\sum_{k=0}^{n}\frac{f^{(k)}(0)}{k!}x^k+\frac{f^{(n+1)}(\theta x)}{(n+1)!}x^{n+1},\quad 0<\theta<1.\tag{7.5.9}$$

式(7.5.8)和式(7.5.9)也称为麦克劳林(Maclaurin)公式.

下面介绍若干常用函数的麦克劳林公式.

(1) $f(x)=\mathrm{e}^x$.

由于 $f'(x)=f''(x)=\cdots=f^{(n)}(x)=\mathrm{e}^x$,则 $f(0)=f'(0)=\cdots=f^{(n)}(0)=1$,所以

$$\mathrm{e}^x=1+x+\frac{x^2}{2!}+\cdots+\frac{x^n}{n!}+o(x^n),$$

由 $f^{(n+1)}(\theta x)=\mathrm{e}^{\theta x}$,则

$$\mathrm{e}^x=1+x+\frac{x^2}{2!}+\cdots+\frac{x^n}{n!}+\frac{\mathrm{e}^{\theta x}}{(n+1)!}x^{n+1},\quad 0<\theta<1.$$

(2) $f(x)=\sin x$ 及 $\cos x$.

对于 $f(x)=\sin x$,由于 $f(0)=0$ 以及 $f^{(k)}(x)=\sin\left(x+\frac{k\pi}{2}\right)$,$k=1,2,\cdots$,所以

$$f^{(k)}(0)=\sin\left(\frac{k\pi}{2}\right)=\begin{cases}0, & k=2n,\\ (-1)^{n-1}, & k=2n-1,\end{cases}\quad n=1,2,\cdots,$$

$$f^{(2m+1)}(\theta x)=\sin\left[\theta x+\frac{(2n+1)\pi}{2}\right]=(-1)^n\cos(\theta x),\quad 0<\theta<1,$$

则有

$$\sin x=x-\frac{x^3}{3!}+\frac{x^5}{5!}+\cdots+(-1)^{n-1}\frac{x^{2n-1}}{(2n-1)!}+o(x^{2n})$$

和

$$\sin x=x-\frac{x^3}{3!}+\frac{x^5}{5!}+\cdots+(-1)^{n-1}\frac{x^{2n-1}}{(2n-1)!}+(-1)^n\frac{\cos(\theta x)}{(2n+1)!}x^{2n+1},\quad 0<\theta<1.$$

类似地,有

$$\cos x=1-\frac{x^2}{2!}+\frac{x^4}{4!}-\frac{x^6}{6!}+\cdots+(-1)^n\frac{x^{2n}}{(2n)!}+o(x^{2n+1})$$

和

$$\cos x=1-\frac{x^2}{2!}+\frac{x^4}{4!}-\frac{x^6}{6!}+\cdots+(-1)^n\frac{x^{2n}}{(2n)!}+\frac{(-1)^{n+1}\cos(\theta x)}{(2n+2)!}x^{2n+2},\quad 0<\theta<1.$$

(3) $f(x)=(1+x)^\alpha$.

由于

$$f(0)=1,\quad f^{(k)}(x)=\alpha(\alpha-1)\cdots(\alpha-k+1)(1+x)^{\alpha-k},\quad k=1,2,\cdots,$$

所以

$$f^{(k)}(0)=\alpha(\alpha-1)\cdots(\alpha-k+1),\quad k=1,2,\cdots,$$

$$f^{(n+1)}(\theta x)=\alpha(\alpha-1)\cdots(\alpha-n)(1+\theta x)^{\alpha-n-1},\quad 0<\theta<1,$$

因此

$$(1+x)^{\alpha}=1+\alpha x+\frac{\alpha(\alpha-1)x^2}{2!}+\cdots+\frac{\alpha(\alpha-1)\cdots(\alpha-n+1)}{n!}x^n+o(x^n)$$

和

$$(1+x)^{\alpha}=1+\alpha x+\frac{\alpha(\alpha-1)x^2}{2!}+\cdots+\frac{\alpha(\alpha-1)\cdots(\alpha-n+1)}{n!}x^n$$

$$+\frac{\alpha(\alpha-1)\cdots(\alpha-n)}{(n+1)!}(1+\theta x)^{\alpha-n-1}x^{n+1},\quad 0<\theta<1,\ x>-1.$$

若 $\alpha=n\in\mathbb{N}$，则 $f^{(n+1)}(x)\equiv 0,x\in\mathbb{R}$，则上述展式为二项式公式；若 $\alpha=-1$，则得

$$\frac{1}{1-x}=[1+(-x)]^{-1}=1+x+x^2+\cdots+x^n+o(x^n).$$

(4) $f(x)=\ln(1+x)$.

由于

$$f(0)=0,\quad f^{(k)}(x)=\frac{(-1)^{k-1}(k-1)!}{(1+x)^k},\quad k=1,2,\cdots,$$

则

$$f^{(k)}(0)=(-1)^{k-1}(k-1)!,\qquad f^{(n+1)}(\theta x)=\frac{(-1)^n n!}{(1+\theta x)^{n+1}},\ 0<\theta<1,$$

于是

$$\ln(1+x)=x-\frac{x^2}{2}+\frac{x^3}{3}+\cdots+(-1)^{n-1}\frac{x^n}{n}+o(x^n),$$

以及

$$\ln(1+x)=x-\frac{x^2}{2}+\frac{x^3}{3}+\cdots+(-1)^{n-1}\frac{x^n}{n}+\frac{(-1)^n}{(n+1)(1+\theta x)^{n+1}}x^{n+1},\quad 0<\theta<1,\ x>-1.$$

**例 7.5.1** 求 $f(x)=x\ln(1+x)+\mathrm{e}^{-x}$ 直到含有 $x^4$ 项的带有佩亚诺型余项的麦克劳林展开式.

**解** 由于

$$x\ln(1+x)=x^2-\frac{x^3}{2}+\frac{x^4}{3}+o(x^4),$$

$$\mathrm{e}^x=1+x+\frac{x^2}{2!}+\frac{x^3}{3!}+\frac{x^4}{4!}+o(x^4),$$

$$e^{-x}=1-x+\frac{x^2}{2!}-\frac{x^3}{3!}+\frac{x^4}{4!}+o(x^4),$$

所以

$$x\ln(1+x)+e^{-x}=1-x+\frac{3x^2}{2}-\frac{2x^3}{3}+\frac{3x^4}{8}+o(x^4).$$ □

下面给出泰勒公式的一些具体应用例子.

1. 求极限

**例 7.5.2**　求极限$\lim\limits_{x\to0}\dfrac{\cos x-e^{-\frac{x^2}{2}}}{x^4}$.

**解**　由泰勒展开式 $\cos x=1-\dfrac{x^2}{2!}+\dfrac{x^4}{4!}+o(x^4)$及 $e^{-\frac{x^2}{2}}=1-\dfrac{x^2}{2}+\dfrac{x^4}{8}+o(x^4)$得

$$\cos x-e^{-\frac{x^2}{2}}=-\frac{x^4}{12}+o(x^4),$$

所以

$$\lim_{x\to0}\frac{\cos x-e^{-\frac{x^2}{2}}}{x^4}=\lim_{x\to0}\frac{-\frac{x^4}{12}+o(x^4)}{x^4}=-\frac{1}{12}.$$ □

2. 作近似计算

**例 7.5.3**　求 e 的近似值,误差不超过$10^{-6}$.

**解**　因为

$$e^x=1+x+\frac{x^2}{2!}+\cdots+\frac{x^n}{n!}+\frac{e^{\theta x}}{(n+1)!}x^{n+1},\quad 0<\theta<1,$$

取 $x=1$,得

$$e=1+1+\frac{1}{2!}+\cdots+\frac{1}{n!}+\frac{e^{\theta}}{(n+1)!},\quad 0<\theta<1,$$

取 $n=9$,得 e 的一个近似值

$$e\approx1+1+\frac{1}{2!}+\cdots+\frac{1}{9!}\approx2.718282.$$

因为 $0<e^{\theta}<e<3$,所以$\dfrac{e^{\theta}}{(n+1)!}<\dfrac{3}{(n+1)!}$,而当 $n=9$,可计算得$\dfrac{3}{10!}<10^{-6}$,所以满足误差要求. □

3. 证明某些结论

**例 7.5.4**　证明 e 是无理数.

**证明**　用反证法. 假设 e 是有理数, 那么 $e=\frac{q}{p}$, 其中 $p,q$ 是整数, 因为

$$e=1+1+\frac{1}{2!}+\cdots+\frac{1}{n!}+\frac{e^{\theta}}{(n+1)!},\quad 0<\theta<1,$$

所以

$$\frac{q}{p}=1+1+\frac{1}{2!}+\cdots+\frac{1}{n!}+\frac{e^{\theta}}{(n+1)!},$$

所以

$$n!\ \frac{q}{p}=n!\ \left(1+1+\frac{1}{2!}+\cdots+\frac{1}{n!}\right)+\frac{e^{\theta}}{n+1},$$

即

$$n!\ \frac{q}{p}=\text{整数}+\frac{e^{\theta}}{n+1},\tag{7.5.10}$$

当 $n\geqslant p$ 时, 式(7.5.10)左边是整数, 而当 $n\geqslant 2$ 时,

$$0<\frac{e^{\theta}}{n+1}<\frac{3}{n+1}\leqslant\frac{3}{2+1}=1,$$

所以式(7.5.10)右边不是整数, 矛盾. □

**例 7.5.5**　当 $x>0$ 时, 证明 $e^{x^2}>1+x^2$.

**证明**　由 $e^x=1+x+\frac{x^2}{2!}+\cdots+\frac{x^n}{n!}+\frac{e^{\theta x}}{(n+1)!}x^{n+1}$, $0<\theta<1$, 知当 $x>0$ 时 $e^x>1+x$, 所以 $e^{x^2}>1+x^2$. □

# 习　题　7

**一、判断题**(正确打√并给出证明, 错误打×并给出反例)

1. 若 $f(x)$ 在 $[a,b]$ 上连续, 在 $(a,b)$ 内可导, 则存在 $\xi\in(a,b)$, 使得 $f'(\xi)$ 与 $f(b)-f(a)$ 同号. (　　)

2. 若 $f(x)$ 在 $[a,b]$ 上连续, 在 $(a,b)$ 内可导, 则对任意的 $\xi\in(a,b)$, 都存在 $x_1,x_2\in(a,b)$, $x_1<x_2$, 使得 $f(x_2)-f(x_1)=f'(\xi)(x_2-x_1)$. (　　)

3. 如果 $\lim\limits_{x\to x_0}\frac{f(x)}{g(x)}$ 是 $\frac{0}{0}$ 型, 则当 $\lim\limits_{x\to x_0}\frac{f'(x)}{g'(x)}$ 不存在时, $\lim\limits_{x\to x_0}\frac{f(x)}{g(x)}$ 也不存在. (　　)

4. 若在 $[a,b]$ 上 $f^{(n+1)}(x)\equiv 0$, 则在 $[a,b]$ 上 $f(x)$ 是 $n$ 次多项式. (　　)

5. 若在 $(-a,a)$ 内, $f(x)=1+x+o(x)$, $g(x)=2-x^2+o(x^2)$, 则在 $(-a,a)$ 内 $f(x)+g(x)=3+x-x^2+o(x)$. (　　)

**二、填空题**(将正确答案填在横线之上)

1. 函数 $f(x)=e^x+e^{-x}$ 在 $[-1,1]$ 上使罗尔定理结论成立的点 $\xi=$__________.

2. 对一切 $x\geqslant 1$, 恒有 $\arctan x+\frac{1}{2}\arccos\frac{2x}{1+x^2}=$__________.

3. 若 $f''(x)$ 存在，则 $\lim\limits_{h\to 0}\dfrac{f(x+h)-2f(x)+f(x-h)}{h^2}=$______.

4. 函数 $y=xe^x$ 的 $n$ 阶麦克劳林展开式为______.

5. $\sqrt{1+x}=$______$+\dfrac{x^3}{16(1+\theta x)^{\frac{5}{2}}}$，$0<\theta<1$.

**三、单项选择题**(将正确答案的选项字母填入括号内)

1. 设 $y=f(x)$ 在 $(a,b)$ 内可导，$x$，$x+\Delta x$ 是 $(a,b)$ 内的任意两点，则(　　).

(A) $\Delta y=f'(x)\Delta x$；

(B) 在 $x$，$x+\Delta x$ 之间恰有一点 $\xi$ 使 $\Delta y=f'(\xi)\Delta x$；

(C) 在 $x$，$x+\Delta x$ 之间至少存在一点 $\xi$ 使 $\Delta y=f'(\xi)\Delta x$；

(D) 对 $x$，$x+\Delta x$ 之间的任一点 $\xi$，均有 $\Delta y=f'(\xi)\Delta x$.

2. 下列条件中不能使函数 $f(x)$ 在 $[a,b]$ 上应用拉格朗日中值定理的是(　　).

(A) 在 $[a,b]$ 上连续，在 $(a,b)$ 内可导；

(B) 在 $[a,b]$ 上可导；

(C) 在 $(a,b)$ 内可导，且在 $a$ 点右连续，$b$ 点左连续；

(D)在 $(a,b)$ 内有连续的导数.

3. 函数 $y=\ln\sin x$ 在闭区间 $\left[\dfrac{\pi}{6},\dfrac{5\pi}{6}\right]$ 上满足罗尔中值定理的全部条件，则使该定理结论成立的 $\xi=$(　　).

(A) $\dfrac{\pi}{2}$；　　(B) $\dfrac{2\pi}{3}$；　　(C) $\dfrac{5\pi}{6}$；　　(D) $\dfrac{\pi}{6}$.

4. 下列函数中在给定区间上满足罗尔中值定理条件的是(　　).

(A) $f(x)=\dfrac{3}{2x^2+1}$，$[-1,1]$；　　(B) $f(x)=xe^{-x}$，$[0,1]$；

(C) $f(x)=\begin{cases}x+2, & x<1,\\ 1, & x\geqslant 1,\end{cases}$ $[-1,1]$；　　(D) $f(x)=|x|$，$[-1,1]$.

5. 已知 $f(x)$ 在 $\mathbb{R}$ 内处处可导，则下列命题正确的是(　　).

(A) 如果 $\lim\limits_{x\to-\infty}f(x)=-\infty$，则 $\lim\limits_{x\to-\infty}f'(x)=-\infty$；

(B) 如果 $\lim\limits_{x\to-\infty}f'(x)=-\infty$，则 $\lim\limits_{x\to-\infty}f(x)=-\infty$；

(C) 如果 $\lim\limits_{x\to+\infty}f(x)=+\infty$，则 $\lim\limits_{x\to+\infty}f'(x)=+\infty$；

(D) 如果 $\lim\limits_{x\to+\infty}f'(x)=+\infty$，则 $\lim\limits_{x\to+\infty}f(x)=+\infty$.

**四、计算题**

1. 求下列极限：

(1) $\lim\limits_{x\to 0}\dfrac{e^x-\sin x-1}{(\arcsin x)^2}$；

(2) $\lim\limits_{x\to+\infty}\dfrac{\ln^3 x}{x^2}$；

(3) $\lim\limits_{x\to 0}\left(\dfrac{1}{x^2}-\cot^2 x\right)$；

(4) $\lim\limits_{x\to+\infty} x\left(e^{\frac{1}{x}}-1\right)$；

(5) $\lim\limits_{x\to 0}\left(\dfrac{\sin x}{x}\right)^{\frac{1}{1-\cos x}}$；

(6) $\lim\limits_{x\to 0^+}(\sin x)^x$；

(7) $\lim\limits_{x\to+\infty}(1+x)^{\frac{1}{x^2}}$.

2. 已知 $f(x)$有一阶连续导数，$f(0)=f'(0)=1$，求极限$\lim\limits_{x\to 0}\dfrac{f(\sin x)-1}{\ln f(x)}$.

3. 设 $f(x)$在点 $x=0$ 的某邻域内具有二阶导数，且$\lim\limits_{x\to 0}\dfrac{\sin x+xf(x)}{x^3}=\dfrac{1}{2}$，试求 $f(0)$，$f'(0)$，$f''(0)$.

4. 设 $f(x)$二阶可导，并且在 $x=0$ 的某去心邻域内 $f(x)\neq 0$，而$\lim\limits_{x\to 0}\dfrac{f(x)}{x}=0$，$f''(0)=4$，求极限$\lim\limits_{x\to 0}\left[1+\dfrac{f(x)}{x}\right]^{\frac{1}{x}}$.

**五、证明题**

1. 设函数 $f(x)$在$[a,b]$上连续，在$(a,b)$内可导，其中 $a>0$，$f(a)=0$，证明存在 $\xi\in(a,b)$，使得 $f(\xi)=\dfrac{b-\xi}{a}f'(\xi)$.

2. 若 $f(x)$是$[a,b]$上的正值可微函数，则存在 $\xi\in(a,b)$使 $\ln\dfrac{f(b)}{f(a)}=\dfrac{f'(\xi)}{f(\xi)}(b-a)$.

3. 若 $f(x)$在$[a,b]$上具有二阶导数，且 $f(a)=f(b)=0$，而 $F(x)=(x-a)^2f(x)$，证明在$(a,b)$内至少存在一点 $\xi$ 使得 $F''(\xi)=0$.

4. 证明下列不等式：

(1) $|\sin x_2-\sin x_1|\leqslant|x_2-x_1|$；

(2) $\dfrac{1}{n+1}<\ln\left(1+\dfrac{1}{n}\right)<\dfrac{1}{n}$.

5. 已知 $f(x)$在$\mathbb{R}$ 内有定义，$\lim\limits_{x\to 0}\dfrac{f(x)}{x}=1$，且 $f''(x)>0$，证明 $f(x)\geqslant x$.

6. 设函数 $f(x)$在$[0,1]$上具有二阶导数，且满足条件$|f(x)|\leqslant a$，$|f''(x)|\leqslant b$，其中 $a,b$ 都是非负常数，$c$ 为$(0,1)$内的任一点，证明$|f'(c)|\leqslant 2a+\dfrac{b}{2}$.

7. 设 $f(x)$在$[a,b]$上连续，在$(a,b)$内可导，并且 $b>a>0$，求证存在一点 $\xi\in(a,b)$，使 $f(b)-f(a)=\dfrac{f'(\xi)}{2\xi}(b^2-a^2)$.

# 第 8 章　一元函数微分学应用

本章将利用导数来研究函数以及平面曲线的某些性态，主要包括单调性、凹凸性、极值及曲率等基本内容，并给出利用这些知识解决实际问题的若干例子.

## 8.1　函数的单调性

直观上看，如果可导函数 $y=f(x)$ 在 $[a,b]$ 上单调增加(减少)，那么它的图形是一条沿 $x$ 轴正向上升(下降)的曲线，如图 8-1 所示，曲线上各点处的切线斜率是非负的(非正的)，即 $f'(x)\geqslant 0$ ($f'(x)\leqslant 0$).

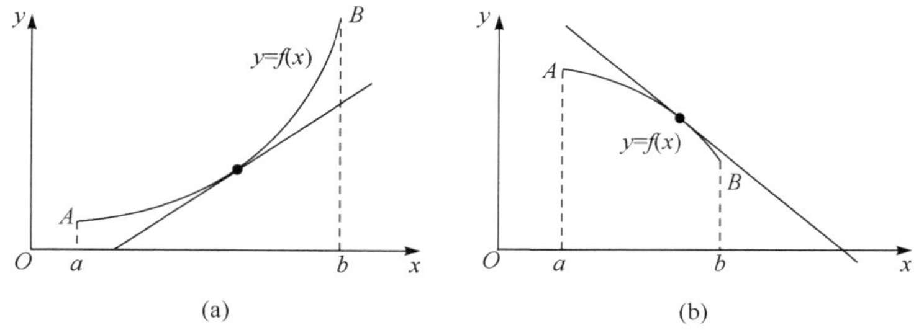


图 8-1

由此可见，函数的单调性与导数的符号有着密切的联系. 那么能否用导数的符号来判定函数的单调性呢? 下面的定理给出了肯定的回答.

**定理 8.1.1**　若函数 $f(x)$ 在 $(a,b)$ 内可导，则函数 $f(x)$ 在 $(a,b)$ 内单调增加(减少)的充分必要条件是对任意的 $x\in(a,b)$，$f'(x)\geqslant 0$ ($f'(x)\leqslant 0$).

**证明**　不妨只证单调增加的情形.

**必要性**　任意取定 $x\in(a,b)$，由于 $f(x)$ 在 $(a,b)$ 内单调增加，则当 $\Delta x\neq 0$ 时，总有 $\dfrac{f(x+\Delta x)-f(x)}{\Delta x}\geqslant 0$，而 $f(x)$ 在 $(a,b)$ 内可导，所以

$$f'(x)=\lim_{\Delta x\to 0}\frac{f(x+\Delta x)-f(x)}{\Delta x}\geqslant 0.$$

**充分性**　任意取定 $x_1,x_2\in(a,b)$，$x_1<x_2$，对 $f(x)$ 在 $[x_1,x_2]$ 上应用拉格朗日中值定理，知存在 $\xi\in(x_1,x_2)$，使得

$$f(x_2)-f(x_1)=f'(\xi)(x_2-x_1).$$

注意到 $\xi\in(a,b)$，所以 $f'(\xi)\geqslant 0$，显然 $x_2-x_1>0$，所以 $f(x_2)\geqslant f(x_1)$，即函数 $f(x)$ 在 $(a,b)$ 内单调增加. □

**定理 8.1.2** 若函数 $f(x)$ 在 $(a,b)$ 内可导，则 $f(x)$ 在 $(a,b)$ 内严格单调增加(减少)的充分必要条件是：

(1) 对任意的 $x\in(a,b)$，$f'(x)\geqslant 0$ $(f'(x)\leqslant 0)$；

(2) $f'(x)$ 在 $(a,b)$ 的任何子区间上不恒为零.

**证明** 只证严格单调增加的情形，严格单调减少的情形同理可证.

**必要性** 若 $f(x)$ 在 $(a,b)$ 内严格单调增加，则由定理 8.1.1 知(1)成立. 下面证明(2). 用反证法，假设(2)不成立，则存在 $(c,d)\subset(a,b)$，使得 $f'(x)$ 在 $(c,d)$ 内恒为零. 于是 $f(x)$ 在 $(c,d)$ 内为常函数，这与 $f(x)$ 在 $(a,b)$ 内严格单调增加矛盾，故(2)成立. 即必要性得证.

**充分性** 由条件(1)及定理 8.1.1 知，$f(x)$ 在 $(a,b)$ 内单调增加. 倘若存在 $x_1,x_2\in(a,b)$，$x_1<x_2$，使得 $f(x_1)=f(x_2)$，那么对任意的 $x\in[x_1,x_2]$，就有 $f(x_1)\leqslant f(x)\leqslant f(x_2)$，于是 $f(x)$ 在 $x\in[x_1,x_2]$ 上为常函数，所以在 $[x_1,x_2]$ 上，$f'(x)\equiv 0$，这与条件(2)矛盾. 故充分性得证. □

**推论 8.1.1** 若对任意的 $x\in(a,b)$，$f'(x)>0$ $(f'(x)<0)$，则函数 $f(x)$ 在 $(a,b)$ 内严格单调增加(减少).

**注 8.1.1** 若 $f(x)$ 在 $(a,b)$ 内(严格)单调增加(减少)，则当 $f(x)$ 在 $a$ 点右连续时，$f(x)$ 在 $[a,b)$ 上(严格)单调增加(减少)；而当 $f(x)$ 在 $b$ 点左连续时，$f(x)$ 在 $(a,b]$ 上(严格)单调增加(减少).

**例 8.1.1** 讨论函数 $y=x^3$ 的单调性.

**解** $y=x^3$ 的定义域为 $(-\infty,+\infty)$，且 $y'=3x^2\geqslant 0$，并且仅在 $x=0$ 点有 $y'=0$，所以 $y=x^3$ 在 $(-\infty,+\infty)$ 内是严格单调增加的. □

**例 8.1.2** 讨论函数 $f(x)=\sin x-x$ 的单调性.

**解** $f(x)=\sin x-x$ 的定义域为 $(-\infty,+\infty)$，$f'(x)=\cos x-1\leqslant 0$，并且 $f'(x)$ 在 $(-\infty,+\infty)$ 的任何子区间上不恒为零. 所以 $f(x)$ 在 $(-\infty,+\infty)$ 内严格单调减少. □

**例 8.1.3** 求函数 $f(x)=x^4-2x^2$ 的单调区间.

**解** 由于

$$f'(x)=4x^3-4x=4x(x+1)(x-1),$$

故知在区间 $(-\infty,-1)$ 和 $(0,1)$ 内 $f'(x)<0$；在区间 $(-1,0)$ 和 $(1,+\infty)$ 内 $f'(x)>0$. 所以 $f(x)$ 在区间 $(-\infty,-1]$ 和 $[0,1]$ 上严格单调减少，而在区间 $[-1,0]$ 和 $[1,+\infty)$ 上严格单调增加. □

下面举例说明如何利用函数的单调性来证明不等式.

**例 8.1.4** 设 $x\neq 0$，证明 $e^x>1+x$.

**证明**　令 $f(x)=e^x-x-1$，于是 $f'(x)=e^x-1$. 由此可见，在区间 $(-\infty,0)$ 内 $f'(x)<0$；在区间 $(0,+\infty)$ 内 $f'(x)>0$. 故 $f(x)$ 在区间 $(-\infty,0]$ 上严格单调减少，而在区间 $[0,+\infty)$ 上严格单调增加. 又因 $f(0)=0$，所以当 $x\neq 0$ 时，$f(x)>0$，亦即 $e^x>1+x$. □

**例 8.1.5**　证明当 $x>0$ 时，$1+\frac{x}{2}>\sqrt{1+x}$.

**证明**　令 $f(x)=1+\frac{x}{2}-\sqrt{1+x}$. 则当 $x>0$ 时，

$$f'(x)=\frac{1}{2}-\frac{1}{2\sqrt{1+x}}=\frac{1}{2}\left(1-\frac{1}{\sqrt{1+x}}\right)>0,$$

并且 $f(x)$ 在 $x=0$ 点连续. 因此，在 $[0,+\infty)$ 上，函数 $f(x)$ 严格单调增加. 于是，当 $x>0$ 时，有 $f(x)>f(0)$. 又 $f(0)=0$，从而 $1+\frac{x}{2}-\sqrt{1+x}>0$，即当 $x>0$ 时，$1+\frac{x}{2}>\sqrt{1+x}$. □

## 8.2　函数的极值与最值

### 8.2.1　函数的极值

**定义 8.2.1**　设函数 $f(x)$ 在点 $x_0$ 的某邻域 $U(x_0)$ 内有定义. 若对于任意的 $x\in U(x_0)$，有

$$f(x)\leqslant f(x_0)\quad (f(x)\geqslant f(x_0)),$$

则称 $f(x_0)$ 为 $f(x)$ 的极大(小)值，并称 $x_0$ 为 $f(x)$ 的极大(小)值点，极大值与极小值统称为极值. 极大值点与极小值点统称为极值点.

函数的极值与其最值是两个不同的概念. 极值反映的是函数的局部性态，而最值则描述的是函数的整体性态. 函数在某范围内的极大值和极小值可能不唯一；函数在某范围内的极大值也不一定大于极小值.

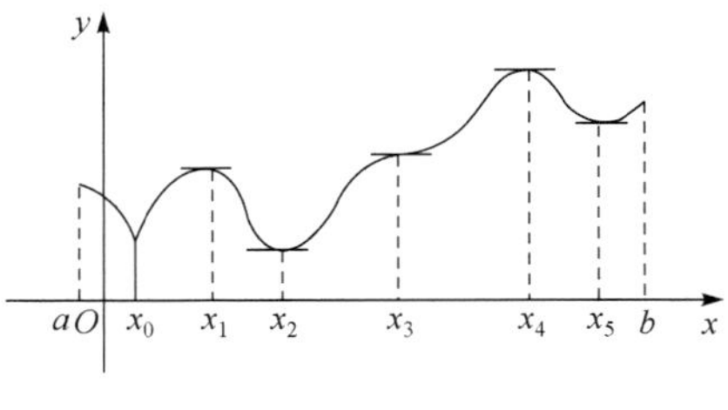


图 8-2

例如，在图 8-2 中，函数 $f(x)$ 有两个极大值 $f(x_1)$，$f(x_4)$，三个极小值 $f(x_0)$，$f(x_2)$，$f(x_5)$，且极大值 $f(x_1)$ 比极小值 $f(x_5)$ 小. 从图中还可以看到，在函数取得极值处，曲线的切线是水平的. 但曲线上有水平切线的点处(如 $x=x_3$ 处)，函数不一定取得极值，$a$，$x_3$，$b$ 不是 $f(x)$ 的极值点. 于是，由费马引理得如下结论.

**定理 8.2.1**（可导函数取极值的必要条件） 设函数 $f(x)$ 在点 $x_0$ 可导，且在点 $x_0$ 处取得极值，那么 $f'(x_0)=0$.

下面给出判定极值存在的两个充分条件.

**定理 8.2.2**（第一充分条件） 设 $f(x)$ 在 $x_0$ 点连续，在 $x_0$ 的某去心邻域 $\mathring{U}(x_0)$ 内可导. 那么

(1) 若 $\forall x\in\mathring{U}_-(x_0)$，$f'(x)\geqslant 0$，$\forall x\in\mathring{U}_+(x_0)$，$f'(x)\leqslant 0$，则 $x_0$ 是 $f(x)$ 的极大值点（图 8-3(a)）；

(2) 若 $\forall x\in\mathring{U}_-(x_0)$，$f'(x)\leqslant 0$，而 $\forall x\in\mathring{U}_+(x_0)$ 时，$f'(x)\geqslant 0$，则 $x_0$ 是 $f(x)$ 的极小值点（图 8-3(b)）；

(3) 若 $f'(x)$ 在 $\mathring{U}(x_0)$ 内恒正或恒负，则 $x_0$ 不是 $f(x)$ 的极值点（图 8-3(c)和(d)）.

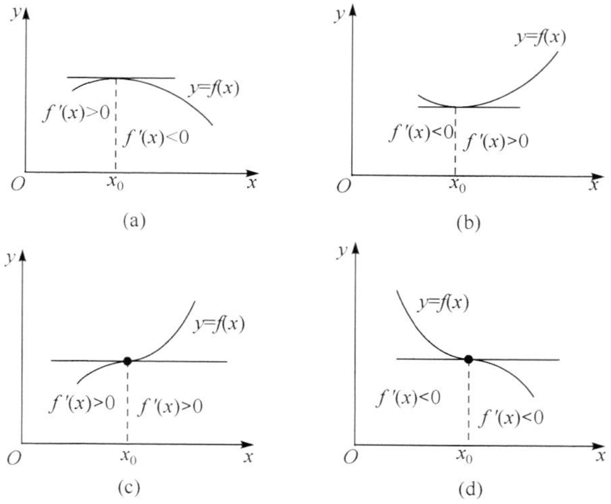


图 8-3

**证明** 只证明(1)，(2)和(3)留作练习.

由条件知 $f(x)$ 在 $U_-(x_0)$ 内单调增加，在 $U_+(x_0)$ 内单调减少，所以对任意 $x\in\mathring{U}(x_0)$，有 $f(x)\leqslant f(x_0)$，即 $x_0$ 点是 $f(x)$ 的极大值点. □

**例 8.2.1** 求函数 $f(x)=(x+2)^2(x-1)^3$ 的极值点.

**解** $f'(x)=2(x+2)(x-1)^3+3(x+2)^2(x-1)^2=(x+2)(x-1)^2(5x+4)$，令 $f'(x)=0$，解得驻点分别为 $x_1=-2$，$x_2=-0.8$，$x_3=1$. 容易将讨论结果列表如下：

| $x$ | $(-\infty,-2)$ | $-2$ | $(-2,-0.8)$ | $-0.8$ | $(-0.8,1)$ | $1$ | $(1,+\infty)$ |
|---|---|---|---|---|---|---|---|
| $y'$ | $+$ | $0$ | $-$ | $0$ | $+$ | $0$ | $+$ |
| $y$ | ↗ | 极大值 | ↘ | 极小值 | ↗ | 无 | ↗ |

□

当函数在驻点处的二阶导数存在且不为零时，也可以用下述定理来判定 $f(x)$ 在驻点处取得极大值还是极小值.

**定理 8.2.3**（第二充分条件）　设 $f'(x_0)=0$，并且在点 $x_0$ 处 $f(x)$ 二阶可导，则

(1) 当 $f''(x_0)>0$ 时，$x_0$ 是 $f(x)$ 的极小值点；

(2) 当 $f''(x_0)<0$ 时，$x_0$ 是 $f(x)$ 的极大值点.

**证明**　只证明(1)，同理可证(2).

由于 $f'(x_0)=0$，$f''(x_0)=\lim\limits_{x\to x_0}\dfrac{f'(x)-f'(x_0)}{x-x_0}=\lim\limits_{x\to x_0}\dfrac{f'(x)}{x-x_0}>0$，由极限的局部保号性知，$\exists\delta>0$，使当 $0<|x-x_0|<\delta$ 时，$\dfrac{f'(x)}{x-x_0}>0$，由此可见

$$\begin{cases} f'(x)>0, & x_0<x<x_0+\delta, \\ f'(x)<0, & x_0-\delta<x<x_0. \end{cases}$$

所以根据取极值的第一充分条件知，$x_0$ 是 $f(x)$ 的极小值点.　□

定理 8.2.4 表明，如果函数 $f(x)$ 在驻点 $x_0$ 处的二阶导数 $f''(x_0)\neq 0$，那么该驻点一定是极值点. 反之，当 $f''(x)=0$ 时，不能判定 $f(x_0)$ 是否为极值. 例如，$f(x)=x^3$，$f''(0)=0$，$x=0$ 不是极值点；而对于 $f(x)=1$，$f''(0)=0$，$x=0$ 是极值点.

**例 8.2.2**　求函数 $f(x)=x^4-2x^2$ 的所有极值点.

**解**　因为 $f'(x)=4x(x+1)(x-1)$，所以 $f(x)$ 共有 3 个驻点：

$$x_1=-1,\quad x_2=0,\quad x_3=1.$$

又因为 $f''(x)=4(3x^2-1)$，所以

$$f''(-1)>0,\quad f''(0)<0,\quad f''(1)>0.$$

从而由定理 8.2.4 知，$f(x)$ 共有 3 个极值点，其中 $-1$ 和 $1$ 是两个极小值点，而 $0$ 是极大值点.　□

**例 8.2.3**　设函数 $y=y(x)$ 由方程 $2y^3-2y^2+2xy-x^2=1$ 所确定，求 $y=y(x)$ 的驻点，并判断它是否为 $y=y(x)$ 的极值点.

**解**　将方程 $2y^3-2y^2+2xy-x^2=1$ 两端同时对自变量 $x$ 求导得

$$6y^2y'-4yy'+2y+2xy'-2x=0. \tag{8.2.1}$$

令 $y'=0$，得 $y=x$，代入方程 $2y^3-2y^2+2xy-x^2=1$ 得 $2x^3-2x^2+x^2-1=0$，即

$2x^2(x-1)+x^2-1=0$，于是$(x-1)(2x^2+x+1)=0$，而 $2x^2+x+1\neq0$，所以 $x=1$. 故函数 $y=y(x)$的驻点为 $x=1$. 在式(8.2.1)两端继续对 $x$ 求导，得

$$(3y^2-2y+x)y''+2(3y-1)y'^2+2y'-1=0. \tag{8.2.2}$$

将 $x=1,y=1$，及 $y'=0$ 代入式(8.2.2)，可得 $y''|_{(1,1)}=\dfrac{1}{2}>0$，故 $x=1$ 是函数 $y=y(x)$的极小值点. □

### 8.2.2 函数的最值

在社会经济、工程技术及科学研究中，经常遇到这样一类问题：在一定条件下，怎样使“产品最多”“用料最省”“成本最低”“利润最大”等，它们在数学上可归结为求某一函数(通常称为目标函数)的最大值或者最小值问题. 更一般地，称为最优化问题.

下面讨论 $f(x)$在$[a,b]$上的最大值和最小值问题.

首先，如果 $f(x)$在闭区间$[a,b]$上连续，那么 $f(x)$在$[a,b]$上的最大值和最小值一定存在.

其次，如果最大值或最小值在区间$(a,b)$内取得，那么这个最大值或最小值一定也是函数的极大值或极小值. 又因为函数的最大值或最小值也可能在区间的端点处取得，因此可用如下方法求函数 $f(x)$在$[a,b]$上的最大值和最小值：

设 $f(x)$在$(a,b)$内的驻点与导数不存在的点的个数有限，记为 $x_1,x_2,\cdots,x_n$，则比较函数值

$$f(a),f(x_1),f(x_2),\cdots,f(x_n),f(b)$$

的大小，其中最大的就是 $f(x)$在$[a,b]$上的最大值，而最小的就是 $f(x)$在$[a,b]$上的最小值.

**例 8.2.4** 求 $f(x)=x^5-5x^4+5x^3+1$ 在区间$[-1,2]$上的最大值和最小值.

**解** 因为

$$f'(x)=5x^4-20x^3+15x^2=5x^2(x-1)(x-3),$$

故知 $f(x)$的驻点为 $x_1=0,x_2=1,x_3=3$. 由于 $x_3=3$ 不在所讨论的区间内，故不予考虑. 因为

$$f(-1)=-10,\quad f(0)=1,\quad f(1)=2,\quad f(2)=-7,$$

所以 $f(x)$在$[-1,2]$上的最大值为 2，最小值为$-10$. □

求函数 $f(x)$的最值时，如果 $f(x)$在一个区间内只有一个极值点，且 $f(x)$在该点取极大(小)值，则该极大(小)值就是 $f(x)$最大(小)值，不需要再求区间端点的函数值.

**例 8.2.5** 设函数 $f(x)$在区间 $I$ 上连续且只有唯一的极值点 $a$. 若 $a$ 是极大(小)值点，试证明 $a$ 必是 $f(x)$在区间 $I$ 上的最大(小)值点.

**证明**　只证明最大值情形. 若 $a$ 是极大值点,假定 $a$ 不是 $f(x)$在 $I$ 上的最大值点,则至少存在一点 $c\in I$,使 $f(c)>f(a)$. 显然 $c\neq a$,不妨设 $a<c$,则有$[a,c]\subset I$,于是 $f(x)$在区间$[a,c]$上连续,所以存在 $b\in[a,c]$使得 $f(b)$是 $f(x)$在$[a,c]$上的最小值. 因为 $a$ 是 $f(x)$的极大值点及 $f(c)>f(a)$,所以 $b\neq a,b\neq c$,即 $b\in(a,c)$,因此 $b$ 是 $f(x)$在区间 $I$ 上的极小值点,这与函数 $f(x)$在区间 $I$ 上只有唯一的极值点 $a$ 矛盾. 故 $a$ 是 $f(x)$在区间 $I$ 上的最大值点. □

在实际问题中,往往根据问题的性质就可以判定函数 $f(x)$确有最大值或最小值,而且一定在定义区间的内部取得. 这时,如果 $f(x)$在定义区间内只有一个可能的极值点 $x_0$(驻点或一阶导数不存在的点),那么不必讨论 $f(x_0)$是不是极值,就可判定 $f(x_0)$是最大值或最小值.

**例 8.2.6**　铁路上 $AB$ 段的距离为 100 公里,工厂 $C$ 距 $A$ 处 20 公里,$AC\perp AB$,现需要在 $AB$ 线上选定一点 $D$ 向工厂 $C$ 修一条公路. 已知铁路与公路每公里货运价之比为 3∶5,为使货物从 $B$ 运到工厂 $C$ 的运费最省,问 $D$ 点应如何选取?

**解**　设 $AD=x$ 且铁路每公里货运价为 $3k$,则公路每公里货运价为 $5k$,$CD=\sqrt{x^2+20^2}$,于是总运费

$$y=5k\sqrt{x^2+20^2}+3k(100-x),\quad 0\leqslant x\leqslant 100,$$

其中 $k$ 是正实数. 并且

$$y'=k\left(\frac{5x}{\sqrt{x^2+20^2}}-3\right),\quad y''=5k\cdot\frac{400}{\sqrt{(x^2+20^2)^3}}.$$

令 $y'=0$,得 $x=15$. 又因为 $y''|_{x=15}>0$,所以 $x=15$ 是函数在$[0,100]$上唯一的极值点,且是极小值点,因此 $x=15$ 为函数的最小值点,故 $AD=15$ 公里时运费最省. □

## 8.3　曲线的凸性与拐点

### 8.3.1　曲线的凸性

函数的单调性是它的一个基本性态. 通俗地说,它反映了函数的基本走势. 除此之外,函数图形的弯曲方向也是函数的另一个重要性态. 例如,函数 $y=\mathrm{e}^x$ 和 $y=\ln x$ 的图形,虽然两者都是单调增加函数,但直观感觉,它们的图形仍有较大差别. 一个主要原因是它们图形的弯曲方向不同. 此即为曲线的凸性.

**定义 8.3.1**　设 $f(x)$在区间 $I$ 上连续,如果对 $I$ 上任意两点 $x_1$ 与 $x_2$,恒有

$$f\left(\frac{x_1+x_2}{2}\right)\leqslant\frac{f(x_1)+f(x_2)}{2},$$

那么称 $f(x)$在 $I$ 上的图形是凹的(图 8-4(a)). 此时,也称函数 $f(x)$为凹函数; 如

果恒有

$$f\left(\frac{x_1+x_2}{2}\right)\geqslant\frac{f(x_1)+f(x_2)}{2},$$

那么称 $f(x)$ 在 $I$ 上的图形是凸的(图 8-4(b)). 此时,也称函数 $f(x)$ 为凸函数. 如果定义中的不等号是严格的,就分别称其是严格凹或者凸的.

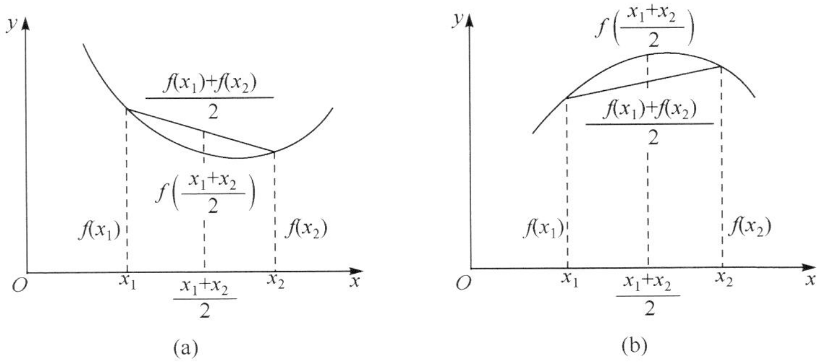

图 8-4

**注 8.3.1** (1) 在数学上,函数或者其图形的凹、凸有多种定义及名称,因而,读者在引用相关结论时,应特别注意.

(2) 由于函数的凸性在一定的条件下可以代替函数的连续性甚至可微性等原因,在现代数学中,凸函数已发展成为凸分析,形成了一个庞大的数学分支,它在最优化理论以及临界点理论中发挥着重要作用.

下面给出一个判断函数或者其图形凹、凸的结论.

**定理 8.3.1** 设函数 $f(x)$ 在 $(a,b)$ 内存在二阶导数,那么

(1) 若在 $(a,b)$ 内 $f''(x)>0$,则 $f(x)$ 在 $(a,b)$ 内是严格凹的;

(2) 若在 $(a,b)$ 内 $f''(x)<0$,则 $f(x)$ 在 $(a,b)$ 内是严格凸的.

**证明** 对任意的 $x_1,x_2\in(a,b)$,设 $x_1<x_2$,记 $x_0=\dfrac{x_1+x_2}{2}$. 那么存在 $\xi_1\in(x_1,x_0)$,$\xi_2\in(x_0,x_2)$,$\xi\in(\xi_1,\xi_2)$,使得

$$\begin{aligned}&f(x_1)+f(x_2)-2f(x_0)\\=&[f(x_2)-f(x_0)]-[f(x_0)-f(x_1)]\\=&f'(\xi_2)(x_2-x_0)-f'(\xi_1)(x_0-x_1)\\=&[f'(\xi_2)-f'(\xi_1)](x_0-x_1)\\=&f''(\xi)(\xi_2-\xi_1)(x_0-x_1),\end{aligned}$$

注意到 $\xi_2-\xi_1>0$,$x_0-x_1>0$, 所以由上式得:

若在 $(a,b)$ 内 $f''(x)>0$, 则 $f(x_1)+f(x_2)-2f(x_0)>0$;

若在 $(a,b)$ 内 $f''(x)<0$, 则 $f(x_1)+f(x_2)-2f(x_0)<0$.

从而结论得证. □

**例 8.3.1**　分别讨论函数 $f(x)=\ln x, g(x)=x^3$ 及 $h(x)=\arctan x$ 的凸性.

**解**　由于 $f'(x)=\dfrac{1}{x}, f''(x)=-\dfrac{1}{x^2}<0$,所以 $f(x)=\ln x$ 是凸的.

由于 $g'(x)=3x^2, g''(x)=6x$, 所以当 $x\geqslant 0$ 时,$g(x)=x^3$ 是凹的;当 $x\leqslant 0$ 时,$g(x)=x^3$ 是凸的.

由于 $h'(x)=\dfrac{1}{1+x^2}, h''(x)=\dfrac{-2x}{(1+x^2)^2}$,所以当 $x\geqslant 0$ 时,$h(x)=\arctan x$ 凸的;当 $x\leqslant 0$ 时,$h(x)=\arctan x$ 是凹的. □

在例 8.3.1 中,点(0,0)是曲线 $y=x^3$ 和 $y=\arctan x$ 凹、凸性的分界点,它在研究曲线的凹、凸性时,起着关键作用.

### 8.3.2　曲线的拐点

**定义 8.3.2**　设 $f(x)$在 $x_0$ 点连续. 若曲线 $y=f(x)$在点$(x_0, f(x_0))$的两侧分别是严格凸和严格凹的,则称点$(x_0, f(x_0))$为曲线 $y=f(x)$的拐点.

由此可见,拐点是曲线上凸弧段与凹弧段的分界点.

按定义,点(0,0)是曲线 $y=x^3$ 和 $y=\arctan x$ 的拐点,而且在 $x=0$ 点,它们的二阶导数为零.

**定理 8.3.2**　若 $f(x)$在 $x_0$ 点二阶可导,并且$(x_0, f(x_0))$是曲线 $y=f(x)$的拐点,则 $f''(x_0)=0$.

**证明**　因为 $f(x)$在 $x_0$ 点二阶可导,所以 $f(x)$在 $x_0$ 点的某邻域内一阶可导. 又由于$(x_0, f(x_0))$是曲线的拐点,由定理 8.3.1 知,$x_0$ 是导函数 $f'(x)$的极值点,因此由费马定理得到 $f''(x_0)=0$.

利用定理 8.3.1 的结论,容易得到如下结论.

**定理 8.3.3**　设函数 $f(x)$在 $x_0$ 点连续,在 $\mathring{U}(x_0)$内二阶可导. 若在$\mathring{U}_+(x_0)$和$\mathring{U}_-(x_0)$内 $f''(x)$的符号相反,则$(x_0, f(x_0))$为曲线 $y=f(x)$的拐点.

**注 8.3.2**　(1) 类似于驻点的结论,方程 $f''(x)=0$ 的根不一定是拐点的横坐标. 例如,对于 $y=x^4$,方程 $y''=0$ 的根是 $x=0$,但 $y=x^4$ 是凹函数,无拐点.

(2) 拐点的横坐标也不一定是方程 $f''(x)=0$ 的根. 例如,曲线 $y=x^{\frac{1}{3}}$ 的拐点是(0,0),但该函数在 $x=0$ 处不可导.

(3) 如果曲线 $y=f(x)$在 $x_0$ 点有切线,并且$(x_0, f(x_0))$是该曲线的拐点,那么此切线在$(x_0, f(x_0))$点一定穿过此曲线,如图 8-5 中的 $M$ 点所示.

**例 8.3.2**　求曲线 $y=3x^4-4x^3+1$ 的凹凸区间与拐点.

**解** 易知 $y'=12x^3-12x^2$，$y''=36x^2-24x=12x(3x-2)$，解方程 $y''=0$ 得 $x_1=0$，$x_2=\frac{2}{3}$，它们把函数的定义域分成三个子区间：$(-\infty,0]$，$\left[0,\frac{2}{3}\right]$，$\left[\frac{2}{3},+\infty\right)$. 容易所求结果列表如下：

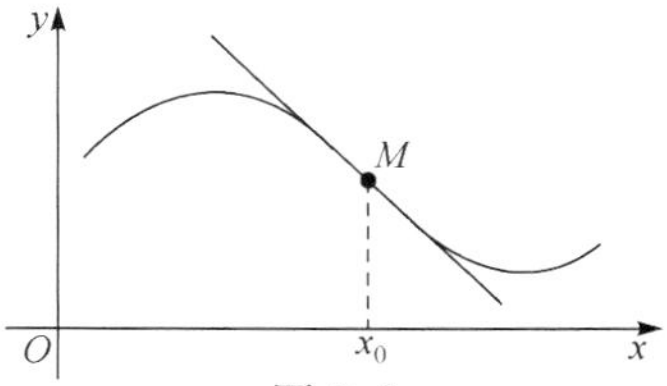

图 8-5

| $x$ | $(-\infty,0)$ | $0$ | $\left(0,\frac{2}{3}\right)$ | $\frac{2}{3}$ | $\left(\frac{2}{3},+\infty\right)$ |
|---|---|---|---|---|---|
| $y''$ | $+$ | $0$ | $-$ | $0$ | $+$ |
| $y$ | 凹 | 拐点 $(0,1)$ | 凸 | 拐点 $\left(\frac{2}{3},\frac{11}{27}\right)$ | 凹 |

□

# 8.4 函数作图

借助于一阶导数的符号，可以确定函数的单调性与极值；借助于二阶导数的符号，可以确定函数的凸性与拐点. 知道了函数图形的升降、凸性，以及极值点和拐点后，就可以掌握函数的基本性态. 如果还知道道函数的渐近线，就对函数在无穷远处的认识更加清晰，并把函数的图形描绘得比较准确.

## 8.4.1 渐近线

**定义 8.4.1** 若曲线 $C$ 上的动点 $M$ 沿着曲线无限地远离原点时，点 $M$ 与某一直线 $L$ 的距离趋于零，则称直线 $L$ 为曲线 $C$ 的一条渐近线.

曲线的渐近线共有以下三种.

(1) **垂直渐近线** 若 $\lim\limits_{x\to a^+}f(x)=\infty$ 或 $\lim\limits_{x\to a^-}f(x)=\infty$，则直线 $x=a$ 是曲线 $y=f(x)$ 的垂直渐近线.

(2) **水平渐近线** 若 $\lim\limits_{x\to+\infty}f(x)=b$ 或 $\lim\limits_{x\to-\infty}f(x)=b$，则直线 $y=b$ 是曲线 $y=f(x)$ 的水平渐近线.

(3) **斜渐近线** 若直线 $y=kx+b$ 是曲线 $y=f(x)$ 的斜渐近线，由渐近线的定义知

$$\lim_{x\to+\infty}\frac{|f(x)-kx-b|}{\sqrt{1+k^2}}=0,$$

这等价于

$$\lim_{x\to+\infty}[f(x)-kx-b]=0.$$

上式又等价于

$$\lim_{x\to+\infty}[f(x)-kx]=b.$$

由 $\lim\limits_{x\to+\infty}\dfrac{1}{x}=0$ 及极限的四则运算法则知

$$\lim_{x\to+\infty}\frac{f(x)-kx}{x}=0,$$

即

$$\lim_{x\to+\infty}\frac{f(x)}{x}=k.$$

反之亦然. 至此可以知道,直线 $y=kx+b$ 是曲线 $y=f(x)$ 的斜渐近线等价于

$$k=\lim_{x\to+\infty}\frac{f(x)}{x},\quad b=\lim_{x\to+\infty}[f(x)-kx].$$

当然,变化过程改为 $x\to-\infty$,$x\to\infty$ 时上述结论也成立.

**例 8.4.1**　求函数 $y=2x+\arctan x+1$ 的渐近线.

**解**　因为该函数在 $(-\infty,+\infty)$ 内连续,所以没有垂直渐近线. 又因为 $\lim\limits_{x\to\infty}y=\infty$,故也没有水平渐近线. 下面求斜渐近线. 由于

$$\lim_{x\to+\infty}\frac{2x+\arctan x+1}{x}=2+\lim_{x\to+\infty}\frac{\arctan x+1}{x}=2,$$

$$\lim_{x\to+\infty}(2x+\arctan x+1-2x)=\lim_{x\to+\infty}(\arctan x+1)=\frac{\pi}{2}+1,$$

$$\lim_{x\to-\infty}(2x+\arctan x+1-2x)=\lim_{x\to-\infty}(\arctan x+1)=-\frac{\pi}{2}+1,$$

所以函数 $y=2x+\arctan x+1$ 有两条斜渐近线:当 $x\to+\infty$ 时有渐近线 $y=2x+\dfrac{\pi}{2}+1$;当 $x\to-\infty$ 时有渐近线 $y=2x-\dfrac{\pi}{2}+1$. □

### 8.4.2　函数作图

函数作图的一般步骤归纳如下.

**第 1 步**　确定函数 $f(x)$ 的定义域,研究函数的基本特性. 例如,奇偶性、周期性、有界性等,并求出函数的一阶导数 $f'(x)$ 和二阶导数 $f''(x)$;

**第 2 步**　求出一阶导数 $f'(x)$ 和二阶导数 $f''(x)$ 在函数定义域内的所有零点,并求出函数 $f(x)$ 的间断点和一、二阶导数 $f'(x)$ 和 $f''(x)$ 不存在的点,用这些点把

函数的定义域划分成若干个子区间；

**第 3 步** 确定在这些部分区间内 $f'(x)$ 和 $f''(x)$ 的符号，并由此确定 $f(x)$ 的单调性、凸性、极值点和拐点；

**第 4 步** 确定函数图形的渐近线；

**第 5 步** 计算出 $f'(x)$ 和 $f''(x)$ 的零点以及不存在的点所对应的函数值，并在坐标平面上画出图形上相应的点；有时还需适当补充一些辅助作图点(如与坐标轴的交点和曲线的端点等)；然后根据第 3,4 步中得到的结果，用平滑曲线连接而画出函数 $y=f(x)$ 的图形.

**例 8.4.2** 描绘函数 $y=f(x)=1+\dfrac{36x}{(x+3)^2}$ 的图形.

**解** 函数 $y=f(x)$ 的定义域为 $(-\infty,-3)\cup(-3,+\infty)$，且

$$f'(x)=\frac{36(3-x)}{(x+3)^3},\quad f''(x)=\frac{72(x-6)}{(x+3)^4}.$$

令 $f'(x)=0$，得 $x=3$；令 $f''(x)=0$，得 $x=6$；$x=-3$ 是函数的间断点. 将点 $x=-3,3,6$ 由小到大排列，把定义域划分为四个部分区间：

$$(-\infty,-3),\quad (-3,3],\quad [3,6],\quad [6,+\infty).$$

可将相应的结论列表如下：

| $x$ | $(-\infty,-3)$ | $(-3,3)$ | 3 | $(3,6)$ | 6 | $(6,+\infty)$ |
|---|---|---|---|---|---|---|
| $y'$ | $-$ | $+$ | 0 | $-$ | $-$ | $-$ |
| $y''$ | $-$ | $-$ | $-$ | $-$ | 0 | $+$ |
| $y$ | ↘ 凸 | ↗ 凸 | 极大值 4 | ↘ 凸 | 拐点 $\left(6,\dfrac{11}{3}\right)$ | ↘ 凹 |

由于 $\lim\limits_{x\to\infty}f(x)=1$，$\lim\limits_{x\to-3}f(x)=-\infty$，所以函数的图形有一条水平渐近线 $y=1$ 和一条铅直渐近线 $x=-3$.

利用点 $M_1(3,4)$，$M_2\left(6,\dfrac{11}{3}\right)$. 再补充四个点 $M_3(0,1)$，$M_4(-1,-8)$，$M_5(-9,-8)$，$M_6\left(-15,-\dfrac{11}{4}\right)$. 结合表格内容，可将函数图形描绘如图 8-6 所示.

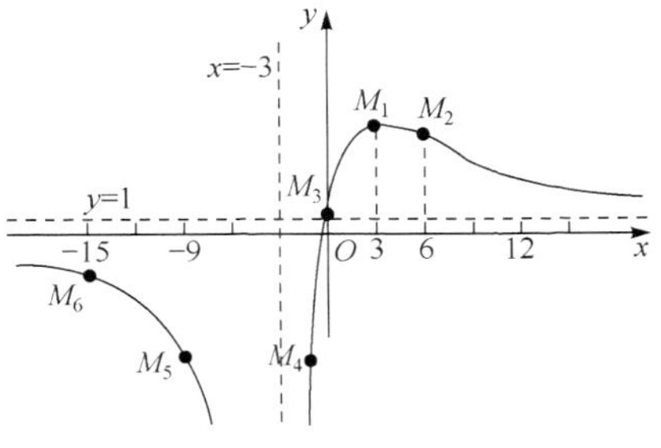


图 8-6

# 8.5　平面曲线的曲率

曲线的凸性描述了它的弯曲方向. 本节研究曲线的弯曲程度，即在曲线上每一点处要定义一个非负量，用此量的大小来衡量曲线在该点的弯曲程度. 这个量在数学上称为曲率. 它在科学研究及工程设计等领域具有非常重要的应用. 同时，它也是数学本身的一个重要分支——微分几何中的基本概念. 直观经验告诉我们，直线不弯曲，其上的每一点的曲率应该为零；而圆周上每一点的曲率均应该相等. 讨论时应该注意曲率的这两个特点.

## 8.5.1　曲率的概念

为了给出曲率的定义，我们先从几何图形上分析曲线的弯曲程度与哪些量有关.

从图 8-7 中可以看到，弧段$\widehat{M_1M_2}$比较平直，当动点沿这弧段从 $M_1$ 移动到 $M_2$ 时，切线转过的角度(简称转角)$\Delta\alpha_1$ 不大，而弧段$\widehat{M_1M_2}$弯曲得比较厉害，当动点沿这弧段从 $M_2$ 移动到 $M_3$ 时，转角 $\Delta\alpha_2$就比较大. 但是，转角的大小还不能完全反映曲线的弯曲程度. 例如，在图 8-8 中，虽然两段曲线弧$\widehat{M_1M_2}$及$\widehat{N_1N_2}$的转角 $\Delta\alpha$ 相同，然而它们的弯曲程度并不相同，短弧段$\widehat{N_1N_2}$比长弧段$\widehat{M_1M_2}$弯曲得厉害些. 由此可见，曲线弧的弯曲程度还与弧段的长度有关. 基于此，下面给出曲率的定义.

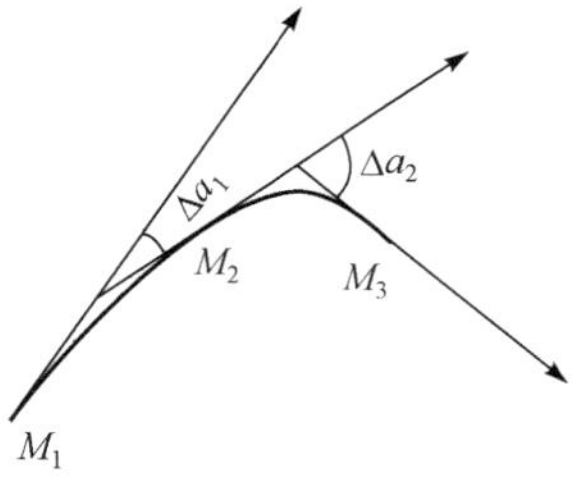


图 8-7

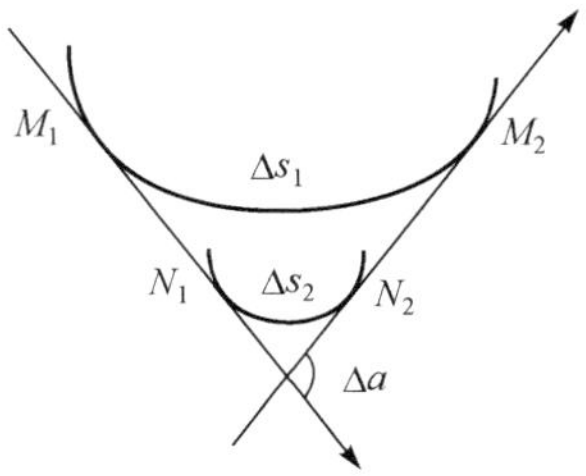


图 8-8

我们先定义一段曲线弧$\widehat{M_1M_2}$的平均曲率为

$$\overline{K}=\frac{|\Delta\alpha|}{|\Delta s|},\tag{8.5.1}$$

其中 $\Delta\alpha$ 为曲线弧$\widehat{M_1M_2}$上切线所转过的角度，而$|\Delta s|$为曲线弧$\widehat{M_1M_2}$的长度. 再规

定当点 $M_2$ 沿着曲线弧$\overset{\frown}{M_1M_2}$趋于 $M_1$(从而 $\Delta s$ 趋于零)时的极限

$$K=\lim_{\Delta s\to 0}\frac{|\Delta\alpha|}{|\Delta s|}=\lim_{\Delta s\to 0}\left|\frac{\mathrm{d}\alpha}{\mathrm{d}s}\right| \tag{8.5.2}$$

为曲线弧$\overset{\frown}{M_1M_2}$上点 $M_1$ 处的曲率.

### 8.5.2 弧微分公式

由式(8.5.2)可知,要计算曲率,先要计算弧微分 d$s$.

设函数 $y=f(x)$在区间$(a,b)$内具有连续导数. 在曲线 $y=f(x)$上取一固定点 $M_0(x_0,y_0)$作为度量弧长的基点(图 8-9),并规定依 $x$ 增大的方向作为曲线的正向. 对曲线上任一点 $M(x,y)$,规定有向弧段$\overset{\frown}{M_0M}$的值 $s$(简称为弧 $s$)如下:$s$ 的绝对值等于这弧段的长度,当有向弧段$\overset{\frown}{M_0M}$的方向与曲线的正向一致时 $s>0$,相反时 $s<0$. 显然,弧 $s$ 是 $x$ 的函数:$s=s(x)$,而且 $s(x)$是 $x$ 的单调增加函数.

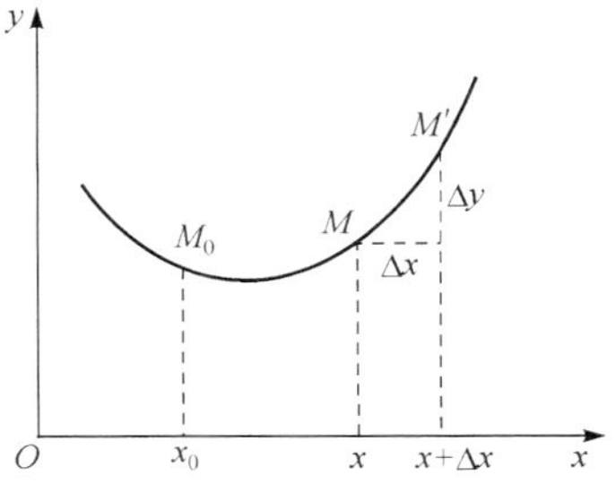


图 8-9

以下用$\overset{\frown}{M_0M}$表示有向弧段的值,而用 $M_0M$ 表示线段 $M_0M$ 的长度.

下面来求 $s(x)$对 $x$ 的导数及微分. 设 $x,x+\Delta x$ 为$(a,b)$内两个邻近的点,它们在曲线 $y=f(x)$上分别对应点 $M$ 和 $M'$. 对应于 $x$ 的增量 $\Delta x$,弧 $s$ 的增量设为 $\Delta s$,那么

$$\Delta s=\overset{\frown}{M_0M'}-\overset{\frown}{M_0M}=\overset{\frown}{M_0M'}.$$

于是

$$\begin{aligned}\left(\frac{\Delta s}{\Delta x}\right)^2&=\left(\frac{\overset{\frown}{MM'}}{\Delta x}\right)^2=\left(\frac{\overset{\frown}{MM'}}{MM'}\right)^2\cdot\frac{MM'^2}{(\Delta x)^2}\\&=\left(\frac{\overset{\frown}{MM'}}{MM'}\right)^2\cdot\frac{(\Delta x)^2+(\Delta y)^2}{(\Delta x)^2}\\&=\left(\frac{\overset{\frown}{MM'}}{MM'}\right)^2\cdot\left[1+\left(\frac{\Delta y}{\Delta x}\right)^2\right],\end{aligned}$$

故

$$\frac{\Delta s}{\Delta x}=\pm\sqrt{\left(\frac{\overset{\frown}{MM'}}{MM'}\right)^2\cdot\left[1+\left(\frac{\Delta y}{\Delta x}\right)^2\right]}.$$

现在令 $\Delta x\to 0$,对上式两端取极限. 由于 $\Delta x\to 0$ 时,$M'\to M$,从而弧$\overset{\frown}{MM'}$的长度与弦 $MM'$ 的长度之比的极限等于 1,即

$$\lim_{M'\to M}\frac{|\overset{\frown}{MM'}|}{MM'}=1.$$

又因为

$$\lim_{\Delta x\to 0}\frac{\Delta y}{\Delta x}=y',$$

因此得

$$\frac{\mathrm{d}s}{\mathrm{d}x}=\pm\sqrt{1+y'^2}.$$

又 $s=s(x)$ 是单调增加函数,从而根号前应取正号,即

$$\mathrm{d}s=\sqrt{1+y'^2}\,\mathrm{d}x, \tag{8.5.3}$$

或记为

$$\mathrm{d}s=\sqrt{(\mathrm{d}x)^2+(\mathrm{d}y)^2}. \tag{8.5.4}$$

我们称式(8.5.3)或式(8.5.4)为弧微分公式.

### 8.5.3　曲率公式

设曲线 $C$ 的直角坐标方程为 $y=f(x)$,且 $f(x)$ 具有二阶导数. 此时,$f'(x)$ 连续,从而曲线是光滑的. 因为 $\tan\alpha=y'$,所以

$$\sec^2\alpha\,\frac{\mathrm{d}\alpha}{\mathrm{d}x}=y'',$$

于是

$$\mathrm{d}\alpha=\frac{y''}{1+\tan^2\alpha}\mathrm{d}x=\frac{y''}{1+(y')^2}\mathrm{d}x,$$

由于 $\mathrm{d}s=\sqrt{1+(y')^2}\,\mathrm{d}x$,根据曲率的定义,有

$$K(x)=\frac{|y''(x)|}{\{1+[y'(x)]^2\}^{\frac{3}{2}}}. \tag{8.5.5}$$

由式(8.5.5)易知,如果曲线为直线 $y=ax+b$,那么 $K(x)\equiv 0$.

在有些实际问题中,当 $|y'|\ll 1$ 时,$1+y'^2\approx 1$,此时曲率的近似计算公式为

$$K(x)=\frac{|y''(x)|}{\{1+[y'(x)]^2\}^{\frac{3}{2}}}\approx|y''(x)|. \tag{8.5.6}$$

此式也可以理解为函数二阶导数的几何意义.

如果曲线 $C$ 由参数方程 $\begin{cases}x=\varphi(t),\\ y=\psi(t)\end{cases}$ 给出,利用由参数方程所确定函数的求导

法则，求出$\frac{dy}{dx}$和$\frac{d^2y}{dx^2}$，代入式(8.5.5)得到曲率公式

$$K(t)=\frac{|\varphi'(t)\psi''(t)-\varphi''(t)\psi'(t)|}{[\varphi'^2(t)+\psi'^2(t)]^{\frac{3}{2}}}. \tag{8.5.7}$$

例如，考虑半径为 $R$ 的圆：

$$\begin{cases}x=R\cos\theta,\\ y=R\sin\theta,\end{cases}\quad 0\leqslant\theta\leqslant 2\pi.$$

由式(8.5.7)容易得到

$$K(\theta)=\frac{|R^2\sin^2\theta+R^2\cos^2\theta|}{[(-R\sin\theta)^2+(R\cos\theta)^2]^{\frac{3}{2}}}\equiv\frac{1}{R},$$

即圆上各点处的曲率均相等，且与半径成反比例关系，即半径越小的圆弯曲得越厉害. 这与我们直观经验一致.

**例 8.5.1** 计算抛物线 $y=ax^2+bx+c$ 的曲率，并讨论其上哪一点处的曲率最大.

**解** 由 $y=ax^2+bx+c$ 得 $y'=2ax+b, y''=2a$，代入曲率公式(8.5.5)得

$$K(x)=\frac{|2a|}{[1+(2ax+b)^2]^{\frac{3}{2}}}.$$

注意到$|2a|$是常数，所以 $2ax+b=0$，即 $x=-\frac{b}{2a}$时，$K(x)$达到最大值$|2a|$. 即在抛物线的顶点处，曲率最大. □

这一结果与我们的直观感觉也完全一致，即抛物线在其顶点处弯曲得最厉害. 同时，也给出了抛物线 $y=ax^2+bx+c$ 方程中常数 $a$ 的一种几何解释.

### 8.5.4 曲率圆与曲率半径

设曲线 $y=f(x)$在点 $M(x,y)$处的曲率为 $K=K(x)$. 称 $\rho=\frac{1}{K}$为该曲线在点 $M$ 处的曲率半径. 下面给出当 $K\neq 0$ 时曲率半径 $\rho$ 的几何意义. 在曲线上点 $M$ 处的法线上曲线凹的一侧选取一点 $D$，使$|DM|=\frac{1}{K}=\rho$，以 $D$ 为圆心，$\rho$ 为半径作圆(图 8-10)，这个圆称为曲线在点 $M$ 处的曲率圆，曲率圆的圆心 $D$ 称为曲线在点 $M$ 处的曲率中心. 那么曲率圆与曲线在点 $M$ 处具有如下关系：

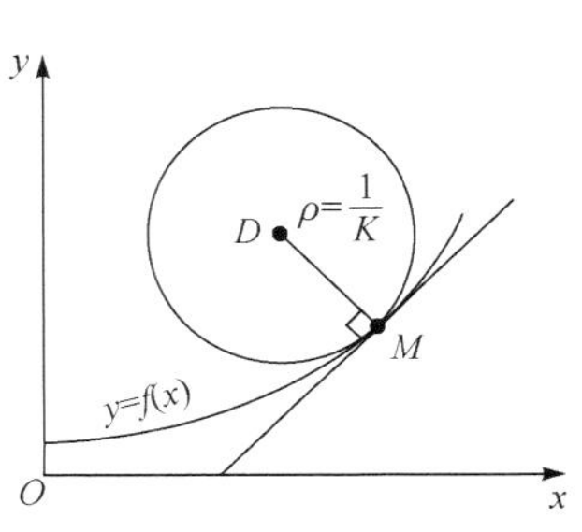

图 8-10

(1) 有共同的切线，即曲线与曲率圆在 $M$ 点相切；

(2) 有相同的曲率；

(3) 曲线与曲率圆在 $M$ 点具有相同的一、二阶导数.

这些事实表明，当我们讨论曲线 $y=f(x)$ 在点 $M(x,y)$ 处的某种性质时，如果此性质仅与量 $x,y,y'$ 及 $y''$ 有关，那么只要讨论曲线在该点处曲率圆的性质即可. 于是，将一般曲线的问题转化为了圆弧的问题，这给我们对此问题的研究带来了一定的方便.

**例 8.5.2**　铁路的弯道设计.

设火车轨道在转弯前是平坦的直线，弯道一般设计为圆弧状的，由于从直线部分到圆弧部分，外轨的弯曲有一个跳跃，因此，在直线和圆弧部分之间必须接入一缓冲曲线，使轨道的曲率逐步地由零过渡到 $\frac{1}{R}$，即曲率半径由 $\infty$ 逐步变化到 $R$. 一般可以采用的缓冲曲线是三次抛物线，参看图 8-11，图中 $x$ 轴表示直线轨道（$x<0$ 的部分），$\widehat{AB}$ 是圆弧轨道，其圆心为 $P$，半径为 $R$，$\widehat{OA}$ 是三次抛物线，方程为

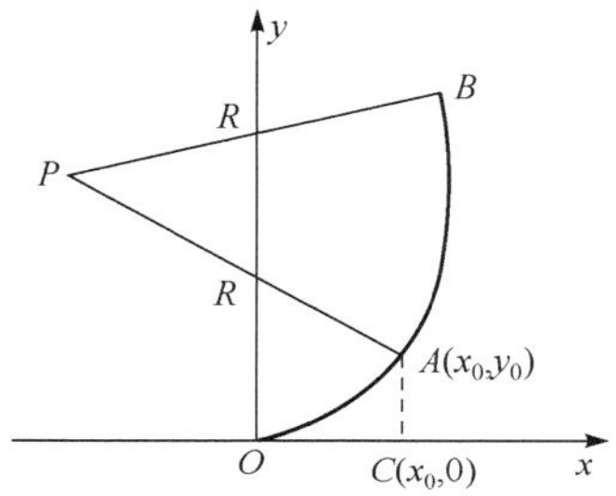


图 8-11

$$y=\frac{x^3}{6Rl},$$

其中 $l$ 为曲线段 $\widehat{OA}$ 的长度.

我们先算出曲线段 $\widehat{OA}$ 的曲率

$$K=\left|\frac{y''}{(1+y'^2)^{\frac{3}{2}}}\right|=\frac{8R^2l^2x}{(4R^2l^2+x^4)^{\frac{3}{2}}}.$$

当 $x$ 从 0 变化到 $x_0$ 时，曲率 $K$ 连续地从 0 变化到

$$K_0=\frac{8R^2l^2x_0}{(4R^2l^2+x_0^4)^{\frac{3}{2}}}.$$

现在来估计 $K_0$：

由于实际使用的弯道一般比 $\frac{l}{R}$ 小，而且 $\widehat{OA}$ 的长度 $l$ 和直线段 $OC$ 的长度 $x_0$ 比较接近，即 $x_0\approx l$. 把它代入上式，得

$$K_0\approx\frac{8R^2l^3}{(4R^2l^2+l^4)^{\frac{3}{2}}}=\frac{1}{R}\cdot\frac{1}{\left(1+\frac{l^2}{4R^2}\right)^{\frac{3}{2}}},$$

再略去 $\frac{l^2}{4R^2}$ 项，得

$$K_0 \approx \frac{1}{R}.$$

这样缓冲曲线的曲率由 0 连续地变化到$\frac{1}{R}$,起到了缓冲作用.

# 习　题　8

**一、判断题**(正确打√并给出证明,错误打×并给出反例)

1. 设 $f(x)$在$(a,b)$内是可导的增函数,则在$(a,b)$内 $f'(x)>0$.　(　　)

2. 如果 $x_0$ 是 $f(x)$的一个极大值点,则存在 $\delta>0$,使得 $f(x)$在$(x_0-\delta,x_0)$内单调增加,而在$(x_0,x_0+\delta)$内单调减少.　(　　)

3. 如果平面曲线 $\Gamma$ 上每一点的曲率都是零,则 $\Gamma$ 是直线(段).　(　　)

4. 任何一点 $x_0$ 都不能既是某函数的极值点又是其图形拐点的横坐标.　(　　)

5. 若$(x_0,f(x_0))$为曲线 $y=f(x)$的拐点,则 $x_0$ 为函数 $y=f'(x)$的极值点.　(　　)

**二、填空题**(将正确答案填在横线之上)

1. 函数 $y=\sin x-x$ 在闭区间$[-\pi,\pi]$上的最小值、最大值分别为__________.

2. 若点(1,3)为曲线 $y=ax^3+bx^2$ 的拐点,则$\{a,b\}=$__________.

3. 当 $x>0$ 时,曲线 $y=x\ln\left(\mathrm{e}+\frac{1}{x}\right)$的渐近线方程为__________.

4. 数列$\{\sqrt[n]{n}\}$的最大项为__________.

5. 已知 $f(x)=3x^2+\frac{a}{x^3}$,其中 $x>0,a>0$,则 $a$ 至少为__________时,$f(x)\geqslant 20$.

**三、单项选择题**(将正确答案的选项字母填入括号内)

1. 若 $f(x)$二阶可导,并且 $f'(x)>0,f''(x)>0$,则当 $\Delta x>0$ 时,(　　).

(A) $\Delta y>\mathrm{d}y>0$;　(B) $\Delta y<\mathrm{d}y<0$;　(C) $\mathrm{d}y>\Delta y>0$;　(D) $\mathrm{d}y<\Delta y<0$.

2. 函数 $y=x^4-2x^3$ 在其定义域内的极值点个数为(　　).

(A) 0;　(B) 1;　(C) 2;　(D) 3.

3. 若 $f(x)$为可导函数,$\xi$ 为开区间$(a,b)$内的某定点,且 $f(\xi)>0,(x-\xi)f'(x)\geqslant 0$,则在闭区间$[a,b]$上必有(　　).

(A) $f(x)<0$;　(B) $f(x)>0$;　(C) $f(x)\leqslant 0$;　(D) $f(x)\geqslant 0$.

4. 已知函数 $f(x)$对一切 $x\in\mathbb{R}$ 满足 $xf''(x)+3x[f'(x)]^2=1-\mathrm{e}^{-x}$,若 $f'(x_0)=0,x_0\neq 0$ 则(　　).

(A) $f(x_0)$是 $f(x)$的极大值;

(B) $f(x_0)$是 $f(x)$的极小值;

(C) $(x_0,f(x_0))$是曲线 $y=f(x)$的拐点;

(D) $f(x_0)$不是 $f(x)$的极值,且$(x_0,f(x_0))$也不是曲线 $y=f(x)$的拐点.

5. 设$\lim\limits_{x\to a}\frac{f(x)-f(a)}{(x-a)^2}=-1$,则在点 $x=a$ 处(　　).

(A) $f(x)$的导数存在，且 $f'(a)\neq 0$；　　(B) $f(x)$的导数不存在；

(C) $f(x)$取得极大值；　　(D) $f(x)$取得极小值.

**四、计算题**

1. 求下列函数的单调区间与图形的凹凸区间：

(1) $f(x)=2x^2-\ln x$；

(2) $f(x)=x^2\mathrm{e}^{-x}$.

2. 求函数 $f(x)=\max\{x^2,1-x^2\}$的极值.

3. 求函数 $f(x)=|4x^3-18x^2+27|$在$[0,2]$上的最大值和最小值.

4. 求常数 $a,b,c$ 使曲线 $y=ax^2+bx+c$ 在 $x=0$ 处与曲线 $y=\mathrm{e}^x$ 相切，且有相同的凹向与曲率.

5. 已知函数 $y=\dfrac{x^3}{(x-1)^2}$：

(1) 求该函数的增减区间及极值点；

(2) 求该函数图形的凹凸区间及拐点；

(3) 求该函数图形的渐近线；

(4) 作出该函数的图形.

6. 要使容积为 $V$ 的圆柱形闭合罐有最小的表面积，罐应有怎样的形状？

**五、证明题**

1. 证明下列不等式：

(1) $\tan x>x+\dfrac{1}{3}x^3,0<x<\dfrac{\pi}{2}$；

(2) $\sin\dfrac{x}{2}>\dfrac{x}{\pi},0<x<\pi$；

(3) $\cos\dfrac{x_1+x_2}{2}>\dfrac{1}{2}(\cos x_1+\cos x_2),\quad x_1,x_2\in\left(-\dfrac{\pi}{2},\dfrac{\pi}{2}\right)$；

(4) $\dfrac{1}{2^{p-1}}\leqslant x^p+(1-x)^p\leqslant 1,0\leqslant x\leqslant 1,p>1$.

2. 设 $f(x)$在$[0,+\infty)$上连续，在$(0,+\infty)$内可导，并且当 $x>0$ 时，$f'(x)<k<0$，又 $f(0)>0$，证明方程 $f(x)=0$ 在$(0,+\infty)$内有且仅有一个实根.

# 部分习题参考答案

## 习　题　1

**四、计算题**

1. $\left[-\frac{\pi}{2},\frac{\pi}{2}\right]\Big\backslash\{0\}$.

2. $f(x)=2(1-x^2)$.

3. $f[g(x)]=\begin{cases}1, & 1\leqslant|x|\leqslant\sqrt{3},\\ 0, & |x|<1 \text{ 或 } |x|>\sqrt{3};\end{cases}$　　$g[f(x)]=\begin{cases}1, |x|\leqslant 1,\\ 2, |x|>1.\end{cases}$

4. $f[g(x)]$与 $g[f(x)]$均单调减少.

5. $f(x)=\frac{1}{2}\left(x+\frac{1}{x}+\frac{1}{1-x}\right)$.

6. $x_1+x_2=x_1+f(x_1)=a$.

## 习　题　2

### A.

**四、计算题**

1. 3.

2. $e^2$.

3. $\frac{1}{1-a}$.

4. 2.

5. 0.

### B.

**四、计算题**

1. $k$.

2. 2.

3. 2.

4. $a$.

5. 0.

# 习　题　3

**四、计算题**

1. $e^2$.

2. $a=1, b=-1$.

3. $\infty$.

4. $\frac{1}{2}$.

5. 1.

6. $\frac{1}{2}$.

7. 0.

8. $\frac{1}{3}$.

9. $a=6, b=2$.

10. $p(x)=3x^2+3x$.

# 习　题　4

**四、计算题**

1. 函数的连续区间为$(-\infty,-3)$,$(-3,2)$,$(2,\infty)$,$x=-3$ 是第一类可去间断点,$x=2$ 是第二类无穷间断点.

2. $f(x)$在$(a,+\infty)$内一定存在最大值.

3. $c_1=0, c_2=1$.

4. $f(x)$在 $x=0$ 处不连续,$x=0$ 是第一类可去间断点.

5. $f(x)=\sin x^2$ 在$[0,+\infty)$上不一致连续性.

# 习　题　5

## A.

**四、计算题**

1. $f'(a)=\varphi(a)$.

2. $a=2, b=1$.

3. $e^{\frac{f'(a)}{f(a)}}$.

4. $a=6, b=-9$.

5. $f'(0)=a$.

## B.

**四、计算题**

2. (1) $\frac{dy}{dx}=2\sin x\cos x f'(\sin^2 x)+2f(x)\cos f^2(x)f'(x)$;

(2) $\frac{dy}{dx}=f'(e^x)e^{x+f(x)}+f(e^x)e^{f(x)}f'(x)$;

(3) $\frac{dy}{dx}=f'\{f[f(x)]\}f'[f(x)]f'(x)$.

3. $\left.\frac{df^{-1}(x)}{dx}\right|_{x=4}=\frac{1}{\sin^2(\sin 1)}$.

4. $f'(x)=-xe^{x-1}$.

5. 当 $x\neq 0$ 时，$f'(x)=\frac{e^{x^2}2x^3-2xe^{x^2}+2x}{x^4}$；当 $x=0$ 时，$f'(0)=\infty$.

6. $f'(x)=\frac{1+2x^2}{x^2}$.

## C.

**四、计算题**

1. $a=-\frac{1}{2},b=1,c=0$.

2. $\frac{d^2y}{dx^2}=\frac{2e^t\sin t-1}{(e^t+\cos t)^3}$.

3. $\frac{d^2y}{dt^2}+y=0$.

4. $\frac{d^2y}{dx^2}=f''(a^x)a^{2x}\ln^2 a+f'(a^x)a^x\ln^2 a+a^{f(x)}[f'(x)]^2\ln^2 a+a^{f(x)}f''(x)\ln a$.

5. $-4$.

# 习 题 6

**四、计算题**

1. (1) $dy=\left(-\frac{1}{x^2}+\frac{1}{2\sqrt{x}}\right)dx, d^2y=\left(2\frac{1}{x^3}-\frac{1}{4\sqrt{x^3}}\right)dx^2$;

(2) $dy=(2x\sin x+x^2\cos x)dx, d^2y=(2\sin x+4x\cos x-x^2\sin x)dx^2$;

(3) $dy=(1+x^2)^{-\frac{3}{2}}dx, d^2y=-3x(1+x^2)^{-\frac{5}{2}}dx^2$;

(4) $dy=\frac{-2x}{x^2-1}dx, d^2y=\frac{2}{(x^2-1)^2}dx^2$.

2. (a) $dy>0,\Delta y>0,\Delta y-dy>0$;

(b) $dy>0, \Delta y>0, \Delta y-dy<0$;

(c) $dy<0, \Delta y<0, \Delta y-dy<0$;

(d) $dy<0, \Delta y<0, \Delta y-dy>0$.

3. (1) 0.5;

(2) 0.1;

(2) 0.05.

# 习　题　7

**四、计算题**

1. (1) $\frac{1}{2}$;

(2) 0;

(3) $\frac{2}{3}$;

(4) 1;

(5) $e^{-\frac{1}{3}}$;

(6) 1;

(7) 1.

2. 1.

3. $f(0)=-1, f'(0)=0, f''(0)=\frac{4}{3}$.

4. $e^2$.

# 习　题　8

**四、计算题**

1. (1) 单减区间为$\left(0,\frac{1}{2}\right)$,单增区间为$\left(\frac{1}{2},+\infty\right)$,凹区间为$(0,+\infty)$;

(2) 单减区间为$(-\infty,0)$,$(2,+\infty)$,单增区间为$(0,2)$,凸区间为$(2-\sqrt{2},2+\sqrt{2})$,凹区间为$(-\infty,2-\sqrt{2})$,$(2+\sqrt{2},+\infty)$.

2. 极小值为$\frac{1}{2}$,极大值为1.

3. 最大值为$3\sqrt{3}$,最小值为$\sqrt{21}$.

4. $a=\frac{1}{2}, b=1, c=1$.

6. 罐顶及底的半径为$\sqrt[3]{\frac{V}{2\pi}}$,罐高为$2\sqrt[3]{\frac{V}{2\pi}}$.

# 参考文献

[1] 菲赫金哥尔茨.微积分学教程(8版)(1～3卷).杨弢亮,等译.郭思旭校.北京:高等教育出版社,2006

[2] 刘名生,等.数学分析(一、二、三).北京:科学出版社,2009

[3] 欧阳光中,等.数学分析(上、下册).3版.北京:高等教育出版社,2007

[4] 华中师范大学数学系.数学分析(上、下册).4版.北京:高等教育出版社,2010

[5] 陈纪修,等.数学分析(上、下册).北京:高等教育出版社,1999

[6] 刘玉琏,等.数学分析讲义(上、下册).5版.北京:高等教育出版社,2008

[7] 张筑生.数学分析新讲.北京:北京大学出版社,1990

[8] 常庚哲,等.数学分析.南京:江苏教育出版社,1998

[9] 周民强.数学分析(1～3册).上海:上海科学技术出版社,2002

[10] 徐森林,等.数学分析(1～3册).北京:清华大学出版社,2007

[11] 同济大学数学系.高等数学(上、下册).6版.北京:高等教育出版社,2007

[12] 贾晓峰,等.微积分与数学模型(上、下册).北京:高等教育出版社,1999

[13] 魏毅强,等.微积分与数学模型教程(上、下册).北京:高等教育出版社,2012

[14] 太原理工大学数学系.高等数学(上、下册).北京:兵器工业出版社,1999

[15] 张建文,等.高等工科数学(上、中、下册).北京:兵器工业出版社,1997

# 附录　实数系基本理论

数学分析课程的基础是实数理论. 从数系分类讲,实数集常被称为实数系. 因此,要深入了解和全面掌握数学分析的所有内容,必须要了解实数系的基本性质以及实数系的一些基本定理.

## A. 有理数的基本性质

通过中学的学习,读者对有理数已经相当熟悉,有理数集

$$\mathbb{Q}=\left\{\frac{p}{q}\mid p\in\mathbb{Z},q\in\mathbb{N},\text{并且它们互质}\right\}.$$

它的基本性质罗列如下.

### 1. 有理数的运算规则

在有理数集$\mathbb{Q}$上引入加法和乘法运算,易见,有理数的这两种运算满足下面的运算规则.

(1) 加法交换律:$x+y=y+x,\quad \forall x,y\in\mathbb{Q}$.

(2) 加法结合律:$(x+y)+z=x+(y+z),\quad \forall x,y,z\in\mathbb{Q}$.

(4) 对$\forall x\in\mathbb{Q}$,存在唯一的$(-x)\in\mathbb{Q}$,使得$x+(-x)=0$.

(5) 乘法交换律:$xy=yx,\quad \forall x,y\in\mathbb{Q}$.

(6) 乘法结合律:$(xy)z=x(yz),\quad \forall x,y,z\in\mathbb{Q}$.

(7) 存在唯一的单位元$1\in\mathbb{Q}$,对$\forall x\in\mathbb{Q}$,成立$x1=x$.

(8) 对任何非零的$x\in\mathbb{Q}$,存在唯一的逆元$x^{-1}\in\mathbb{Q}$,使得$xx^{-1}=1$.

(9) 乘法对加法的分配律:$x(y+z)=xy+xz,\quad \forall x,y,z\in\mathbb{Q}$.

以上九条是高等代数中称为域的代数结构的定义条件,故常被称作代数结构九性质. 由此可见,在有理数集$\mathbb{Q}$上引入加法和乘法运算后,$\mathbb{Q}$就构成了域,所以理数集又常被称为有理数域.

### 2. 有理数域中的序关系

引入记号"$>$"表示"大于",来比较两个有理数的大小. 易见,这种刻画有理数大小的关系满足下列性质:

(1) $x>y,y>z\Rightarrow x>z$.

(2) $x>y\Leftrightarrow x-y>0$.

(3) 对 $\forall x,y\in\mathbb{Q}$,三个关系:$x>y,x=y,y>x$ 之中有且仅有一个成立.

(4) $x>0,y>0\Rightarrow x+y>0,xy>0$.

再引入记号"$<$"表示"小于","$\geqslant$"表示"大于或者等于","$\leqslant$"表示"小于或者等于",则 $x>y\Leftrightarrow y<x$;$x\geqslant y\Leftrightarrow x>y$ 或者 $x=y$;$x\leqslant y\Leftrightarrow x<y$ 或者 $x=y$. 借助这些引入的记号,利用以上四条性质,便建立了有理数域$\mathbb{Q}$ 的次序结构.

3. 阿基米德(Archimedes)公理

对任意有理数 $x>0$,总存在自然数 $n$,使得 $n>x$.

4. 有理数域的稠密性

任何两个不同的有理数之间一定存在第三个有理数,进而得到任何两个不同的有理数之间一定存在无限多个有理数.

**证明**　$\forall x<y\in\mathbb{Q}$,则$\dfrac{x+y}{2}\in\mathbb{Q}$,并且 $x<\dfrac{x+y}{2}<y$. □

## B. 无理数的引入与实数的基本性质

**定义 1**(有理数集$\mathbb{Q}$ 的"切割")　有理数集$\mathbb{Q}$ 的一个"切割",记为 $Q|Q'$,是指将有理数集$\mathbb{Q}$ 拆分为两个子集 $Q$ 和 $Q'$,满足

(1) $Q\neq\varnothing,Q'\neq\varnothing$;

(2) $\mathbb{Q}=Q\cup Q'$;

(3) 对 $\forall x\in Q,\forall y\in Q'$,总成立 $x<y$,

并分别称集 $Q$ 和 $Q'$为"切割"$Q|Q'$的左集和右集.

简言之,有理数集$\mathbb{Q}$ 的一个"切割"$Q|Q'$,就是将有理数集$\mathbb{Q}$ 拆分成左右两个互补的非空子集 $Q$ 和 $Q'$. 由"切割"的定义可知,小于左集 $Q$ 中数 $q$ 的一切有理数都属于左集 $Q$,大于右集 $Q'$中数 $q'$的一切有理数也都属于右集 $Q'$.

**例 1**　定义 $Q=\{x\mid x\in\mathbb{Q},x\leqslant1\}$;$Q'=\{x\mid x\in\mathbb{Q},x>1\}$. 证明 $Q|Q'$是有理数集$\mathbb{Q}$ 的一个"切割",并且左集 $Q$ 中有最大数 1,右集 $Q'$中无最小数.

**证明**　根据有理数域中的序关系:

(1) 显然 $1\in Q,2\in Q'$,所以 $Q\neq\varnothing,Q'\neq\varnothing$.

(2) 因为任何一个有理数 $x$,要么 $x\leqslant1$,要么 $x>1$,所以$\mathbb{Q}=Q\cup Q'$.

(3) 因为 $\forall x\in Q$,有 $x\leqslant1$;$\forall y\in Q'$,$y>1$,所以 $x\leqslant1<y$,因此 $x<y$.

所以由定义 1 知 $Q|Q'$是有理数集$\mathbb{Q}$ 的一个"切割".

显然 1 是左集 $Q$ 中的最大数. 假设右集 $Q'$中有最小数 $r$,那么 $r>1$,于是 $1<$

$\frac{r+1}{2}$,所以$\frac{r+1}{2}\in Q'$;又$\frac{r+1}{2}<r$,这与 $r$ 是 $Q'$中的最小数矛盾,所以右集 $Q'$中无最小数. □

同理可以证明下面结论成立.

**例 2**　若 $Q=\{x|x\in\mathbb{Q},x<1\}$;$Q'=\{x|x\in\mathbb{Q},x\geqslant 1\}$,则 $Q|Q'$是有理数集$\mathbb{Q}$的一个"切割". 并且左集 $Q$ 中无最大数,右集 $Q'$中有最小数 1.

**例 3**　若 $Q=\{x|x\in\mathbb{Q},x\leqslant 0$,或者 $x^2<2$ 并且 $x>0\}$;$Q'=\{x|x\in\mathbb{Q},x^2>2$ 且 $x>0\}$,则 $Q|Q'$是有理数集$\mathbb{Q}$的一个"切割",并且左集 $Q$ 中无最大数,右集 $Q'$中无最小数.

**证明**　与例 1 的证明同理,可以证明 $Q|Q'$是有理数集$\mathbb{Q}$的一个"切割". 下面证明左集 $Q$ 中无最大数,右集 $Q'$中无最小数.

先证明满足 $r^2=2$ 的正有理数 $r$ 不存在:

事实上,若 $r$ 是一个有理数,则由有理数定义知,应存在 $p\in\mathbb{Z},q\in\mathbb{N}$,且 $p$ 与 $q$ 互质,使得 $r=\frac{p}{q}$,则 $r^2=\left(\frac{p}{q}\right)^2=2$,即 $p^2=2q^2$,从而 $p$ 为偶数,即存在 $m\in\mathbb{Z}$ 使得 $p=2m$,将其代入 $p^2=2q^2$ 中,得 $q^2=2m^2$,于是 $q$ 也为偶数,这与 $p,q$ 互质的假设矛盾.

再证明左集 $Q$ 中没有最大数:

事实上,对任意的 $r\in Q,r>0$,那么 $r^2<2$,我们取 $a=r+\frac{1}{n}>r>0$,那么 $a$ 是正有理数,并且只要 $n$ 充分大,就有 $a^2<2$. 事实上,只要 $2r\cdot\frac{1}{n}+\frac{1}{n^2}<2-r^2$,就有 $\left(r+\frac{1}{n}\right)^2=r^2+2r\cdot\frac{1}{n}+\frac{1}{n^2}<2$. 而要 $2r\cdot\frac{1}{n}+\frac{1}{n}=\frac{2r+1}{n}<2-r^2$,只需 $n>\frac{2r+1}{2-r^2}$ 即可. 注意到$\frac{2r+1}{2-r^2}$是有理数,由阿基米德公理知这样的 $n$ 是存在的. 这就证明了对任意的 $r\in Q$,总存在 $a\in Q,a>r$,即左集 $Q$ 中没有最大数.

同理可以证明,右集 $Q'$中也没有最小数. □

**例 4**　对有理数集$\mathbb{Q}$,不可能存在左集 $Q$ 中有最大数 $q$,同时右集 $Q'$中又有最小数 $q'$的"切割"$Q|Q'$.

**证明**　用反证法. 如果这样的数 $q,q'$存在,那么 $q<\frac{q+q'}{2}<q'$,所以有理数 $\frac{q+q'}{2}\notin Q\cup Q'=\mathbb{Q}$,矛盾. □

通过例 1 到例 4,我们知道有理数集$\mathbb{Q}$的"切割"$Q|Q'$只有以下三种情形:

(1) 左集 $Q$ 中有最大数 $q$,而右集 $Q'$中没有最小数;

(2) 左集 $Q$ 中没有最大数，而右集 $Q'$ 中有最小数 $q$；

(3) 左集 $Q$ 中没有最大数，右集 $Q'$ 中也没有最小数.

在前两种情形，我们称有理数 $q$ 为左集 $Q$ 和右集 $Q'$ 之间的界数，并称"切割" $Q|Q'$ 定义了有理数 $q$ . 为确定起见，我们约定：当有理数集 $\mathbb{Q}$ 的"切割" $Q|Q'$ 定义的是一个有理数时，总将它归入右集 $Q'$. 在第三种情形，左集 $Q$ 和右集 $Q'$ 之间的界数并不存在，从而"切割" $Q|Q'$ 并不定义任何有理数. 我们约定：这时，"切割" $Q|Q'$ 定义了一个无理数 $\alpha$，并让它替代缺失的界数，插在左集 $Q$ 的一切数与右集 $Q'$ 的一切数之间. 例如，例 3 中的"切割" $Q|Q'$ 就属于第三种情形，它定义了满足 $r^2=2$ 的正无理数，即 $\sqrt{2}$. 由全体有理数和全体无理数组成的数集就称为实数集. 所以有理数集 $\mathbb{Q}$ 的"切割" $Q|Q'$ 有可能定义的不是一个有理数，但有理数集 $\mathbb{Q}$ 的任何一个"切割" $Q|Q'$ 都定义了一个实数.

像有理数域一样，我们可以在实数集 $\mathbb{R}$ 上定义加法及乘法运算，并且可以证明这两种运算也满足前文中所述的有理数的九条运算规则，所以实数集 $\mathbb{R}$ 结合其上的两种运算也构成一个域，通常称为实数域. 设实数 $a,b$ 分别由"切割" $Q_a|Q'_a$ 及 $Q_bQ'_b$ 定义. 如果 $Q_a \supset Q_b$ 且 $Q_a \neq Q_b$（或等价地 $Q'_a \subset Q'_b$ 且 $Q_a \neq Q_b$），则称实数 $a$ 大于实数 $b$，并记作 $a>b$. 这样一来，有理数域上的序关系及其性质都可推广到实数域上了.

**注 1**　当然，引入无理数的方法，还有所谓无限不循环小数说、基本序列说、区间套说等. 具体详细的做法在经典的或目前流行的的数学分析或微积分教材中都不难找到. 在无限不循环小数说中，是通过将有理数表为无限小数的方法引入无理数，从而将有理数系扩充为实数系. 在那里，有理数都可表为无限循环小数，而不循环的无限小数就是无理数. 在这些不同方法中，评价最高的还是戴德金(R. Dedekind, 1831—1916)"切割"说，被誉为"不依赖于空间和时间直观的人类智慧的创造物".

由有理数系的稠密性易推知，对于 $a,b\in\mathbb{R}$，且 $a>b$，总 $\exists q\in\mathbb{Q}$，使有 $a>q>b$. 事实上，设有理数集 $\mathbb{Q}$ 的"切割" $Q_a|Q'_a$ 和 $Q_b|Q'_b$ 分别定义了 $a$ 和 $b$，因 $a>b$，故 $Q_a\supset Q_b$ 且 $Q_a\neq Q_b$，从而 $\exists q\in Q_a$，且 $q\notin Q_b$，故 $q\in Q'_b$，于是 $a>q\geqslant b$（当 $b$ 为有理数时，式中等号可能成立）. 但由约定，与 $a$ 相应的左集 $Q_a$ 中没有最大数，当上式中等号成立时，只要将 $q$ 适当取大一些，就可取消等号. 由此即得下面的命题.

**命题 1**（实数系的稠密性）　任何两个不相等的实数之间一定存在第三个实数，而这个实数还可以是有理数. 进而任何两个不相等的实数之间一定存在无限多个实数(或有理数).

仿有理数集的"切割"，我们可定义实数集 $\mathbb{R}$ 的"切割"如下.

**定义 2**（实数集 $\mathbb{R}$ 的"切割"）　实数集 $\mathbb{R}$ 的一个"切割"，记为 $R|R'$，是指将实数集 $\mathbb{R}$ 拆分为两个子集 $R$ 和 $R'$，并满足：

(1) $R\neq\varnothing, R'\neq\varnothing$;

(2) $\mathbb{R}=R\cup R'$;

(3) 对 $\forall x\in R, \forall y\in R'$,总成立 $x<y$,

也分别称集 $R$ 和 $R'$ 为“切割”$R|R'$ 的左集和右集.

简言之,实数集 $\mathbb{R}$ 的一个“切割”$R|R'$,就是将实数集 $\mathbb{R}$ 拆分成左右两个互补的非空子集 $R$ 和 $R'$.

**定理 1**(实数系的连续性)　对于实数集 $\mathbb{R}$ 的任意一个“切割”$R|R'$,或者左集 $R$ 中有最大数,而右集 $R'$ 中没有最小数,或者左集 $R$ 中没有最大数,而右集 $R'$ 中有最小数,且二者必居其一.

**证明**　将属于左集 $R$ 的一切有理数集记为 $Q$,将属于右集 $R'$ 的一切有理数集记为 $Q'$,则 $Q|Q'$ 为有理数集 $\mathbb{Q}$ 的一个“切割”. 设此“切割”$Q|Q'$ 定义的实数为 $r$,则或者 $r\in R$,或者 $r\in R'$,且二者必居其一. 不妨设 $r\in R$ ($r\in R'$ 情形的证明类似),则此时 $r$ 就是左集 $R$ 中的最大实数. 否则,存在 $r'\in R$,使得 $r<r'$. 从而由实数系的稠密性知,存在 $q\in\mathbb{Q}$,使得 $r<q<r'$ 且 $q\in R$,从而 $q\in Q$. 但因 $r$ 是由切割”$Q|Q'$ 定义的实数,应有 $q<r$,故导致矛盾. □

这样一来,和有理数集 $\mathbb{Q}$ 的每个“切割”$Q|Q'$ 不一定能定义一个有理数不同,实数集 $\mathbb{R}$ 的每个“切割”$R|R'$,都定义了一个实数. 若将实数集 $\mathbb{R}$ 的任意一个“切割”$R|R'$,视为用一柄利斧切割数轴,其切割点总对应一个实数,它或者为左集 $R$ 中的最大实数,或者为右集 $R'$ 中的最小实数. 从数系的扩充看,实数系 $\mathbb{R}$ 就是在有理数系 $\mathbb{Q}$ 的基础上增添无理数而得到的. 经过这样的扩充,实数就布满了整个数轴,不再留有任何的“空隙”了. 数学上为了强调实数系的这种连续性,常常将实数系 $\mathbb{R}$ 称为“实数连续统”.

**注 2**　此定理也称为戴德金基本定理,如果不从有理数的性质出发证明此定理,而是直接承认它时,则可将此定理视为公理,称为戴德金公理.

**注 3**　实数系的连续性也称为实数系的密接性或完备性. 但实数系的完备性常常(如下文)又表现为对极限运算的封闭性.

**注 4**　类似于有理数集 $\mathbb{Q}$ 的“切割”$Q|Q'$,对于实数集 $\mathbb{R}$ 的一个“切割”$R|R'$,当左集 $R$ 中有最大数 $r$,而右集 $R'$ 中没有最小数,或者当左集 $R$ 中没有最大数,而右集 $R'$ 中有最小数 $r$ 情形,我们也称实数 $r$ 为左集 $R$ 和右集 $R'$ 之间的界数,并称“切割”$R|R'$ 定义了实数 $r$. 从而,实数系的连续性定理说明:实数集 $\mathbb{R}$ 的任何一个“切割”$R|R'$,必然定义一个实数.

**注 5**　我们在第 2 章中介绍了柯西收敛准则(定理 2.4.7). 柯西收敛准则告诉我们两个事实:一是给出了收敛数列的特征,使我们可以从数列本身来判断其是否收敛;二是给出了实数系的一个重要特性,即实数系中的任何一个柯西数列都是收敛的. 实数系的这一特性常被称为实数系的完备性. 易见,有理数系并没有这样的特性,如考虑收敛于$\sqrt{2}$的有理数列{1.4,1.41,1.414,1.4142,…},它显然是一个柯西数列. 但由于$\sqrt{2}$不是有理数,所以限制在有理数系时,该柯西数列不是收敛的. 然而,将有理数系扩大为实数系后,该柯西数列就收敛了. 这种对极限运算的封闭性正是实数系完备性中完备二字的来由.

## C. 实数系基本定理的等价性

实数系的连续性和实数系的完备性(蕴涵在柯西收敛准则中),以及我们前面介绍过的确界原理(定理 0.5.1),单调有界原理(定理 2.4.2),区间套定理(定理 2.4.4),致密性定理(定理 2.4.6)以及柯西收敛准则(定理 2.4.7)都是刻画实数系的基本特性的定理,故统称为实数系基本定理. 我们自然会问,这些基本定理之间有什么关系呢? 回答的结论是:它们是彼此等价的,而且不仅如此,下列八个实数系基本定理都是等价的.

(1) 实数系的连续性(定理 1,戴德金基本定理).

(2) 确界原理(定理 0.5.1).

(3) 单调有界原理(定理 2.4.2).

(4) 区间套定理(定理 2.4.4).

(5) 致密性定理(定理 2.4.6).

(6) 柯西收敛准则(定理 2.4.7).

(7) 有限覆盖定理(定理 4.3.4).

(8) 聚点定理.

在介绍(8)聚点定理前,先需给出聚点的定义.

**定义 3**　设 $S$ 为实数$\mathbb{R}$的一个子集,$\xi$ 为一个实数($\xi$ 可属于 $S$,也可不属于 $S$). 若 $\xi$ 的任何邻域内都含有 $S$ 中的无穷多个数,则称 $\xi$ 为 $S$ 的一个聚点.

**定理 2** (聚点定理)　实数系$\mathbb{R}$的任何一个有界无限子集 $S$ 至少有一个聚点.

由上述八个实数系基本定理的等价性知,从任何一个实数系基本定理出发,都可以推导出其余七个基本定理.

在第 2 章中,我们将确界原理作为公理,并由此出发已证明了:

(2) 确界原理$\xRightarrow{\text{定理2.4.2}}$(3)单调有界原理$\xRightarrow{\text{定理2.4.4}}$(4)区间套定理$\xRightarrow{\text{定理2.4.6}}$(5)致密性定理$\xRightarrow{\text{定理2.4.7}}$(6)柯西收敛准则.

在第 4 章中,我们还证明了:(4)区间套定理$\xRightarrow{\text{定理4.3.4}}$(7)有限覆盖定理.

作为例子,下面我们来做一些实数系基本定理之间相互推导的证明.

**例 5**　(1) 实数系的连续性(戴德金基本定理)⇒(2)确界原理.

**证明**　设 $X=\{x\}$ 为一个有上界的非空数集. 若 $X$ 中有最大数 $\bar{x}$，则 $\bar{x}$ 就是 $X$ 的一个上界. 另一方面，因 $\bar{x}\in X$，故对 $X$ 的任何上界 $M$，总有 $\bar{x}\leqslant M$. 从而知 $\bar{x}$ 就是 $X$ 的上确界. 若 $X$ 中没有最大数 $\bar{x}$，按下法构作实数系 $\mathbb{R}$ 的一个"切割"$R|R'$：取 $X$ 的一切上界组成 $R'$，其余的一切实数组成 $R$. 这时，$X\subset R$ 中，且 $R$ 与 $R'$ 均非空. 依实数系的连续性(戴德金基本定理)，记"切割"$R|R'$ 定义的实数为 $r$，因 $X\subset R$，故对 $\forall x\in X$，都有 $x\leqslant r$，即实数 $r$ 为 $X$ 的上界，从而 $r\in R'$ 且为 $R'$ 中的最小数. 再由 $R'$ 的构作知实数 $r$ 就是 $X$ 的上确界. 这样，就证明了：有上界的非空数集，一定有上确界. 类似可证：有下界的非空数集，一定有下确界. □

**例 6**　(7) 有限覆盖定理 ⇒ (8) 聚点定理.

**证明**　我们采用反证法来证明. 设 $a$ 和 $b$ 分别为实数系 $\mathbb{R}$ 的一个有界无限子集 $S$ 的下界和上界，则 $S\subset[a,b]$. 假设聚点定理结论不成立，即闭区间 $[a,b]$ 的任何一点都不是 $S$ 的聚点. 任取 $x\in[a,b]$，因 $x$ 不是 $S$ 的聚点，故 $\exists\delta_x>0$，使 $U(x;\delta_x)$ 内至多只含有 $S$ 中的有限多个数(当然也可能不含 $S$ 中的数). 这样可得到开区间集 $H=\{U(x;\delta_x)\mid x\in[a,b]\}$. 显然，$H$ 覆盖了闭区间 $[a,b]$. 据有限覆盖定理，$H$ 中存在有限个开区间：$U(x_1;\delta_{x_1}),U(x_2;\delta_{x_2}),\cdots,U(x_n;\delta_{x_n})$ 覆盖了闭区间 $[a,b]$，从而也覆盖了 $S$. 因每个开区间只含有 $S$ 中的有限多个数，所以这 $n$ 个开区间也只含有 $S$ 中的有限多个数，这与 $S$ 为实数系 $\mathbb{R}$ 的无限子集矛盾. □

**例 7**　(8)聚点定理 ⇒ (5)致密性定理.

**证明**　即要证明有界数列 $\{a_n\}$ 必有收敛的子列. 事实上，若数列 $\{a_n\}$ 中有无限多项相等，设为：$a_{n_1}=a_{n_2}=\cdots=a_{n_k}=\cdots$，$n_1<n_2<\cdots<n_k<\cdots$. 显然，常数列 $\{a_{n_k}\}$ 就是 $\{a_n\}$ 的收敛子列.

若数列 $\{a_n\}$ 中没有无限多项相等，记 $S=\{a_n\mid n\in\mathbb{N}\}$，则 $S$ 为实数系 $\mathbb{R}$ 的一个有界无限子集，于是由聚点定理知，$S$ 至少有一个聚点 $\xi$. 下面证明：$\{a_n\}$ 存在的子列 $\{a_{n_k}\}$ 收敛于 $\xi$. 据聚点的定义，对 $\forall\varepsilon>0$，$U(\xi;\varepsilon)$ 内含有数列 $\{a_n\}$ 中的无限多项. 故

取 $\varepsilon_1=1$，则 $\exists a_{n_1}\in U(\xi;1)$；

取 $\varepsilon_2=\dfrac{1}{2}$，则 $\exists a_{n_2}\in U\left(\xi;\dfrac{1}{2}\right)$，且 $n_1<n_2$(据聚点定义，这是可做到的)；

……

取 $\varepsilon_k=\dfrac{1}{k}$，则 $\exists a_{n_k}\in U\left(\xi;\dfrac{1}{k}\right)$，且 $n_{k-1}<n_k$.

如此一直进行下去，便可得到 $\{a_n\}$ 的子列 $\{a_{n_k}\}$. 又因对 $\forall k\in\mathbb{N}$，总有

$|a_{n_k}-\xi|<\dfrac{1}{k}$，且当 $k\to\infty$ 时，$\dfrac{1}{k}\to0$，所以 $\lim\limits_{k\to\infty}a_{n_k}=\xi$，即子列 $\{a_{n_k}\}$ 收敛. □

**例 8**　(4)区间套定理 $\Rightarrow$ (1)实数系的连续性(戴德金基本定理).

**证明**　设 $R|R'$ 为实数集 $\mathbb{R}$ 的任意一个"切割",因左集 $R$ 和右集 $R'$ 都是非空集,可任取 $a_1\in R, b_1\in R'$,当 $\frac{a_1+b_1}{2}\in R$ 时,记 $a_2=\frac{a_1+b_1}{2}, b_2=b_1$;当 $\frac{a_1+b_1}{2}\in R'$ 时,记 $a_2=a_1, b_2=\frac{a_1+b_1}{2}$.

当 $\frac{a_2+b_2}{2}\in R$ 时,记 $a_3=\frac{a_1+b_1}{2}, b_3=b_2$;当 $\frac{a_2+b_2}{2}\in R'$ 时,记 $a_3=a_2, b_3=\frac{a_1+b_1}{2}$.

……

当 $\frac{a_k+b_k}{2}\in R$ 时,记 $a_{k+1}=\frac{a_k+b_k}{2}, b_{k+1}=b_k$;当 $\frac{a_k+b_k}{2}\in R'$ 时,记 $a_{k+1}=a_k, b_{k+1}=\frac{a_k+b_k}{2}$.

如此一直进行下去,便可得到闭区间列 $\{[a_n,b_n]\}$,而且其中的闭区间满足:

(i) $[a_1,b_1]\supset[a_2,b_2]\supset\cdots\supset[a_k,b_k]\supset\cdots$;

(ii) $\lim\limits_{n\to\infty}(b_n-a_n)=\lim\limits_{n\to\infty}\frac{b_1-a_1}{2^n}=0$.

即 $\{[a_n,b_n]\}$ 为一个区间套. 据区间套定理,存在唯一的实数 $\xi\in[a_n,b_n], n=1,2,\cdots$. 注意到对 $\forall n\in\mathbb{N}$,总有 $a_n\in R, b_n\in R'$,故对 $\forall r\in R$ 与 $\forall n\in\mathbb{N}$,总有 $r<b_n$,从而 $r\leqslant\lim\limits_{n\to\infty}b_n=\xi$,故当 $\xi\in R$ 时,$\xi$ 即为左集 $R$ 中的最大数. 类似地,对 $\forall r'\in R'$ 与 $\forall n\in\mathbb{N}$,总有 $r'>a_n$,从而 $r'\geqslant\lim\limits_{n\to\infty}a_n=\xi$,故当 $\xi\in R'$ 时,$\xi$ 即为右集 $R'$ 中的最小数. 再由"切割"$R|R'$ 定义知,或者 $\xi\in R$,或者 $\xi\in R'$,且二者必居其一. 至此实数系的连续性得证. □

**例 9**　(6)柯西收敛准则 $\Rightarrow$(3)单调有界原理.

**证明**　我们采用反证法来证明. 假设数列 $\{a_n\}$ 单调增加有上界,但 $\{a_n\}$ 不收敛. 此时据柯西收敛准则知,$\exists\varepsilon_0>0$,对 $\forall N\in\mathbb{N}$,总 $\exists n,m>N$,使得 $|a_n-a_m|>\varepsilon_0$. 又因 $\{a_n\}$ 单调增加,从而

对 $N=1$,总 $\exists n_1\geqslant m_1>1$,使得 $a_{n_1}\geqslant a_{m_1}+\varepsilon_0\geqslant a_1+\varepsilon_0$.

对 $N=n_1$,总 $\exists n_2\geqslant m_2>n_1$,使得 $a_{n_2}\geqslant a_{m_2}+\varepsilon_0\geqslant a_{n_1}+\varepsilon_0\geqslant a_1+2\varepsilon_0$.

……

对 $N=n_{k-1}$,总 $\exists n_k\geqslant m_k>n_{k-1}$,使得 $a_{n_k}\geqslant a_{m_k}+\varepsilon_0\geqslant a_{n_{k-1}}+\varepsilon_0\geqslant a_1+k\varepsilon_0$.

故对 $\forall M>0$，当 $k=\left[\dfrac{M-a_1}{\varepsilon_0}\right]+1$ 时，便有

$$a_{n_k}\geqslant a_1+k\varepsilon_0=a_1+\left(\left[\frac{M-a_1}{\varepsilon_0}\right]+1\right)\varepsilon_0>a_1+\frac{M-a_1}{\varepsilon_0}\varepsilon_0=M,$$

这与数列$\{a_n\}$有上界矛盾. 数列$\{a_n\}$单调减少有下界情形，类似可证明. □

至此，我们已完成了八个实数系基本定理的等价性的证明(但显然不是最简单的证明，因为最简单的证明只要作八次推导，而这里作了十次推导)，其具体推导流程如下：

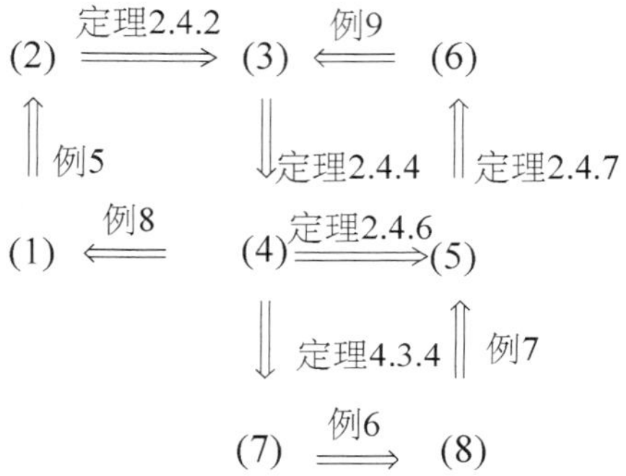


八个实数系基本定理两两之间的其他推导(尚余 46 个)，其难易程度是不同的，其中有些对初学者来说甚至是很困难的. 可适当选择一些留作习题.

我们这本讲义的正文是将(2)确界原理作为公理，并从它出发，推导演绎出所有定理和命题的. 目前流行的教材也有将(3)单调有界原理作为公理，并从它出发进行推导演绎的. 读了此附录后，我们就可利用有理数系的性质，借助“切割”并仿戴德金的做法，首先对(1)实数系的连续性(戴德金基本定理)予以数学证明，并从它出发推导演绎出所有定理和命题. 当然，也可将(1)实数系的连续性(戴德金基本定理)作为公理，直接从它出发来进行推导演绎.

从泛函分析角度看，实数系基本定理实际上讨论的是度量空间的完备性和局部紧致性两个方面. 与完备性有关的定理有(1)实数的连续性(戴德金基本定理)、(2)确界原理、(3)单调有界原理和(6)柯西收敛准则，它们都是专门针对实数的，而涉及紧致性的定理则有(4)区间套定理、(5)致密性定理、(7)有限覆盖定理和(8)聚点定理，它们都是实数闭集所具有的性质. 在这八个实数基本定理中，除(1)实数的连续性(戴德金基本定理)、(2)确界原理、(3)单调有界原理外，其余五个都可以都可以推广到高维欧氏空间$\mathbb{R}^n$中. 实数系的完备性，仅要求实数布满数轴不留“空隙”，而实数系的紧致性不仅要求不留“空隙”，还需要满足一定的有限性，所以紧致

性是比完备性更强的概念，事实上，在泛函分析中有这样一个结论：度量空间的紧致性等价于完备性与完全有界性. 只是在有限维空间中完全有界性就是有界性，因此实数系上的完备性其实就是局部的紧致性. 而与完备性有关的实数系基本定理(1)，(2)，(3)和(6)都带有有界的条件，因此它们总是可以在局部转化为紧致的形式. 实数系基本定理(5)，(7)，(8)分别是拓扑空间序列紧致、紧致、列紧的定义. 在以后学习点集拓扑与泛函分析课程时，只要还记得这里讲到的完备性和局部紧致性，就会发现这些现在看似很困难的基本定理在那里只是一些简单平凡的推论而已.